AF329569

LA BOTANIQUE

DE

J. J. ROUSSEAU.

IMPRIMERIE DE LEBEL,
IMPRIMEUR DU ROI.

LA BOTANIQUE

DE

J. J. ROUSSEAU,

CONTENANT

TOUT CE QU'IL A ÉCRIT SUR CETTE SCIENCE,

augmentée

DE L'EXPOSITION DE LA MÉTHODE DE TOURNEFORT,
DE CELLE DU SYSTÈME DE LINNÉ,
D'UN NOUVEAU DICTIONNAIRE DE BOTANIQUE,
ET DE NOTES HISTORIQUES, etc.

Par M. A. DEVILLE, MÉDECIN.

Seconde Édition,

Ornée de huit planches, comprenant 38 objets.

A PARIS,

CHEZ FRANÇOIS LOUIS, LIBRAIRE,
RUE HAUTEFEUILLE, Nº 10.

1823.

AVIS DE L'ÉDITEUR

SUR CETTE SECONDE ÉDITION.

Cet ouvrage est écrit principalement pour les femmes. J. J. Rousseau, dans ses Lettres sur la Botanique à Mme de Lessert, a su leur inspirer le goût de cette science aimable et facile, qui, en fixant leur imagination, les détourne d'occupations frivoles, trop souvent funestes à leur santé.

L'étude de la Botanique était devenue pour J. J. Rousseau son amusement favori, et le plus doux délassement de sa retraite. Il y avait consacré les dernières années de sa vie, et tout son génie s'était dirigé vers les Plantes, qu'il regardait comme les plus nombreuses, les plus variées et les plus attrayantes des productions de la nature. Il disait :

« Les Plantes semblent avoir été semées avec profusion sur la terre, comme les étoiles dans le ciel, pour inviter l'homme, par l'attrait du plaisir et de la curiosité, à l'étude de la nature.

. . . .

» Il n'est point d'aspect aussi riant que celui des montagnes couronnées d'arbres, des rivières bordées de bocages, des plaines tapissées de verdure, des vallons émaillés de fleurs. »

Nous avions eu l'idée de recueillir en un seul volume tout ce que J. J. Rousseau a écrit sur la Botanique, et qui se trouve épars dans la volumineuse collection de ses œuvres. Cette idée a été couronnée du succès. Notre première édition manque depuis long-temps ; nous étant décidés à en publier une seconde, nous avons prié M. Albéric DEVILLE, ancien Professeur d'Histoire naturelle à l'Ecole centrale de l'Yonne, membre de la Société Linnéenne de Paris, etc., de vouloir bien s'occuper de la révision de cet ouvrage, qui doit à ses soins :

1º Dix-sept Lettres non insérées dans la première édition ;

2º Des Notes historiques sur les personnes auxquelles sont adressées les lettres de J. J. Rousseau, et sur celles dont il y est fait mention, etc. ;

3º Les noms latins de Linné, ajoutés aux noms vulgaires français ;

4º L'exposition de la Méthode de Tournefort, et celle du système de Linné, d'après lesquels J. J. Rousseau a étudié la Botanique et en a donné des notions élémentaires ;

5º Un Dictionnaire, *entièrement neuf*, des principaux termes de Botanique.

Il était fâcheux que J. J. Rousseau n'eût laissé que des *Fragmens pour un Dictionnaire de Botanique* ; la Phytologie s'étant perfectionnée, M. Deville a cru devoir refaire ce Dictionnaire, devenu, par sa nouvelle rédaction, plus précis, plus méthodique et plus complet.

Les soins que nous avons donnés à cette nouvelle édition, les additions aussi utiles qu'agréables dont elle est enrichie, rendent la BOTANIQUE DE J. J. ROUSSEAU nécessaire aux Botanistes, et indispensable à tous ceux dont la douce occupation est l'étude ou la culture des Fleurs.

LETTRES

LETTRES

ÉLÉMENTAIRES

SUR LA BOTANIQUE.

Madame de Lessert est la mère de MM. de Lessert, si
connus des pauvres, et dont le mérite honore la Banque
et les Administrations de Bienfaisance. L'un d'eux, M. Benjamin de Lessert, membre de l'Institut et de la Société
Linnéenne de Paris, cultive avec succès la botanique, et
cette science lui doit plus d'un ouvrage important.

Madame de Lessert prit beaucoup d'intérêt à Rousseau
pendant qu'il était dans la solitude de *Monquin*; il eut
avec elle une correspondance amicale, mais que MM. de
Lessert n'ont point publiée. Les Lettres suivantes sont
écrites de Paris, et adressées à la campagne qu'habitait
madame de Lessert, avec sa fille et sa sœur; Rousseau
appelait la première, cousine, et la seconde, tante, quoiqu'il n'appartint point à cette famille.

Ces huit Lettres ont été traduites en anglais par
M. Martyn, professeur de botanique en l'université de
Cambridge; et il en a composé vingt-quatre autres pour
faire suite à celles de Rousseau.

A Mme DE LESSERT.

LETTRE PREMIÈRE.

SUR LES LILIACÉES.

Du 22 août 1771.

Votre idée d'amuser un peu la vivacité de votre fille, et de l'exercer à l'attention sur des objets agréables et variés, comme les plantes, me paraît excellente; mais je n'aurais osé vous la proposer, de peur de faire le M. Josse. Puisque elle vient de vous, je l'approuve de tout mon cœur, et j'y concourrai de même, persuadé qu'à tout âge l'étude de la nature émousse le goût des amusemens frivoles, prévient le tumulte des passions, et porte à l'âme une nourriture qui lui profite en la remplissant du plus digne objet de ses contemplations.

Vous avez commencé par apprendre à la petite les noms d'autant de plantes que vous en aviez de communes sous les yeux; c'était précisément ce qu'il fallait faire. Ce petit nombre de plantes qu'elle connaît de vue sont les pièces de

comparaison pour étendre ses connaissances ;
mais elles ne suffisent pas. Vous me demandez un
petit catalogue des plantes les plus connues, avec
des marques pour les reconnaître ; je trouve à
cela quelque embarras, c'est de vous donner par
écrit ces marques ou caractères d'une manière
claire et cependant peu diffuse. Cela me paraît
impossible sans employer la langue de la chose,
et les termes de cette langue forment un vocabulaire à part, que vous ne sauriez entendre s'il ne
vous est préalablement expliqué.

D'ailleurs, ne connaître simplement les plantes
que de vue et ne savoir que leurs noms, ne peut
être qu'une étude trop insipide pour des esprits
comme les vôtres, et il est à présumer que votre
fille ne s'en amuserait pas long-temps. Je vous
propose de prendre quelques notions préliminaires de la structure végétale ou de l'organisation des plantes, afin, dussiez-vous ne faire que
quelques pas dans le plus beau, dans le plus riche
des trois règnes de la nature, d'y marcher du
moins avec quelques lumières. Il ne s'agit donc
pas encore de la nomenclature, qui n'est qu'un
savoir d'herboriste. J'ai toujours cru qu'on pouvait être un très-grand botaniste sans connaître
une seule plante par son nom ; et, sans vouloir
faire de votre fille un très-grand botaniste, je
crois néanmoins qu'il lui sera toujours utile d'apprendre à bien voir ce qu'elle regarde. Ne vous
effarouchez pas, au reste, de l'entreprise ; vous
connaîtrez bientôt qu'elle n'est pas grande. Il n'y
a rien de compliqué ni de difficile à suivre dans

ce que j'ai à vous proposer : il ne s'agit que d'avoir la patience de commencer par le commencement ; après cela, on n'avance qu'autant qu'on veut.

Nous touchons à l'arrière-saison, et les plantes dont la structure a le plus de simplicité sont déjà passées. D'ailleurs, je vous demande quelque temps pour mettre un peu d'ordre dans vos observations. Mais, en attendant que le printemps nous mette à portée de commencer et de suivre le cours de la nature, je vais toujours vous donner quelques mots du vocabulaire à retenir.

Une plante parfaite est composée de racines, de tige, de branches, de feuilles, de fleurs et de fruits (car on appelle fruit en botanique, tant dans les herbes que dans les arbres, toute la fabrique de la semence). Vous connaissez déjà tout cela, du moins assez pour entendre le mot ; mais il y a une partie principale qui demande un plus grand examen, c'est la *fructification*, c'est-à-dire la *fleur* et le *fruit*. Commençons par la fleur, qui vient la première ; c'est dans cette partie que la nature a renfermé le sommaire de son ouvrage ; c'est par elle qu'elle le perpétue, et c'est aussi, de toutes les parties du végétal, la plus éclatante pour l'ordinaire, toujours la moins sujette aux variations.

Prenez un *Lis* (*Lilium candidum*) (*) : je pense

(*) Toutes les dénominations latines sont tirées du *Species plantarum* de Linné. Stockholm, 1762, 2 vol. in-8°. *Note de l'éditeur.*

que vous en trouverez encore aisément en pleine
fleur. Avant qu'il s'ouvre, vous voyez à l'extrémité de la tige un bouton oblong verdâtre, qui
blanchit à mesure qu'il est prêt à s'épanouir; et,
quand il est tout-à-fait ouvert, vous voyez son
enveloppe blanche prendre la forme d'un vase
divisé en plusieurs segmens. Cette partie enve-
loppante et colorée, qui est blanche dans le *Lis*,
s'appelle corolle, et non pas la fleur, comme chez
le vulgaire, parce que la fleur est un composé de
plusieurs parties dont la corolle est seulement la
principale.

La corolle du *Lis* n'est pas d'une seule pièce,
comme il est facile à voir. Quand elle se fane et
tombe, elle tombe en six pièces bien séparées,
qui s'appellent des pétales. Toute corolle de fleur
qui est ainsi de plusieurs pièces, s'appelle corolle
polypétale. Si la corolle n'était que d'une seule
pièce, comme par exemple dans le *Liseron*
(*Convolvulus arvensis*), appelé *Clochette des
champs*, elle s'appellerait monopétale. Revenons
à notre *Lis*.

Dans la corolle, vous trouverez précisément
au milieu une espèce de petite colonne attachée
au fond, et qui pointe directement vers le haut;
cette colonne, prise dans son entier, s'appelle
le pistil; prise dans ses parties, elle se divise en
trois, 1° sa base renflée en cylindre avec trois
angles arrondis tout autour; cette base s'appelle
le germe; 2° un filet posé sur le germe; ce filet
s'appelle style; 3° le style est couronné par une
espèce de chapiteau avec trois échancrures; ce

chapiteau s'appelle le stigmate. Voilà en quoi consiste le pistil et ses trois parties.

Entre le pistil et la corolle vous trouverez six autres corps bien distincts, qui s'appellent les étamines. Chaque étamine est composée de deux parties; savoir, une plus mince, par laquelle l'étamine tient au fond de la corolle, et qui s'appelle le filet; une plus grosse, qui tient à l'extrémité supérieure du filet, et qui s'appelle anthère. Chaque anthère est une boîte qui s'ouvre quand elle est mûre, et verse une poussière jaune trèsodorante, dont nous parlerons dans la suite. Cette poussière jusqu'ici n'a point de nom français; chez les botanistes on l'appelle le pollen, mot qui signifie poussière.

Voilà l'analyse grossière des parties de la fleur. A mesure que la corolle se fane et tombe, le germe grossit et devient une capsule triangulaire allongée, dont l'intérieur contient des semences plates distribuées en trois loges. Cette capsule, considérée comme l'enveloppe des graines, prend le nom de péricarpe. Mais je n'entreprendrai pas ici l'analyse du fruit; ce sera le sujet d'une autre lettre.

Les parties que je viens de vous nommer se trouvent également dans les fleurs de la plupart des autres plantes, mais à divers degrés de proportion, de situation et de nombre. C'est par l'analogie de ces parties, et par leurs diverses combinaisons, que se déterminent les diverses familles du règne végétal; et ces analogies des parties de la fleur se lient avec d'autres analo-

ges des parties de la plante, qui semblent n'a-
voir aucun rapport à celles-là. Par exemple, ce
nombre de six étamines, quelquefois seulement
trois, de six pétales ou divisions de la corolle, et
cette forme triangulaire à trois loges de l'ovaire,
déterminent toute la famille des Liliacées; et,
dans toute cette même famille, qui est très-
nombreuse, les racines sont toutes des ognons
ou bulbes plus ou moins marquées, et variées
quant à leur figure ou composition. L'ognon du
Lis est composé d'écailles en recouvrement ;
dans l'*Asphodèle* [1], c'est une liasse de navets
allongés; dans le *Safran* [2], ce sont deux bulbes
l'une sur l'autre; dans le *Colchique* [3], à côté
l'une de l'autre, mais toujours des bulbes.

Le *Lis*, que j'ai choisi parce qu'il est de la saison, et aussi à cause de la grandeur de sa fleur et
de ses parties, qui les rend plus sensibles, manque cependant d'une des parties constitutives
d'une fleur parfaite, savoir, le calice. Le calice
est cette partie verte et divisée communément
en cinq folioles, qui soutient et embrasse par le
bas la corolle, et qui l'enveloppe tout entière
avant son épanouissement, comme vous aurez pu
le remarquer dans la *Rose* [1]. Le calice, qui accom-
pagne presque toutes les autres fleurs, manque à
la plupart des Liliacées, comme la *Tulipe* [2], la
Jacinthe [3], le *Narcisse* [4], la *Tubéreuse* [5], etc. et

[1] *Asphodelus luteus.* — [2] *Crocus sativus.* — [3] *Colchi-
cum autumnale.*

[1] *Rosa centifolia.* — [2] *Tulipa gesneriana.* — [3] *Hyacinthus orientalis.* — [4] *Narcissus poeticus.* — [5] *Polianthes*

même l'*Ognon*[6], le *Poireau*[7], l'*Ail*[8], qui sont aussi de véritables Liliacées, quoique elles paraissent fort différentes au premier coup-d'œil. Vous verrez encore que, dans toute cette même famille, les tiges sont simples et peu rameuses, les feuilles entières et jamais découpées ; observations qui confirment dans cette famille l'analogie de la fleur et du fruit par celle des autres parties de la plante. Si vous suivez ces détails avec quelque attention, et que vous vous les rendiez familiers par des observations fréquentes, vous voilà déjà en état de déterminer, par l'inspection attentive et suivie d'une plante, si elle est ou non de la famille des Liliacées, et cela sans savoir le nom de cette plante. Vous voyez que ce n'est plus ici un simple travail de la mémoire, mais une étude d'observations et de faits, vraiment digne d'un naturaliste. Vous ne commencerez pas par dire tout cela à votre fille, et encore moins dans la suite, quand vous serez initiée dans les mystères de la végétation ; mais vous ne lui développerez par degrés que ce qui peut convenir à son âge et à son sexe, en la guidant pour trouver les choses par elle-même, plutôt qu'en les lui apprenant. Bonjour, chère cousine ; si tout ce fatras vous convient, je suis à vos ordres.

tuberosa. — 6 *Allium cepa.* — 7 *Allium porum.* — 8 *Allium sativum.*

LETTRE II.

Du 18 octobre 1771.

Puisque vous saisissez si bien, chère cousine, les
premiers linéamens des plantes, quoique si légèrement marqués; que votre œil clairvoyant sait
déjà distinguer un air de famille dans les Liliacées, et que notre chère petite botaniste s'amuse
de corolles et de pétales, je vais vous proposer
une autre famille sur laquelle elle pourra derechef exercer son petit savoir, avec un peu plus
de difficulté pourtant, je l'avoue, à cause des
fleurs beaucoup plus petites, du feuillage plus
varié, mais avec le même plaisir de sa part et de
la vôtre; du moins si vous en prenez autant à
suivre cette route fleurie que j'en trouve à vous
la tracer.

Quand les premiers rayons du printemps auront éclairé vos progrès, en vous montrant dans
les jardins les *Jacinthes* [1], les *Tulipes* [2], les
Narcisses [3], les *Jonquilles* [4] et les *Muguets* [5],
dont l'analyse vous est déjà connue, d'autres
fleurs arrêteront bientôt vos regards, et vous
demanderont un nouvel examen. Telles seront

[1] *Hyacinthus...* — [2] *Tulipa...* — [3] *Narcissus...* —
[4] *Narcissus jonquilla.* — [5] *Convallaria maialis.*

les *Giroflées* [1] ou *Violiers* ; telles les *Juliennes* [2]
ou *Girardes*. Tant que vous les trouverez doubles, ne vous attachez pas à leur examen ; elles
seront défigurées, ou, si vous voulez, parées à
notre mode ; la nature ne s'y trouvera plus ; elle
refuse de se reproduire par des monstres ainsi mu-
tilés ; car si la partie la plus brillante, savoir la
corolle, s'y multiplie, c'est aux dépens des parties
plus essentielles, qui disparaissent sous cet éclat.

Prenez donc une *Giroflée* simple (*Cheiranthus
annuus*), et procédez à l'analyse de sa fleur.
Vous y trouverez d'abord une partie extérieure
qui manque dans les Liliacées, savoir, le calice.
Ce calice est de quatre pièces qu'il faut bien appeler feuilles ou folioles, puisque nous n'avons
point de mot propre pour les exprimer, comme
le mot pétales pour les pièces de la corolle. Ces
quatre pièces, pour l'ordinaire, sont inégales de
deux en deux, c'est-à-dire deux folioles opposées l'une à l'autre, égales entre elles, plus petites ;
et les deux autres, aussi égales entre elles et opposées, plus grandes, et surtout par le bas où
leur arrondissement fait en dehors une bosse assez
sensible.

Dans ce calice vous trouverez une corolle composée de quatre pétales, dont je laisse à part la
couleur, parce qu'elle ne fait point caractère.
Chacun de ces pétales est attaché au réceptacle
ou fond du calice par une partie étroite et pâle
qu'on appelle l'onglet, et déborde le calice par

---

[1] *Cheiranthus*... — [2] *Hesperis*...

une partie plus large et plus colorée, qu'on appelle la lame.

Au centre de la corolle est un pistil allongé, cylindrique ou à peu près, terminé par un style très-court, lequel est terminé lui-même par un stigmate oblong, bifide, c'est-à-dire partagé en deux parties qui se réfléchissent de part et d'autre.

Si vous examinez avec soin la position respective du calice et de la corolle, vous verrez que chaque pétale, au lieu de correspondre exactement à chaque foliole du calice, est posé au contraire entre les deux; de sorte qu'il répond à l'ouverture qui les sépare; et cette position alternative a lieu dans toutes les espèces de fleurs qui ont un nombre égal de pétales à la corolle et de folioles au calice.

Il nous reste à parler des étamines. Vous les trouverez dans la *Giroflée* au nombre de six, comme dans les Liliacées, mais non pas de même égales entre elles, ou alternativement inégales; car vous en verrez seulement deux en opposition l'une de l'autre, sensiblement plus courtes que les autres qui les séparent, et qui en sont aussi séparées de deux en deux.

Je n'entrerai pas ici dans le détail de leur structure et de leur position; mais je vous préviens que, si vous y regardez bien, vous trouverez la raison pourquoi ces deux étamines sont plus courtes que les autres, et pourquoi deux folioles du calice sont plus bossues, ou, pour parler en termes de botanique, plus gibbeuses, et les deux autres plus aplaties.

Pour achever l'histoire de notre *Giroflée*, il ne faut pas l'abandonner après avoir analysé sa fleur; mais il faut attendre que la corolle se flétrisse et tombe, ce qu'elle fait assez promptement, et remarquer alors ce que devient le pistil, composé, comme nous l'avons dit ci-devant, de l'ovaire ou péricarpe, du style et du stigmate. L'ovaire s'allonge beaucoup et s'élargit un peu à mesure que le fruit mûrit. Quand il est mûr, cet ovaire ou fruit devient une espèce de gousse plate appelée silique.

Cette silique est composée de deux valvules posées l'une sur l'autre, et séparées par une cloison fort mince, appelée médiastin.

Quand la semence est tout-à-fait mûre, les valvules s'ouvrent de bas en haut pour lui donner passage, et restent attachées au stigmate par leur partie supérieure.

Alors on voit des graines plates et circulaires posées sur les deux faces du médiastin; et, si l'on regarde avec soin comment elles y tiennent, on trouve que c'est par un court pédicule qui attache chaque graine alternativement à droite et à gauche aux sutures du médiastin, c'est-à-dire à ses deux bords, par lesquels il était comme cousu avec les valvules avant leur séparation.

Je crains fort, chère cousine, de vous avoir un peu fatiguée par cette longue description; mais elle était nécessaire pour vous donner le caractère essentiel de la nombreuse famille des Cruciformes ou fleurs en croix, laquelle compose une classe entière dans presque tous les systèmes

des botanistes ; et cette description , difficile à entendre ici sans figure , vous deviendra plus claire ,
j'ose l'espérer, quand vous la suivrez avec quelque
attention, ayant l'objet sous les yeux.

Le grand nombre d'espèces qui composent la
famille des Cruciformes a déterminé les botanistes à la diviser en deux sections qui , quant à
la fleur , sont parfaitement semblables , mais diffèrent sensiblement quant au fruit.

La première section comprend les Cruciformes
à silique , comme la *Giroflée* , dont je viens de
parler, la *Julienne* [1] , le *Cresson* de fontaine [2] ,
les *Choux* [3] , les *Raves* [4] , les *Navets* [5] , la *Moutarde* [6] , etc.

La seconde section comprend les Cruciformes
à silicule, c'est-à-dire dont la silique en diminutif
est extrêmement courte , presque aussi large que
longue , et autrement divisée en dedans ; comme
entre autres , le *Cresson* alenois [7] , dit *nasitort*
ou *natou*; le *Thlaspi* [8] appelé *Tarapic* par les
jardiniers ; le *Cochléaria* [9] , la *Lunaire* [10] ,
qui , quoique la gousse en soit fort grande , n'est
pourtant qu'une silicule , parce que sa longueur
excède peu sa largeur. Si vous ne connaissez ni
le *Cresson* alenois , ni le *Cochléaria* , ni le
Thlaspi , ni la *Lunaire* , vous connaissez , du
moins je le présume , la *Bourse-à-pasteur* [11] , si

<hr>

[1] *Hesperis matronalis.* — [2] *Veronica beccabunga.* —
[3] *Brassica.* — [4] *Brassica rapa.* — [5] *Brassica napus.* —
[6] *Sinapis nigra.* — [7] *Lepidium sativum.* — [8] *Iberis um-
bellata.* — [9] *Cochlearia officinalis.* — [10] *Lunaria annua.*
— [11] *Thlaspi bursa pastoris.*

commune parmi les mauvaises herbes des jardins. Hé bien, cousine, la *Bourse-à-pasteur* est
une Cruciforme à silicule, dont la silicule est
triangulaire. Sur celle-là vous pouvez vous former une idée des autres, jusqu'à ce qu'elles vous
tombent sous la main.

Il est temps de vous laisser respirer, d'autant plus que cette lettre, avant que la saison
vous permette d'en faire usage, sera, j'espère,
suivie de plusieurs autres, où je pourrai ajouter
ce qui reste à dire de nécessaire sur les Cruciformes, et que je n'ai pas dit dans celle-ci. Mais
il est bon peut-être de vous prévenir dès à présent que, dans cette famille et dans beaucoup
d'autres, vous trouverez souvent des fleurs beaucoup plus petites que la *Giroflée*, et quelquefois si petites, que vous ne pourrez guère examiner leurs parties qu'à la faveur d'une loupe,
instrument dont un botaniste ne peut se passer,
non plus que d'une pointe, d'une lancette, et
d'une paire de bons ciseaux fins à découper. En
pensant que votre zèle maternel peut vous mener jusque là, je me fais un tableau charmant
de ma belle cousine, empressée, avec son verre,
à éplucher des monceaux de fleurs, cent fois
moins fleuries, moins fraîches et moins agréables
qu'elle. Bonjour, cousine, jusqu'au chapitre
suivant.

LETTRE III.

SUR LES PAPILLONACÉES.

Du 16 mai 1772.

Je suppose, chère cousine, que vous avez bien reçu ma précédente réponse, quoique vous ne m'en parliez point dans votre seconde lettre. Répondant maintenant à celle-ci, j'espère, sur ce que vous m'y marquez, que la maman bien rétablie est partie en bon état pour la Suisse, et je compte que vous n'oublierez pas de me donner avis de l'effet de ce voyage et des eaux qu'elle va prendre. Comme tante Julie (*) a dû partir avec elle, j'ai chargé M. G., qui retourne au Val-de-Travers, du petit herbier qui lui est destiné, et je l'ai mis à votre adresse, afin qu'en son absence vous puissiez le recevoir et vous en servir, si tant est que, parmi ces échantillons informes, il se trouve quelque chose à votre usage. Au reste, je n'accorde pas que vous ayez des droits sur ce chiffon. Vous en avez sur celui qui l'a fait, les plus forts et les plus chers que je connaisse ; mais, pour l'herbier, il fut promis à votre sœur, lorsqu'elle herborisait avec moi dans nos promenades à la croix de Vague, et que vous ne songiez à

(*) Jean-Jacques appelait ainsi la sœur de madame de Lessert.

rien moins dans celle où mon cœur et mes pieds
vous suivaient avec grand'maman en Vaise. Je
rougis de lui avoir tenu parole si tard et si mal ;
mais enfin elle avait sur vous à cet égard ma parole et l'antériorité. Pour vous, chère cousine,
si je ne vous promets pas un herbier de ma main,
c'est pour vous en procurer un plus précieux de
la main de votre fille, si vous continuez à suivre
avec elle cette douce et charmante étude qui
remplit d'intéressantes observations sur la nature
ces vides du temps que les autres consacrent à
l'oisiveté ou à pis. Quant à présent, reprenons le
fil interrompu de nos familles végétales.

Mon intention est de vous décrire d'abord six
de ces familles, pour vous familiariser avec la
structure générale des parties caractéristiques des
plantes. Vous en avez déjà deux ; reste à quatre,
qu'il faut encore avoir la patience de suivre ;
après quoi, laissant pour un temps les autres
branches de cette nombreuse lignée, et passant
à l'examen des parties différentes de la fructification, nous ferons en sorte que, sans peut-être
connaître beaucoup de plantes, vous ne serez jamais en terre étrangère parmi les productions du
règne végétal.

Mais je vous préviens que, si vous voulez prendre des livres, et suivre la nomenclature ordinaire, avec beaucoup de noms vous aurez peu
d'idées ; celles que vous aurez se brouilleront, et
vous ne suivrez bien ni ma marche ni celle des
autres, et n'aurez tout au plus qu'une connaissance de mots. Chère cousine, je suis jaloux d'être

votre seul guide dans cette partie. Quand il en sera temps, je vous indiquerai les livres que vous pourrez consulter. En attendant, ayez la patience de ne lire que dans celui de la nature, et de vous en tenir à mes lettres.

Les *Pois* (*Pisum sativum*) sont à présent en pleine fructification. Saisissons ce moment pour observer leurs caractères ; il est un des plus curieux que puisse offrir la botanique. Toutes les fleurs se divisent généralement en régulières et irrégulières. Les premières sont celles dont toutes les parties s'écartent uniformément du centre de la fleur, et aboutiraient ainsi par leurs extrémités extérieures à la circonférence d'un cercle. Cette uniformité fait qu'en présentant à l'œil les fleurs de cette espèce, il n'y distingue ni dessus, ni dessous, ni droite, ni gauche ; telles sont les deux familles ci-devant examinées. Mais, au premier coup-d'œil, vous verrez qu'une fleur de *Pois* est irrégulière, qu'on y distingue aisément dans la corolle la partie plus longue qui doit être en haut, de la plus courte qui doit être en bas ; et qu'on connaît fort bien, en présentant la fleur vis-à-vis de l'œil, si on la tient dans sa situation naturelle, ou si on la renverse. Ainsi, toutes les fois qu'examinant une fleur irrégulière, on parle du haut et du bas, c'est en la plaçant dans sa situation naturelle.

Comme les fleurs de cette famille sont d'une construction fort particulière, non-seulement il faut avoir plusieurs fleurs de *Pois* et les disséquer successivement, pour observer toutes leurs parties l'une après l'autre; il faut même suivre le progrès de la fructification depuis la première floraison jusqu'à la maturité du fruit.

Vous trouverez d'abord un calice monophylle, c'est-à-dire, d'une seule pièce terminée en cinq pointes bien distinctes, dont deux un peu plus larges sont en haut, et les trois plus étroites en bas. Ce calice est recourbé vers le bas, de même que le pédicule qui le soutient, lequel pédicule est très-délié, très-mobile, en sorte que la fleur suit aisément le courant de l'air, et présente ordinairement son dos au vent et à la pluie.

Le calice examiné, on l'ôte, en le déchirant délicatement, de manière que le reste de la fleur demeure entier, et alors vous voyez clairement que la corolle est polypétale.

Sa première pièce est un grand et large pétale, qui couvre les autres, et occupe la partie supérieure de la corolle, à cause de quoi ce grand pétale a pris le nom de pavillon. On l'appelle aussi l'étendard. Il faudrait se boucher les yeux et l'esprit, pour ne pas voir que ce pétale est là comme un parapluie, pour garantir ceux qu'il couvre des principales injures de l'air.

En enlevant le pavillon comme vous avez fait le calice, vous remarquerez qu'il est emboîté de chaque côté par une petite oreillette dans les pièces latérales, de manière que sa situation ne puisse être dérangée par le vent.

Le pavillon ôté laisse à découvert ces deux

pièces latérales auxquelles il était adhérent par
ses oreillettes ; ces pièces s'appellent les ailes.
Vous trouverez en les détachant, qu'emboîtées
encore plus fortement avec celle qui reste, elles
n'en peuvent être séparées sans quelque effort.
Aussi les ailes ne sont guère moins utiles pour
garantir les côtés de la fleur, que le pavillon
pour la couvrir.

Les ailes ôtées vous laissent voir la dernière
pièce de la corolle, pièce qui couvre et dé-
fend le centre de la fleur, et l'enveloppe, surtout par-dessous, aussi soigneusement que les
trois autres pétales enveloppent le dessus et les
côtés. Cette dernière pièce, qu'à cause de sa
forme on appelle la carène, est comme le
coffre-fort dans lequel la nature a mis son trésor à l'abri des atteintes de l'air et de l'eau.

Après avoir bien examiné ce pétale, tirez-
le doucement par-dessous, en le pinçant légèrement par la quille, c'est-à-dire par la
prise mince qu'il vous présente, de peur d'enlever avec lui ce qu'il enveloppe. Je suis sûr
qu'au moment où ce dernier pétale sera forcé de
lâcher prise et de déceler le mystère qu'il cache,
vous ne pourrez, en l'apercevant, vous abstenir
de faire un cri de surprise et d'admiration.

Le jeune fruit qu'enveloppait la carène est
construit de cette manière. Une membrane cylindrique, terminée par dix filets bien distincts,
entoure l'ovaire, c'est-à-dire l'embryon de la
gousse. Ces dix filets sont autant d'étamines,
qui se réunissent par le bas autour du germe,

et se terminent par le haut en autant d'anthé-
res jaunes dont la poussière va féconder le
stigmate qui termine le pistil, et qui, quoique jaune aussi par la poussière fécondante qui
s'y attache, se distingue aisément des étamines
par sa figure et par sa grosseur. Ainsi ces dix
étamines forment encore autour de l'ovaire
une dernière cuirasse, pour le préserver des
injures du dehors.

Si vous y regardez de bien près, vous trouverez que ces dix étamines ne font, par leur
base, un seul corps qu'en apparence. Car dans
la partie supérieure de ce cylindre, il y a une
pièce ou étamine qui, d'abord, paraît adhé-
rente aux autres, mais qui, à mesure que la
fleur se fane et que le fruit grossit, se détache
et laisse une ouverture en-dessus, par laquelle
ce fruit, grossissant, peut s'étendre en entr'ouvrant et écartant de plus en plus le cylindre,
qui, sans cela, le comprimant et l'étranglant
tout autour, l'empêcherait de grossir et de profiter. Si la fleur n'est pas assez avancée, vous
ne verrez pas cette étamine détachée du cylindre; mais passez un camion dans deux petits trous que vous trouverez près du réceptacle, à la base de cette étamine, et bientôt
vous verrez l'étamine avec son anthère, suivre
l'épingle, et se détacher des neuf autres, qui
continueront toujours de faire ensemble un seul
corps, jusqu'à ce qu'elles se flétrissent et se dessèchent, quand le germe fécondé devient gousse,
et qu'il n'a plus besoin d'elles.

Cette gousse, dans laquelle l'ovaire se change
en mûrissant, se distingue de la silique des
Cruciformes, en ce que, dans la silique, les graines sont attachées alternativement aux deux
sutures, au lieu que, dans la gousse, elles ne
sont attachées que d'un côté, c'est-à-dire à
une seulement des deux sutures, tenant alternativement, à la vérité, aux deux valves
qui la composent, mais toujours du même côté.
Vous saisirez parfaitement cette différence, si
vous ouvrez en même temps la gousse d'un
Pois et la silique d'une *Giroflée*, ayant attention de ne les prendre ni l'une ni l'autre en
parfaite maturité, afin qu'après l'ouverture du
fruit les graines restent attachées par leurs li-
gamens à leurs sutures et à leurs valvules.

Si je me suis bien fait entendre, vous com-
prendrez, chère cousine, quelles étonnantes précautions ont été cumulées par la nature pour
amener l'embryon du *Pois* à maturité, et le
garantir, surtout au milieu des plus grandes
pluies, de l'humidité qui lui est funeste, sans
cependant l'enfermer dans une coque dure qui
en eût fait une autre sorte de fruit. Le su-
prême ouvrier, attentif à la conservation de
tous les êtres, a mis de grands soins à garantir la fructification des plantes des atteintes
qui lui peuvent nuire; mais il paraît avoir redoublé d'attention pour celles qui servent à
la nourriture de l'homme et des animaux,
comme la plupart des Légumineuses. L'appareil
de la fructification du *Pois* est, en diverses pro-

portions, le même dans toute cette famille. Les fleurs y portent le nom de Papillonacées, parce qu'on a cru y voir quelque chose de semblable à la figure d'un papillon; elles ont généralement un pavillon, deux ailes, une carène, ce qui fait communément quatre pétales irréguliers. Mais il y a des genres où la carène se divise dans sa longueur en deux pièces presque adhérentes par la quille, et ces fleurs-là ont réellement cinq pétales : d'autres, comme le *Trèfle des prés* [1], ont toutes leurs parties attachées en une seule pièce; et, quoique Papillonacées, ne laissent pas d'être monopétales.

Les Papillonacées ou Légumineuses sont une des familles des plantes les plus nombreuses et les plus utiles. On y trouve les *Fèves* [2], les *Genêts* [3], les *Luzernes* [4], les *Sainfoins* [5], les *Lentilles* [6], les *Vesces* [7], les *Gesses* [8], les *Haricots* [9], dont le caractère est d'avoir la carène contournée en spirale, ce qu'on prendrait d'abord pour un accident. Il y a des arbres, entre autres celui qu'on appelle vulgairement *Acacia* [10], et qui n'est pas le véritable *Acacia*; l'*Indigo* [11], la *Réglisse* [12] en sont aussi; mais nous parlerons de tout cela plus en détail dans la suite. Bonjour, cousine, j'embrasse tout ce que vous aimez.

---

[1] *Trifolium pratense.* — [2] *Vicia faba.* — [3] *Genista.* — [4] *Medicago.* — [5] *Hedisarum.* — [6] *Ervum.* — [7] *Vicia.* — [8] *Lathyrus.* — [9] *Phaseolus.* — [10] *Robinia Pseudo-Acacia.* Le véritable ACACIA se nomme *Mimosa nilotica.* — [11] *Indigofera tinctoria.* — [12] *Glycyrrhiza glabra.*

LETTRE IV.

SUR LES LABIÉES ET LES PERSONNÉES.

Du 19 juin 1772.

Vous m'avez tiré de peine, chère cousine, mais il me reste encore de l'inquiétude sur ces maux d'estomac appelés maux de cœur, dont votre maman sent les retours dans l'attitude d'écrire. Si c'est seulement l'effet d'une plénitude de bile, le voyage et les eaux suffiront pour l'évacuer; mais je crains bien qu'il n'y ait à ces accidens quelque cause locale qui ne sera pas si facile à détruire, et qui demandera toujours d'elle un grand ménagement, même après son rétablissement. J'attends de vous des nouvelles de ce voyage, aussitôt que vous en aurez; mais j'exige que la maman ne songe à m'écrire que pour m'apprendre son entière guérison.

Je ne puis comprendre pourquoi vous n'avez pas reçu l'herbier. Dans la persuasion que tante Julie était déjà partie, j'avais remis le paquet à M. G, pour vous l'expédier en passant à Dijon. Je n'apprends d'aucun côté qu'il soit parvenu ni dans vos mains ni dans celles de votre sœur; et je n'imagine plus ce qu'il peut être devenu.

Parlons de plantes, tandis que la saison de les observer nous y invite. Votre solution de la question que je vous avais faite sur les étamines des

Cruciformes est parfaitement juste, et me prouve
bien que vous m'avez entendu, ou plutôt que
vous m'avez écouté; car vous n'avez besoin que
d'écouter pour entendre. Vous m'avez bien rendu
raison de la gibbosité de deux folioles du calice
et de la brièveté relative de deux étamines, dans
la *Giroflée*, par la courbure de ces deux étamines. Cependant un pas de plus vous eût menée
jusqu'à la cause première de cette structure : car
si vous recherchez encore pourquoi ces deux étamines sont ainsi recourbées et par conséquent
raccourcies, vous trouverez une petite glande
implantée sur le réceptacle entre l'étamine et
le germe, et c'est cette glande qui, éloignant
l'étamine, et la forçant à prendre le contour,
la raccourcit nécessairement. Il y a encore sur le
même réceptacle deux autres glandes, une au
pied de chaque paire des grandes étamines ;
mais, ne leur faisant point faire de contour, elles
ne les raccourcissent pas, parce que ces glandes
ne sont pas, comme les deux premières, en dedans, c'est-à-dire entre la paire d'étamines et
le calice. Ainsi ces quatre étamines, soutenues
et dirigées verticalement en droite ligne, débordent celles qui sont recourbées, et semblent plus
longues parce qu'elles sont plus droites. Ces
quatre glandes se trouvent, ou du moins leurs
vestiges, plus ou moins visiblement dans presque
toutes les fleurs Cruciformes, et dans quelques-
unes bien plus distinctes que dans la *Giroflée*. Si
vous demandez encore pourquoi ces glandes? je
vous répondrai qu'elles sont un des instrumens

destinés par la nature à unir le règne végétal au
règne animal, et les faire circuler l'un dans l'autre ; mais laissant ces recherches un peu antici-
pées, revenons, quant à présent, à nos familles.

Les fleurs que je vous ai décrites jusqu'à présent sont toutes polypétales. J'aurais dû commencer peut-être par les monopétales régulières,
dont la structure est beaucoup plus simple ; cette
grande simplicité même est ce qui m'en a empêché. Les monopétales régulières constituent moins
une famille qu'une grande nation, dans laquelle
on compte plusieurs familles bien distinctes ; en
sorte que, pour les comprendre toutes sous une
indication commune, il faut employer des caractères si généraux et si vagues, que c'est paraître
dire quelque chose en ne disant en effet presque
rien du tout. Il vaut mieux se renfermer dans
des bornes plus étroites, mais qu'on puisse assigner avec plus de précision.

Parmi les monopétales irrégulières, il y a une
famille dont la physionomie est si marquée,
qu'on en distingue aisément les membres à leur
air ; c'est celle à laquelle on donnait improprement le nom de fleurs en gueule, parce que
ces fleurs sont fendues en deux lèvres dont l'ouverture, soit naturelle, soit produite par une
légère compression des doigts, leur donne l'air
d'une gueule béante. Cette famille se subdivise
en deux sections ou lignées ; l'une, des fleurs en
lèvres ou Labiées ; l'autre, des fleurs en masque
ou Personnées : car le mot latin *persona* signifie
un masque, nom très-convenable assurément à

la plupart des gens qui portent parmi nous celui de *personnes*. Le caractère commun à toute la famille est non-seulement d'avoir la corolle monopétale, et, comme je l'ai dit, fendue en deux lèvres ou babines, l'une supérieure, appelée casque; l'autre inférieure, appelée barbe; mais d'avoir quatre étamines presque sur un même rang, distinguées en deux paires, l'une plus longue et l'autre plus courte. L'inspection de l'objet vous expliquera mieux ces caractères que ne peut faire le discours.

Prenons d'abord les Labiées. Je vous en donnerais volontiers pour exemple la *Sauge* (*Salvia officinalis*), qu'on trouve dans presque tous les jardins; mais la construction particulière et bizarre de ses étamines, qui l'a fait retrancher par quelques botanistes du nombre des Labiées, quoique la nature ait semblé l'y inscrire, me porte à chercher un autre exemple dans les *Orties mortes*, et particulièrement dans l'espèce appelée vulgairement *Ortie blanche*, mais que les botanistes appellent *Lamier blanc*, parce qu'elle n'a nul rapport à l'*Ortie* (*Urtica urens*) par sa fructification, quoique elle en ait beaucoup par son feuillage. L'*Ortie blanche*, si commune partout, durant très-long-temps en fleur, ne doit pas vous être difficile à trouver. Sans m'arrêter ici à l'élégante situation des fleurs, je me borne à leur structure. L'*Ortie blanche* (*Lamium album*) porte une fleur monopétale Labiée, dont le casque est concave et recourbé en forme de voûte pour recouvrir le reste de la fleur, et particulièrement ses éta-

mines, qui se tiennent toutes quatre assez serrées
sous l'abri de son toit. Vous discernerez aisément
la paire plus longue et la paire plus courte, et
au milieu des quatre le style de la même couleur, mais qui s'en distingue en ce qu'il est simplement fourchu par son extrémité, au lieu d'y
porter une anthère comme font les étamines. La
barbe, c'est-à-dire la lèvre inférieure, se replie
et pend en bas, et par cette situation laisse voir
presque jusqu'au fond le dedans de la corolle.
Dans les *Lamiers* cette barbe est refendue en
longueur dans son milieu ; mais cela n'arrive pas
de même aux autres Labiées.

Si vous arrachez la corolle, vous arracherez
avec elle les étamines qui y tiennent par leurs
filets, et non pas au réceptacle, où le style restera
seul attaché. En examinant comment les étamines tiennent à d'autres fleurs, on les trouve
généralement attachées à la corolle quand elle
est monopétale, et au réceptacle ou calice quand
la corolle est polypétale ; en sorte qu'on peut,
en ce dernier cas, arracher les pétales sans arracher les étamines. De cette observation l'on tire
une règle belle, facile, et même assez sûre, pour
savoir si une corolle est d'une seule pièce ou de
plusieurs, lorsqu'il est difficile, comme il l'est
quelquefois, de s'en assurer immédiatement.

La corolle arrachée reste percée à son fond,
parce qu'elle était attachée au réceptacle, laissant une ouverture circulaire par laquelle le pistil et ce qui l'entoure pénétrait au dedans du
tube et de la corolle. Ce qui entoure ce pistil

dans le *Lamier* et dans toutes les Labiées, ce sont quatre embryons qui deviennent quatre graines nues, c'est-à-dire sans aucune enveloppe; en sorte que ces graines, quand elles sont mûres, se détachent et tombent à terre séparément. Voilà le caractère des Labiées.

L'autre lignée ou section, qui est celle des Personnées, se distingue des Labiées, premièrement par sa corolle, dont les deux lèvres ne sont pas ordinairement ouvertes et béantes, mais fermées et jointes, comme vous le pourrez voir dans la fleur de jardin appelée *Muflier* ou *Mufle de veau* (*Antirrhinum majus*), ou bien, à son défaut, dans la *Linaire*, cette fleur jaune à éperon, si commune en cette saison dans la campagne. Mais un caractère plus précis et plus sûr est, qu'au lieu d'avoir quatre graines nues au fond du calice comme les Labiées, les Personnées y ont toutes une capsule qui renferme les graines et ne s'ouvre qu'à leur maturité pour les répandre. J'ajoute à ces caractères qu'un nombre de Labiées sont ou des plantes odorantes et aromatiques, telles que l'*Origan* [1], la *Marjolaine* [2], le *Thym* [3], le *Serpolet* [4], le *Basilic* [5], la *Menthe* [6], l'*Hysope* [7], la *Lavande* [8], etc.; ou des plantes odorantes et puantes, telles que diverses espèces de *Sauges* [9], *Stachis* [10], *Crapaudine* [11], *Marrube* [12]; quelques-

[1] *Origanum vulgare.* — [2] *Origanum majorana.* — [3] *Thymus vulgaris.* — [4] *Thymus serpillum.* — [5] *Clinopodium vulgare.* — [6] *Mentha sylvestris.* — [7] *Hyssopus officinalis.* — [8] *Lavandula spica.* — [9] *Salvia sclarea.* — [10] *Stachis germanica.* — [11] *Sideritis hirsuta.* — [12] *Ballota nigra.*

unes seulement, telles que la *Bugle* [1], la *Brunelle* [2], la *Toque* [3], n'ont pas d'odeur ; au lieu que les Personnées sont pour la plupart des plantes sans odeur, comme le *Muflier*, la *Linaire* [4], l'*Euphraise* [5], la *Pédiculaire* [6], la *Crête-de-coq* [7], l'*Orobanche* [8], la *Cymbalaire* [9], la *Velvote* [10], la *Digitale* [11] ; je ne connais guère d'odorante dans cette branche, que la *Scrophulaire* [12], qui sente et qui pue sans être aromatique. Je ne puis guère vous citer ici que des plantes qui vraisemblablement ne vous sont pas connues, mais que peu à peu vous apprendrez à connaître, et dont au moins, à leur rencontre, vous pourrez par vous-même déterminer la famille. Je voudrais même que vous tâchassiez d'en déterminer la lignée ou la section par la physionomie, et que vous vous exerçassiez à juger, au simple coup-d'œil, si la fleur en gueule que vous voyez est une Labiée ou une Personnée. La figure extérieure de la corolle peut suffire pour vous guider dans ce choix, que vous pourrez vérifier ensuite en ôtant la corolle et regardant au fond du calice : car, si vous avez bien jugé, la fleur que vous aurez nommée Labiée vous montrera quatre graines nues, et celle que vous aurez nommée Personnée vous montrera un péricarpe ; le contraire vous prouverait que vous

[1] *Ajuga reptans.* — [2] *Brunella vulgaris.* — [3] *Scutellaria galericulata.* — 4 *Anthirrinum linaria.* — 5 *Euphrasia officinalis.* — 6 *Pedicularis sylvatica.* — 7 *Rhinanthus crista galli.* — 8 *Orobanche major.* — 9 *Anthirinum cymballaria.* — 10 *Anthirrinum spurium.* — 11 *Digitalis purpurea.* — 12 *Scrophularia nodosa.*

vous êtes trompée ; par un second examen de la même plante, vous préviendrez une erreur semblable pour une autre fois. Voilà, chère cousine, de l'occupation pour quelques promenades. Je ne tarderai pas à vous en préparer pour celles qui suivront.

LETTRE V.

SUR LES OMBELLIFÈRES.

Du 16 juillet 1772.

Je vous remercie, chère cousine, des bonnes
nouvelles que vous m'avez données de la maman. J'avais espéré le bon effet du changement
d'air, et je n'en attends pas moins des eaux, et
surtout du régime austère prescrit durant leur
usage. Je suis touché du souvenir de cette bonne
amie, et je vous prie de l'en remercier pour
moi. Mais je ne veux pas absolument qu'elle
m'écrive durant son séjour en Suisse; et si elle
veut me donner directement de ses nouvelles,
elle a près d'elle un bon secrétaire (*), qui s'en
acquittera fort bien. Je suis plus charmé que surpris qu'elle réussisse en Suisse; indépendamment
des grâces de son âge et de sa gaîté vive et ca-
ressante, elle a dans le caractère un fond de
douceur et d'égalité, dont je l'ai vu donner quelquefois à la grand'maman l'exemple charmant
qu'elle a reçu de vous. Si votre sœur s'établit en
Suisse, vous perdrez l'une et l'autre une grande
douceur dans la vie, et elle surtout, des avantages difficiles à remplacer. Mais votre pauvre
maman qui, porte à porte, sentait pourtant si
cruellement sa séparation d'avec vous, comment
supportera-t-elle la sienne à une si grande dis-

(*) *Tante Julie*, la sœur de madame de Lessert.

tance ? C'est de vous encore qu'elle tiendra ses dédommagemens et ses ressources. Vous lui en ménagez une bien précieuse, en assouplissant dans vos douces mains la bonne et forte étoffe de votre favorite, qui, je n'en doute point, deviendra, par vos soins, aussi pleine de grandes qualités que de charmes. Ah! cousine, l'heureuse mère que la vôtre!

Savez-vous que je commence à être en peine du petit herbier! Je n'en ai d'aucune part aucune nouvelle, quoique j'en aie eu de M. G. depuis son retour, par sa femme, qui ne me dit pas de sa part un seul mot sur cet herbier. Je lui en ai demandé des nouvelles; j'attends sa réponse. J'ai grand'peur que, ne passant pas à Lyon, il n'ait confié le paquet à quelque quidam, qui, sachant que c'étaient des herbes sèches, aura pris tout cela pour du foin. Cependant, si, comme je l'espère encore, il parvient enfin à votre sœur Julie ou à vous, vous trouverez que je n'ai pas laissé d'y prendre quelque soin. C'est une perte qui, quoique petite, ne me serait pas facile à réparer promptement, surtout à cause du catalogue accompagné de divers petits éclaircissemens écrits sur-le-champ, et dont je n'ai gardé aucun double.

Consolez-vous, bonne cousine, de n'avoir pas vu les glandes des Cruciformes. De grands botanistes, très-bien oculés, ne les ont pas mieux vues. Tournefort (A) lui-même n'en fait aucune

(A) *Voyez les notes à la fin du volume.*

2*

mention. Elles sont bien claires dans peu de genres, quoiqu'on en trouve des vestiges presque dans tous; et c'est à force d'analyser des fleurs en croix, et d'y voir toujours des inégalités au réceptacle, qu'en les examinant en particulier on a trouvé que ces glandes appartenaient au plus grand nombre des genres, et qu'on les suppose par analogie dans ceux même où on ne les distingue pas.

Je comprends qu'on est fâché de prendre tant de peine sans apprendre les noms des plantes qu'on examine. Mais je vous avoue, de bonne foi, qu'il n'est pas entré dans mon plan de vous épargner ce petit chagrin. On prétend que la botanique n'est qu'une science de mots, qui n'exerce que la mémoire et n'apprend qu'à nommer des plantes. Pour moi, je ne connais point d'étude raisonnable qui ne soit qu'une science de mots; et auquel des deux, je vous prie, accorderai-je le nom de botaniste, de celui qui sait cracher un nom ou une phrase, à l'aspect d'une plante, sans rien connaître à sa structure, ou de celui qui, connaissant très-bien cette structure, ignore néanmoins le nom très-arbitraire qu'on donne à cette plante en tel ou tel pays? Si nous ne donnons à vos enfans qu'une occupation amusante, nous manquons la meilleure moitié de notre but, qui est, en les amusant, d'exercer leur intelligence et de les accoutumer à l'attention. Avant de leur apprendre à nommer ce qu'ils voient, commençons par leur apprendre à le voir. Cette science, oubliée dans toutes les éducations, doit faire la plus importante partie de la leur. Je ne le redirai jamais assez ; apprenez-leur à ne jamais se payer de mots, et à croire ne rien savoir de ce qui n'est entré que dans leur mémoire.

Au reste, pour ne pas trop faire le méchant, je vous nomme pourtant des plantes sur lesquelles, en vous les faisant montrer, vous pouvez aisément vérifier mes descriptions. Vous n'aviez pas, je le suppose, sous vos yeux, une *Ortie blanche* (*Lamium album*) en lisant l'analyse des Labiées ; mais vous n'aviez qu'à envoyer chez l'herboriste du coin chercher de l'*Ortie blanche* fraîchement cueillie; vous appliquez à sa fleur ma description, et ensuite examinant les autres parties de la plante de la manière dont nous traiterons ci-après, vous connaissez l'*Ortie blanche* infiniment mieux que l'herboriste qui la fournit ne la connaîtra de ses jours; encore trouveronsnous dans peu le moyen de nous passer d'herboriste; mais il faut premièrement achever l'examen de nos familles ; ainsi je viens à la cinquième qui, dans ce moment, est en pleine fructification.

Représentez-vous une longue tige assez droite, garnie alternativement de feuilles, pour l'ordinaire découpées assez menu, lesquelles embrassent, par leur base, des branches qui sortent de leurs aisselles. De l'extrémité supérieure de cette tige, partent, comme d'un centre, plusieurs pédicules ou rayons, qui, s'écartant circulairement et régulièrement comme les côtes d'un parasol, couronnent cette tige en forme d'un vase plus ou moins ouvert. Quelquefois ces rayons laissent un espace vide dans le milieu, et représentent alors plus exactement le creux du vase ; quelquefois aussi ce milieu est fourni d'autres rayons plus courts, qui, montant moins obliquement, garnissent le vase, et forment, conjointement avec les premiers, la figure à peu près d'un demi-globe, dont la partie convexe est tournée en dessus.

Chacun de ces rayons ou pédicules est terminé à son extrémité, non pas encore par une fleur, mais par un autre ordre de rayons plus petits qui couronnent chacun des premiers, précisément comme ces premiers couronnent la tige.

Ainsi voilà deux ordres pareils et successifs, l'un, de grands rayons qui terminent la tige, l'autre de petits rayons semblables qui terminent chacun des grands.

Les rayons des petits parasols ne se subdivisent plus, mais chacun d'eux est le pédicule d'une petite fleur dont nous parlerons tout-à-l'heure.

Si vous pouvez vous former l'idée de la figure que je viens de vous décrire, vous aurez celle de la disposition des fleurs dans la famille des Ombellifères ou porte-parasols ; car le mot latin *umbella* signifie un parasol.

Quoique cette disposition régulière de la fructification soit frappante et assez constante dans toutes les Ombellifères, ce n'est pourtant pas elle qui constitue le caractère de la famille. Ce caractère se tire de la structure même de la fleur, qu'il faut maintenant vous décrire.

Mais il convient, pour plus de clarté, de vous

donner ici une distinction générale sur les dispositions relatives de la fleur et du fruit dans toutes les plantes, distinction qui facilite extrêmement leur arrangement méthodique, quelque système qu'on veuille choisir pour cela.

Il y a des plantes, et c'est le plus grand nombre, par exemple l'*OEillet* (*Dianthus caryophyllus*), dont l'ovaire est évidemment enfermé dans la corolle. Nous donnerons à celles-là le nom de fleurs inférès, parce que les pétales, embrassant l'ovaire, prennent leur naissance au-dessous de lui.

Dans d'autres plantes, en assez grand nombre, l'ovaire se trouve placé, non dans les pétales, mais au-dessous d'eux ; ce que vous pouvez voir dans la *Rose* (*Rosa canina*), car le Gratte-cu, qui en est le fruit, est ce corps vert et renflé que vous voyez au-dessous du calice, par conséquent aussi au-dessous de la corolle, qui, de cette manière, couronne cet ovaire et ne l'enveloppe pas. J'appellerai celles-ci fleurs supères, parce que la corolle est au-dessus du fruit. On pourrait faire des mots plus francisés ; mais il me paraît avantageux de vous tenir toujours le plus près qu'il se pourra des termes admis dans la botanique, afin que, sans avoir besoin d'apprendre ni latin, ni grec, vous puissiez néanmoins entendre passablement le vocabulaire de cette science, pédantesquement tiré de ces deux langues, comme si, pour connaître les plantes, il fallait commencer par être un savant grammairien.

Tournefort exprimait la même distinction en

d'autres termes ; dans le cas de la fleur infère,
il disait que le pistil devenait fruit ; dans le cas
de la fleur supère, il disait que le calice devenait fruit. Cette manière de s'exprimer pouvait
être aussi claire, mais elle n'était certainement
pas aussi juste. Quoi qu'il en soit, voici une occasion d'exercer, quand il en sera temps, vos
jeunes élèves à savoir démêler les mêmes idées,
rendues par des termes tout différens.

Je vous dirai maintenant que les plantes Ombellifères ont la fleur supère, ou posée sur le
fruit. La corolle de cette fleur est à cinq pétales
appelés réguliers, quoique souvent les deux pétales qui sont tournés en dehors dans les fleurs
qui bordent l'ombelle, soient plus grands que
les trois autres.

La figure de ces pétales varie selon les genres,
mais le plus communément elle est en cœur ;
l'onglet qui porte sur l'ovaire est fort mince ; la
lame va en s'élargissant, son bord est émarginé
(légèrement échancré), ou bien il se termine en
une pointe qui, se repliant en dessus, donne encore au pétale l'air d'être émarginé, quoiqu'on
le vit pointu s'il était déplié.

Entre chaque pétale est une étamine dont l'anthère, débordant ordinairement la corolle, rend
les cinq étamines plus visibles que les cinq pétales. Je ne fais pas ici mention du calice, parce
que les Ombellifères n'en ont aucun bien distinct.

Du centre de la fleur partent deux styles gar-
nis chacun de leur stigmate, et assez apparens

aussi, lesquels, après la chute des pétales et des étamines, restent pour couronner le fruit.

La figure la plus commune de ce fruit est un ovale un peu allongé, qui dans sa maturité s'ouvre par la moitié, et se partage en deux semences nues attachées au pédicule, lequel, par un art admirable, se divise en deux ainsi que le fruit, et tient les graines séparément suspendues jusqu'à leur chute.

Toutes ces proportions varient selon les genres, mais en voilà l'ordre le plus commun. Il faut, je l'avoue, avoir l'œil très-attentif pour bien distinguer sans loupe de si petits objets; mais ils sont si dignes d'attention, qu'on n'a pas regret à sa peine.

Voici donc le caractère propre de la famille des Ombellifères. Corolle supère à cinq pétales, cinq étamines, deux styles portés sur un fruit nu disperme, c'est-à-dire, composé de deux graines accolées.

Toutes les fois que vous trouverez ces caractères réunis dans une fructification, comptez que la plante est une Ombellifère, quand même elle n'aurait d'ailleurs dans son arrangement rien de l'ordre ci-devant marqué. Et quand vous trouveriez tout cet ordre de parasols conforme à ma description, comptez qu'il vous trompe, s'il est démenti par l'examen de la fleur.

S'il arrivait, par exemple, qu'en sortant de lire ma lettre vous trouvassiez, en vous promenant, un *Sureau* encore en fleurs (*Sambucus nigra*), je suis presque assuré qu'au premier aspect vous diriez : Voilà une Ombellifère. En y regardant, vous trouveriez grande ombelle, petite ombelle, petites fleurs blanches, corolle supère, cinq étamines; c'est une Ombellifère assurément; mais voyons encore : je prends une fleur.

D'abord, au lieu de cinq pétales, je trouve une corolle à cinq divisions, il est vrai, mais néanmoins d'une seule pièce : or les fleurs des Ombellifères ne sont pas monopétales. Voilà bien cinq étamines, mais je ne vois point de styles, et je vois plus souvent trois stigmates que deux, plus souvent trois graines que deux : or les Ombellifères n'ont jamais ni plus ni moins de deux stigmates, ni plus ni moins de deux graines pour chaque fleur. Enfin le fruit du *Sureau* est une baie molle, et celui des Ombellifères est sec et nu. Le *Sureau* n'est donc pas une Ombellifère.

Si vous revenez maintenant sur vos pas, en regardant de plus près à la disposition des fleurs, vous verrez que cette disposition n'est qu'en apparence celle des Ombellifères. Les grands rayons, au lieu de partir exactement du même centre, prennent leur naissance les uns plus haut, les autres plus bas; les petits naissent encore moins régulièrement ; tout cela n'a point l'ordre invariable des Ombellifères. L'arrangement des fleurs du *Sureau* est en corymbe ou bouquet, plutôt qu'en ombelle. Voilà comment, en nous trompant quelquefois, nous finissons par apprendre à mieux voir.

Le *Chardon-roland* (*Eryngium campestre*),

au contraire, n'a guère le port d'une Ombellifère, et néanmoins c'en est une, puisqu'il en a tous les caractères dans sa fructification. Où trouver, me direz-vous, le *Chardon-roland?* Par toute la campagne. Tous les grands chemins en sont tapissés à droite et à gauche (*); le premier paysan peut vous le montrer; et vous le reconnaîtrez presque vous-même à la couleur bleuâtre ou vert-de-mer de ses feuilles, à leurs durs piquans, et à leur consistance lisse et coriace comme du parchemin. Mais on peut laisser une plante aussi intraitable; elle n'a pas assez de beauté pour dédommager des blessures qu'on se fait en l'examinant; et fût-elle cent fois plus jolie, ma petite cousine, avec ses petits doigts sensibles, serait bientôt rebutée de caresser une plante de si mauvaise humeur.

La famille des Ombellifères est nombreuse et si naturelle, que ses genres sont très-difficiles à distinguer; ce sont des frères que la grande ressemblance fait souvent prendre l'un pour l'autre. Pour aider à s'y reconnaître, on a imaginé des distinctions principales qui sont quelquefois utiles, mais sur lesquelles il ne faut pas non plus trop compter. Le foyer d'où partent les rayons, tant de la grande que de la petite ombelle, n'est pas toujours nu; il est quelquefois entouré de folioles, comme d'une manchette. On donne à ces folioles le nom d'involucre (enveloppe). Quand

____

(*) Lorsque cette plante est mûre, elle est arrachée par le vent et emportée au travers des champs; de là le surnom de *Roland,* par corruption de *roulant.*

la grande ombelle a une manchette, on donne
à cette manchette le nom de grand involucre;
on appelle petits involucres ceux qui entourent
quelquefois les petites ombelles. Cela donne lieu
à trois sections des Ombellifères :

1º Celles qui ont grand involucre et petits involucres;

2º Celles qui n'ont que les petits involucres
seulement;

3º Celles qui n'ont ni grand ni petits involucres.

Il semblerait manquer une quatrième division
de celles qui ont un grand involucre et point de
petits; mais on ne connaît aucun genre qui soit
constamment dans ce cas.

Vos étonnans progrès, chère cousine, et votre
patience m'ont tellement enhardi, que, comptant pour rien votre peine, j'ai osé vous décrire
la famille des Ombellifères sans fixer vos yeux
sur aucun modèle, ce qui a rendu nécessairement votre attention beaucoup plus fatigante.
Cependant j'ose douter, lisant comme vous savez
faire, qu'après une ou deux lectures de ma lettre,
une Ombellifère en fleurs échappe à votre esprit
en frappant vos yeux; et, dans cette saison, vous
ne pouvez manquer d'en trouver plusieurs dans
les jardins et dans la campagne.

Elles ont la plupart les fleurs blanches : telles
sont la *Carotte* 1, le *Cerfeuil* 2, le *Persil* 3, la
Ciguë 4, l'*Angélique* 5, la *Berce* 6, la *Berle* 7,

---

1 *Daucus carotta.* — 2 *Scandix cerefolium.* — 3 *Apium
petroselinum.* — 4 *Conium maculatum.* — 5 *Angelica
sylvestris.* — 6 *Heracleum sphondilium.* — 7 *Sisum*

le *Boucage* [8], le *Chervis* [9], la *Perce-pierre* [10], etc.

Quelques-unes, comme le *Fenouil* [1], l'*Anet* [2], le *Panais* [3], sont à fleurs jaunes; il y en a peu à fleurs rougeâtres, et point d'aucune autre couleur.

Voilà, me direz-vous, une belle notion générale des Ombellifères; mais comment tout ce vague savoir me garantira-t-il de confondre la *Ciguë* avec le *Cerfeuil* et le *Persil*, que vous venez de nommer avec elle? La moindre cuisinière en saura là-dessus plus que nous avec toute notre doctrine. Vous avez raison. Mais cependant si nous commençons par les observations de détail, bientôt accablés par le nombre, la mémoire nous abandonnera, et nous nous perdrons dès les premiers pas dans ce règne immense; au lieu que, si nous commençons par bien reconnaître les grandes routes, nous nous égarerons rarement dans les sentiers, et nous nous retrouverons partout sans beaucoup de peine. Donnons cependant quelque exception à l'utilité de l'objet, et ne nous exposons pas, tout en analysant le règne végétal, à manger par ignorance une omelette à la *Ciguë*.

La petite *Ciguë* des jardins (*Æthusa cynapium*) est une Ombellifère, ainsi que le *Persil* et le *Cerfeuil*. Elle a la fleur blanche, comme l'un

anomum. — [8] *Pimpinella saxifraga.* — [9] *Sium sisarum.* — [10] *Crithmum maritimum.*

[1] *Anethum fœniculum.* — [2] *Anethum graveolens.* — [3] *Pastinaca sativa.*

et l'autre (*); elle est avec le dernier dans la section qui a la petite enveloppe et qui n'a pas la grande; elle leur ressemble assez par son feuillage, pour qu'il ne soit pas aisé de vous en marquer par écrit les différences. Mais voici des caractères suffisans pour ne vous y pas tromper.

Il faut commencer par voir en fleurs ces diverses plantes, car c'est en cet état que la *Ciguë* a son caractère propre; c'est d'avoir sous chaque petite ombelle un petit involucre composé de trois petites folioles pointues, assez longues, et toutes trois tournées en dehors; au lieu que les folioles des petites ombelles du *Cerfeuil* l'enveloppent tout autour, et sont tournées également de tous les côtés. A l'égard du *Persil*, à peine a-t-il quelques courtes folioles, fines comme des cheveux, et distribuées indifféremment, tant dans la grande ombelle que dans les petites, qui toutes sont claires et maigres.

Quand vous vous serez bien assurée de la *Ciguë* en fleurs, vous vous confirmerez dans votre jugement en froissant légèrement et flairant son feuillage; car son odeur puante et vireuse ne vous la laissera pas confondre avec le *Persil* ni avec le *Cerfeuil*, qui tous deux ont des odeurs agréables. Bien sûre enfin de ne pas faire de quiproquo, vous examinerez ensemble et séparément ces trois plantes dans tous leurs états, par toutes

(*) La fleur du *Persil* est un peu jaunâtre; mais plusieurs fleurs d'Ombellifères paraissent jaunes à cause de l'ovaire et des anthères, et ne laissent pas d'avoir les pétales blancs.

leurs parties, surtout par le feuillage qui les ac-
compagne plus constamment que la fleur; et par
cet examen, comparé et répété jusqu'à ce que
vous ayez acquis la certitude d'un coup-d'œil,
vous parviendrez à distinguer et connaître imper-
turbablement la *Ciguë*. L'étude nous mène ainsi
jusqu'à la porte de la pratique, après quoi celle-
ci fait la facilité du savoir.

Prenez haleine, chère cousine, car voilà une
lettre excédante; je n'ose même vous promettre
plus de discrétion dans celle qui doit la suivre;
mais après cela nous n'aurons devant nous qu'un
chemin bordé de fleurs. Vous en méritez une
couronne, pour la douceur et la constance avec
laquelle vous daignez me suivre à travers ces
broussailles, sans vous rebuter de leurs épines.

LETTRE VI.

Du 2 mai 1773.

Quoiqu'il vous reste, chère cousine, bien des choses à désirer dans les notions de nos cinq premières familles, et que je n'aie pas toujours su mettre mes descriptions à la portée de notre petite *botanophile* (*), je crois néanmoins vous en avoir donné une idée suffisante pour pouvoir, après quelques mois d'herborisation, vous familiariser avec l'idée générale du port de chaque famille ; en sorte qu'à l'aspect d'une plante, vous puissiez conjecturer à peu près si elle appartient à quelqu'une des cinq familles et à laquelle ; sauf à vérifier ensuite, par l'analyse de la fructification, si vous vous êtes trompée ou non dans votre conjecture. Les Ombellifères, par exemple, vous ont jetée dans quelque embarras, mais dont vous pouvez sortir quand il vous plaira, au moyen des indications que j'ai jointes aux descriptions : car enfin les *Carottes*, les *Panais*, sont choses si communes, que rien n'est plus aisé, dans le milieu de l'été, que de se faire montrer l'une ou l'autre en fleurs dans un potager. Or, au simple aspect de l'ombelle et de la plante qui

(*) Qui aime la botanique.

la porte, on doit prendre une idée si nette des Ombellifères, qu'à la rencontre d'une plante de cette famille on s'y trompera rarement au premier coup-d'œil. Voilà tout ce que j'ai prétendu jusqu'ici : car il ne sera pas question si tôt des genres et des espèces ; et encore une fois ce n'est pas une nomenclature de perroquet qu'il s'agit d'acquérir, mais une science réelle, et l'une des sciences les plus aimables qu'il soit possible de cultiver. Je passe donc à notre sixième famille avant de prendre une route plus méthodique. Elle pourra vous embarrasser d'abord autant et plus que les Ombellifères ; mais mon but n'est, quant à présent, que de vous en donner une notion générale ; d'autant plus que nous avons bien du temps encore avant celui de la pleine floraison, et que ce temps bien employé pourra vous aplanir des difficultés contre les quelles il ne faut pas lutter encore.

Prenez une de ces petites fleurs qui, dans cette saison, tapissent les pâturages, et qu'on appelle ici *Paquerettes*, *petites Marguerites*, ou *Marguerites* tout court (*Bellis perennis*). Regardez-la bien ; car, à son aspect, je suis sûr de vous surprendre en vous disant que cette fleur si petite et si mignonne est réellement composée de deux ou trois cents autres fleurs toutes parfaites, c'est-à-dire, ayant chacune sa corolle, son germe, son pistil, ses étamines, sa graine, en un mot aussi parfaite en son espèce qu'une fleur de *Jacinthe* ¹

¹ *Hyacinthus...*

ou de *Lis* [1]. Chacune de ces folioles blanches en dessus, rose en dessous, qui forment comme une couronne autour de la *Marguerite*, et qui ne vous paraissent tout au plus qu'autant de petits pétales, sont réellement autant de véritables fleurs; et chacun de ces petits brins jaunes que vous voyez dans le centre, et que d'abord vous n'avez peut-être pris que pour des étamines, sont encore autant de véritables fleurs. Si vous aviez déjà les doigts exercés aux dissections botaniques, que vous vous armassiez d'une bonne loupe et de beaucoup de patience, je pourrais vous convaincre de cette vérité par vos propres yeux; mais pour le présent il faut commencer, s'il vous plaît, par m'en croire sur ma parole, de peur de fatiguer votre attention sur des atomes. Cependant, pour vous mettre au moins sur la voie, arrachez une des folioles blanches de la couronne; vous croirez d'abord cette foliole plate d'un bout à l'autre; mais regardez-la bien par le bout qui était attaché à la fleur, vous verrez que ce bout n'est pas plat, mais rond et creux en forme de tube, et que de ce tube sort un petit filet à deux cornes; ce filet est le style fourchu de cette fleur, qui, comme vous voyez, n'est plate que par le haut.

Regardez maintenant les brins jaunes qui sont au milieu de la fleur, et que je vous ai dit être autant de fleurs eux-mêmes; si la fleur est assez avancée, vous en verrez plusieurs tout autour, lesquels sont ouverts dans le milieu et même dé-

[1] *Lilium*.....

coupés en plusieurs parties. Ce sont des corolles monopétales qui s'épanouissent, et dans lesquelles la loupe vous ferait aisément distinguer le pistil et même les anthères dont il est entouré. Ordinairement les fleurons jaunes qu'on voit au centre sont encore arrondis et non percés. Ce sont des fleurs comme les autres, mais qui ne sont pas encore épanouies ; car elles ne s'épanouissent que successivement en avançant des bords vers le centre. En voilà assez pour vous montrer à l'œil la possibilité que tous ces brins, tant blancs que jaunes, soient réellement autant de fleurs parfaites ; et c'est un fait très-constant. Vous voyez néanmoins que toutes ces petites fleurs sont pressées et renfermées dans un calice qui leur est commun, et qui est celui de la *Marguerite*. En considérant toute la *Marguerite* comme une seule fleur, ce sera donc lui donner un nom très-convenable, que de l'appeler une fleur composée. Or il y a un grand nombre d'espèces et de genres de fleurs formées, comme la *Marguerite*, d'un assemblage d'autres fleurs plus petites, contenues dans un calice commun. Voilà ce qui constitue la sixième famille dont j'avais à vous parler, savoir, celle des fleurs Composées.

Commençons par ôter ici l'équivoque du mot fleur, en restreignant ce nom, dans la présente famille, à la fleur composée ; et donnant celui de fleurons aux petites fleurs qui la composent ; mais n'oublions pas que, dans la précision du mot, ces fleurons eux-mêmes sont autant de véritables fleurs.

Vous avez vu dans la *Marguerite* deux sortes de fleurons, savoir, ceux de couleur jaune qui remplissent le milieu de la fleur, et les petites languettes blanches qui les entourent. Les premiers sont, dans leur petitesse, assez semblables de figures aux fleurs du *Muguet* ou de la *Jacinthe*, et les seconds ont quelque rapport aux fleurs de *Chèvre-feuille*. Nous laisserons aux premiers le nom de fleurons; et pour distinguer les autres, nous les appellerons demi-fleurons : car en effet ils ont assez l'air de fleurs monopétales qu'on aurait rognées par un côté, en n'y laissant qu'une languette qui ferait à peine la moitié de la corolle.

Ces deux sortes de fleurons se combinent dans les fleurs composées, de manière à diviser toute la famille en trois sections bien distinctes.

La première section est formée de celles qui ne sont composées que de languettes ou demi-fleurons, tant au milieu qu'à la circonférence ; on les appelle fleurs semi-flosculeuses ; et la fleur entière, dans cette section, est toujours d'une seule couleur, le plus souvent jaune. Telle est la fleur appelée *Dent-de-lion* ou *Pissenlit* [1]; telles sont les fleurs de *Laitue* [2], de *Chicorée* [3], (celle-ci est bleue) de *Scorsonère* [4], de *Salsifis* [5], etc.

La seconde section comprend les fleurs flosculeuses, c'est-à-dire, qui ne sont composées que

---

[1] *Leontodon taraxacum.* — [2] *Lactuca virosa.* — [3] *Cichorum intybus.* — [4] *Scorsonera hispanica.* — [5] *Tragopogon porri-folium.*

de fleurons, tous, pour l'ordinaire, aussi d'une seule couleur. Telles sont les fleurs d'*Immortelle* [1], de *Bardane* [2], d'*Absinthe* [3], d'*Armoise* [4], de *Chardon* [5], d'*Artichaut* [6], qui est un *Chardon* lui-même dont on mange le calice et le réceptacle encore en bouton, avant que la fleur soit éclose et même formée. Cette bourre, qu'on ôte du milieu de l'artichaut, n'est autre chose que l'assemblage des fleurons qui commencent à se former, et qui sont séparés les uns des autres par de longs poils implantés sur le réceptacle.

La troisième section est celle des fleurs qui rassemblent les deux sortes de fleurons. Cela se fait toujours de manière que les fleurons entiers occupent le centre de la fleur, et les demi-fleurons forment le contour ou la circonférence, comme vous avez vu dans la *Paquerette*. Les fleurs de cette section s'appellent Radiées, les botanistes ayant donné le nom de rayon au contour d'une fleur composée, quand il est formé de languettes ou demi-fleurons. A l'égard de l'aire ou du centre de la fleur occupé par les fleurons, on l'appelle le disque, et on donne aussi quelquefois ce même nom de disque à la surface du réceptacle où sont plantés tous les fleurons et demi-fleurons. Dans les fleurs radiées, le disque est souvent d'une couleur et le rayon d'une autre;

[1] *Gnaphalium stœchas.* — [2] *Arctium lappa.* — [3] *Artemisia absinthium.* — [4] *Artemisia vulgaris.* — [5] *Carduus eriophorus.* — [6] *Cinara scolymus.*

cependant il y a aussi des genres et des espèces
où tous les deux sont de la même couleur.

Tâchons à présent de bien déterminer dans
votre esprit l'idée d'une fleur composée. Le *Trèfle*
(*Trifolium pratense*) ordinaire fleurit en cette
saison ; sa fleur est pourpre ; s'il vous en tombait
une sous la main, vous pourriez, en voyant tant
de petites fleurs rassemblées, être tentée de
prendre le tout pour une fleur composée. Vous
vous tromperiez ; en quoi ? en ce que, pour constituer une fleur composée, il ne suffit pas d'une
agrégation de plusieurs petites fleurs, mais qu'il
faut de plus qu'une ou deux des parties de la
fructification leur soient communes, de manière
que toutes aient part à la même, et qu'aucune
n'ait la sienne séparément. Ces deux parties
communes sont le calice et le réceptacle. Il est
vrai que la fleur de *Trèfle*, ou plutôt le groupe
de fleurs qui n'en semblent qu'une, paraît d'a-
bord porté sur une espèce de calice ; mais écar-
tez un peu ce prétendu calice, et vous verrez
qu'il ne tient point à la fleur, mais qu'il est
attaché, au-dessous d'elle, au pédicule qui la
porte. Ainsi ce calice apparent n'en est point un ;
il appartient au feuillage, et non pas à la fleur ;
et cette prétendue fleur n'est en effet qu'un assemblage de fleurs légumineuses fort petites,
dont chacune a son calice particulier, et qui n'ont
absolument rien de commun entre elles que leur
attache au même pédicule. L'usage est pourtant de prendre tout cela pour une seule fleur ;
mais c'est une fausse idée : ou si l'on veut abso-

lument regarder comme une fleur un bouquet de cette espèce, il ne faut pas du moins l'appeler une fleur composée, mais une fleur agrégée ou une tête (*flos aggregatus, flos capitatus, capitulum*). Et ces dénominations sont en effet quelquefois employées en ce sens par les botanistes.

Voilà, chère cousine, la notion la plus simple et la plus naturelle que je puisse vous donner de la famille ou plutôt de la nombreuse classe des Composées, et des trois sections ou familles dans lesquelles elles se subdivisent. Il faut maintenant vous parler de la structure des fructifications particulières à cette classe; et cela nous mènera peut-être à en déterminer le caractère avec plus de précision.

La partie la plus essentielle d'une fleur composée est le réceptacle sur lequel sont plantés, d'abord les fleurons et demi-fleurons, et ensuite les graines qui leur succèdent. Ce réceptacle, qui forme un disque d'une certaine étendue, fait le centre du calice, comme vous pouvez voir dans le *Pissenlit*, que nous prendrons ici pour exemple. Le calice, dans toute cette famille, est ordinairement découpé jusqu'à la base en plusieurs pièces, afin qu'il puisse se fermer, se rouvrir et se renverser, comme il arrive dans le progrès de la fructification, sans y causer de déchirure. Le calice du *Pissenlit* est formé de deux rangs de folioles insérés l'un dans l'autre, et les folioles du rang extérieur qui soutient l'autre se recourbent et replient en bas vers le pédicule, tandis que les folioles du rang intérieur restent droites pour entourer et contenir les demi-fleurons qui composent la fleur.

Une forme encore des plus communes aux calices de cette classe, est d'être imbriqués, c'est-à-dire, formés de plusieurs rangs de folioles en recouvrement, les unes sur les joints des autres, comme les tuiles d'un toit. L'*Artichaut*, le *Bluet*, la *Jacée*, la *Scorsonère*, vous offrent des exemples de calices imbriqués.

Les fleurons et demi-fleurons enfermés dans le calice sont plantés fort dru sur son disque ou réceptacle, en quinconce ou comme les cases d'un damier. Quelquefois ils s'entre-touchent à nu sans rien d'intermédiaire ; quelquefois ils sont séparés par des cloisons de poils ou de petites écailles qui restent attachées au réceptacle quand les graines sont tombées. Vous voilà sur la voie d'observer les différences de calices et de réceptacles ; parlons à présent de la structure des fleurons et demi-fleurons, en commençant par les premiers.

Un fleuron est une fleur monopétale, régulière, pour l'ordinaire, dont la corolle se fend dans le haut en quatre ou cinq parties. Dans cette corolle sont attachés à son tube les filets des étamines, au nombre de cinq ; ces cinq filets se réunissent par le haut en un petit tube rond qui entoure le pistil, et ce tube n'est autre chose que les cinq anthères ou étamines réunies circulairement en un seul corps. Cette réunion des étamines forme, aux yeux des botanistes, le caractère essentiel des fleurs composées, et n'appartient qu'à leurs fleurons, exclusivement à toutes sortes de fleurs. Ainsi vous aurez beau trouver plusieurs fleurs portées sur un même disque, comme dans les *Scabieuses* et le *Chardon-à-Foulon*; si les anthères ne se réunissent pas en un tube autour du pistil, et si la corolle ne porte pas sur une seule graine nue, ces fleurs ne sont pas des fleurons, et ne forment pas une fleur composée. Au contraire, quand vous trouveriez dans une fleur unique les anthères ainsi réunies en un seul corps, et la corolle supère posée sur une seule graine, cette fleur, quoique seule, serait un vrai fleuron, et appartiendrait à la famille des Composées, dont il vaut mieux tirer ainsi le caractère d'une structure précise que d'une apparence trompeuse.

Le pistil porte un style plus long d'ordinaire que le fleuron, au-dessus duquel on le voit s'élever à travers le tube formé par les anthères. Il se termine le plus souvent dans le haut par un stigmate fourchu dont on voit aisément les deux petites cornes. Par son pied le pistil ne porte pas immédiatement sur le réceptacle non plus que le fleuron, mais l'un et l'autre y tiennent par le germe qui leur sert de base, lequel croît et s'allonge à mesure que le fleuron se dessèche, et devient enfin une graine longuette qui reste attachée au réceptacle, jusqu'à ce qu'elle soit mûre. Alors elle tombe si elle est nue, ou bien le vent l'emporte au loin si elle est couronnée d'une aigrette de plumes, et le réceptacle reste à découvert tout nu dans des genres, ou garni d'écailles ou de poils dans d'autres.

La structure des demi-fleurons est semblable
à celle des fleurons ; les étamines, le pistil et la
graine y sont arrangés à peu près de même :
seulement dans les fleurs radiées il y a plusieurs
genres où les demi-fleurons du contour sont su-
jets à avorter, soit parce qu'ils manquent d'étamines, soit parce que celles qu'ils ont sont stériles, et n'ont pas la force de féconder le germe ;
alors la fleur ne grène que par les fleurons du
milieu.

Dans toute la classe des Composées la graine
est toujours sessile, c'est-à-dire qu'elle porte
immédiatement sur le réceptacle, sans aucun
pédicule intermédiaire. Mais il y a des graines
dont le sommet est couronné par une aigrette
quelquefois sessile, et quelquefois attachée à la
graine par un pédicule. Vous comprenez que l'u-
sage de cette aigrette est d'éparpiller au loin les
semences, en donnant plus de prise à l'air pour
les emporter et semer à distance.

A ces descriptions informes et tronquées, je
dois ajouter que les calices ont pour l'ordinaire
la propriété de s'ouvrir quand la fleur s'épanouit,
de se refermer quand les fleurons se sèment et
tombent, afin de contenir la jeune graine, et l'empêcher de se répandre avant sa maturité ; enfin de
se rouvrir et de se renverser tout-à-fait pour offrir dans leur centre une aire plus large aux graines qui grossissent en mûrissant. Vous avez dû
souvent voir le *Pissenlit* [1] dans cet état, quand

---

[1] *Leontodon taraxacum.*

les enfans le cueillent pour souffler dans ses aigrettes qui forment un globe autour du calice renversé.

Pour bien connaître cette classe, il faut en suivre les fleurs dès avant leur épanouissement jusqu'à la pleine maturité du fruit, et c'est dans cette succession qu'on voit des métamorphoses et un enchaînement de merveilles qui tiennent tout esprit sain qui les observe dans une continuelle admiration. Une fleur commode pour ces observations est celle des *Soleils*, qu'on rencontre fréquemment dans les vignes et dans les jardins. Le *Soleil* [2], comme vous voyez, est une Radiée. La *Reine-marguerite* [3], qui dans l'automne fait l'ornement des parterres, en est une aussi. Les *Chardons* [4] sont des Flosculeuses ; j'ai déjà dit que la *Scorsonère* et le *Pissenlit* sont des Semiflosculeuses. Toutes ces fleurs sont assez grosses pour pouvoir être disséquées et étudiées à l'œil nu sans le fatiguer beaucoup.

Je ne vous en dirai pas davantage aujourd'hui sur la famille ou classe des Composées. Je tremble déjà d'avoir trop abusé de votre patience par des détails que j'aurais rendus plus clairs si j'avais su les rendre plus courts ; mais il m'est impossible de sauver la difficulté qui naît de la petitesse des objets. Bonjour, chère cousine.

[2] *Helianthus annuus*. — [3] *Aster chinensis*. — [4] *Carduus...*

LETTRE VII.

SUR LES ARBRES FRUITIERS.

J'ATTENDAIS de vos nouvelles, chère cousine, sans impatience, parce que M. T., que j'avais vu depuis la réception de votre précédente lettre, m'avait dit avoir laissé votre maman et toute la famille en bonne santé. Je me réjouis d'en avoir la confirmation par vous-même, ainsi que des bonnes et fraîches nouvelles que vous me donnez de ma tante Gonceru (B). Son souvenir et sa bénédiction ont épanoui de joie un cœur à qui depuis long-temps on ne fait plus guère éprouver de ces sortes de mouvemens. C'est par elle que je tiens encore à quelque chose de bien précieux sur la terre ; et tant que je la conserverai, je continuerai, quoi qu'on fasse, à aimer la vie. Voici le temps de profiter de vos bontés ordinaires pour elle et pour moi : il me semble que ma petite offrande prend un prix réel en passant par vos mains. Si votre cher époux vient bientôt à Paris, comme vous me le faites espérer, je le prierai de vouloir bien se charger de mon tribut annuel ; mais s'il tarde un peu, je vous prie de me marquer à qui je dois le remettre, afin qu'il n'y ait point de retard, et que vous n'en fassiez pas l'avance comme l'année dernière ; ce que je sais que vous faites avec plaisir, mais à quoi je ne dois pas consentir sans nécessité.

Voici, chère cousine, les noms des plantes que vous m'avez envoyées en dernier lieu. J'ai ajouté un point d'interrogation à ceux dont je suis en doute parce que vous n'avez pas eu soin d'y mettre des feuilles avec la fleur, et que le feuillage est souvent nécessaire pour déterminer l'espèce à un aussi mince botaniste que moi. En arrivant à Fourrière, vous trouverez la plupart des arbres fruitiers en fleurs, et je me souviens que vous aviez désiré quelques directions sur cet article. Je ne puis en ce moment vous tracer là-dessus que quelques mots très à la hâte, étant fort pressé, et afin que vous ne perdiez pas encore une saison pour cet examen.

Il ne faut pas, chère amie, donner à la botanique une importance qu'elle n'a pas ; c'est une étude de pure curiosité, et qui n'a d'autre utilité réelle que celle que peut tirer un être pensant et sensible de l'observation de la nature et des merveilles de l'univers. L'homme a dénaturé beaucoup de choses pour les mieux convertir à son usage ; en cela il n'est point à blâmer ; mais il n'en est pas moins vrai qu'il les a souvent défigurées, et que, quand, dans les œuvres de ses mains, il croit étudier vraiment la nature, il se trompe. Cette erreur a lieu surtout dans la société civile, elle a lieu de même dans les jardins. Ces fleurs doubles qu'on admire dans les parterres, sont des monstres dépourvus de la faculté de produire leur semblable, dont la nature a doué tous les êtres organisés. Les arbres fruitiers sont à peu près dans le même cas par la greffe; vous aurez beau planter des pepins de poires et de pommes des meilleures espèces, il n'en naîtra jamais que des sauvageons. Ainsi, pour connaître la poire et la pomme de la nature, il faut les chercher non dans les potagers, mais dans les forêts. La chair n'en est pas si grosse et si succulente, mais les semences en mûrissent mieux, en multiplient davantage, et les arbres en sont infiniment plus grands et plus vigoureux. Mais j'entame ici un article qui me mènerait trop loin: revenons à nos potagers.

Nos arbres fruitiers, quoique greffés, gardent dans leur fructification tous les caractères botaniques qui les distinguent; et c'est par l'étude attentive de ces caractères, aussi bien que par les transformations de la greffe, qu'on s'assure qu'il n'y a, par exemple, qu'une seule espèce de poire sous mille noms divers par lesquels la forme et la saveur de leurs fruits les ont fait distinguer en autant de prétendues espèces, qui ne sont au fond que des variétés. Bien plus, la *Poire* (*Pyrus communis*), et la *Pomme* (*Pyrus malus*), ne sont que deux espèces du même genre, et leur unique différence bien caractéristique est que le pédicule de la *Pomme* entre dans un enfoncement du fruit, et celui de la *Poire* tient à un prolongement du fruit un peu allongé. De même toutes les sortes de *Cerises*, *Guignes*, *Griottes*, *Bigarreaux*, ne sont que des variétés d'une même espèce; toutes les *Prunes* ne sont qu'une espèce de *Prunes*. Le genre de la *Prune* contient trois espèces principales ; savoir : la *Prune* proprement dite, la *Cerise*, et l'*Abricot* qui n'est aussi qu'une espèce de prune. Ainsi quand le savant Linnæus, divisant le genre dans les espèces, a dénommé la *Prune* prune [1], la *Prune* cerise [2], et la *Prune* abricot [3], les ignorans se sont moqués de lui ; mais les observateurs ont admiré la justesse de ses réductions, etc. Il faut courir, je me hâte.

Les Arbres fruitiers entrent presque tous dans une famille nombreuse, dont le caractère est facile à saisir, en ce que les étamines, en grand nombre, au lieu d'être attachées au réceptacle, sont attachées au calice par les intervalles que laissent les pétales entre eux ; toutes leurs fleurs sont polypétales et à cinq communément. Voici les principaux caractères génériques.

Le genre de la *Poire* (*Pyrus*), qui comprend aussi la *Pomme* (*P. malus*) et le *Coin* (*P. cydonia*). Calice monophylle à cinq pointes. Corolle à cinq pétales attachés au calice. Une vingtaine d'étamines toutes attachées au calice. Germe ou ovaire infère, c'est-à-dire au-dessous de la corolle, cinq styles. Fruits charnus à cinq logettes, contenant des graines, etc.

Le genre de la *Prune* (*Prunus*), qui comprend l'*Abricot* (*P. armeniaca*), la *Cerise* (*P. cerasus*), et le *Laurier-cerise* (*P. Lauro-cerasus*), calice, corolle et anthère à peu près comme

[1] *Prunus domestica.* — [2] *Prunus cerasus.* — [3] *Prunus armeniaca.*

la *Poire*. Mais le germe est supère, c'est-à-dire,
dans la corolle, et il n'y a qu'un style. Fruit plus
aqueux que charnu, contenant un noyau, etc.

Le genre de l'*Amande* (*Amygdalus*), qui
comprend aussi la *Pêche* (*A. persica*). Presque
comme la *Prune*, si ce n'est que le germe est
velu, et que le fruit, mou dans la pêche, sec
dans l'amande, contient un noyau dur, raboteux,
parsemé de cavités, etc.

Tout ceci n'est que bien grossièrement ébau-
ché; mais c'en est assez pour vous amuser cette
année. Bonjour, chère cousine.

LETTRE VIII.

Du 11 avril 1773.

GRACE au ciel, chère cousine, vous voilà rétablie. Mais ce n'est pas sans que votre silence et celui de M. G. que j'avais instamment prié de m'écrire un mot à son arrivée, ne m'ait causé bien des alarmes. Dans des inquiétudes de cette espèce, rien n'est plus cruel que le silence, parce qu'il fait tout porter au pis. Mais tout cela est déjà oublié, et je ne sens plus que le plaisir de votre rétablissement. Le retour de la belle saison, la vie moins sédentaire de Fourrière, et le plaisir de remplir avec succès la plus douce, ainsi que la plus respectable des fonctions, achèveront bientôt de l'affermir, et vous en sentirez moins tristement l'absence passagère de votre mari, au milieu des chers gages de son attachement et des soins continuels qu'ils vous demandent.

La terre commence à verdir, les arbres à bourgeonner, les fleurs à s'épanouir ; il y en a déjà de passées ; un moment de retard pour la botanique nous reculerait d'une année entière ; ainsi j'y passe sans autre préambule.

Je crains que nous ne l'ayons traitée jusqu'ici d'une manière trop abstraite, en n'appliquant point nos idées sur des objets déterminés : c'est

le défaut dans lequel je suis tombé, principalement à l'égard des Ombellifères. Si j'avais commencé par vous en mettre une sous les yeux, je
vous aurais épargné une application très-fati-
gante sur un objet imaginaire, et à moi des descriptions difficiles, auxquelles un simple coup
d'œil aurait suppléé. Malheureusement, à la distance où la loi de la nécessité me tient de vous,
je ne suis pas à portée de vous montrer du doigt
les objets; mais si, chacun de notre côté, nous en
pouvons avoir sous les yeux de semblables, nous
nous entendrons très-bien l'un l'autre, en parlant
de ce que nous voyons. Toute la difficulté est
qu'il faut que l'indication vienne de vous; car
vous envoyer d'ici des plantes sèches serait ne
rien faire. Pour bien reconnaître une plante, il
faut commencer par la voir sur pied. Les herbiers servent de mémoratifs pour celles qu'on a
déjà connues; mais ils font mal connaître celles
qu'on n'a pas vues auparavant. C'est donc à vous
de m'envoyer des plantes que vous voudrez connaître et que vous aurez cueillies sur pied; et
c'est à moi de vous les nommer, de les classer,
de les décrire; jusqu'à ce que, par des idées com-
paratives devenues familières à vos yeux et à
votre esprit, vous parveniez à classer, ranger et
nommer vous-même celles que vous verrez
pour la première fois; science qui seule distingue
le vrai botaniste de l'herboriste ou nomenclateur.
Il s'agit donc ici d'apprendre à préparer, dessécher et conserver les plantes ou échantillons de
plantes, de manière à les rendre faciles à con-

naître et à déterminer. C'est, en un mot, un herbier que je vous propose de commencer. Voici une grande occupation qui de loin se prépare pour notre petite amatrice : car, quant à présent et pour quelque temps encore, il faudra que l'adresse de vos doigts supplée à la faiblesse des siens.

Il y a d'abord une provision à faire, savoir : cinq ou six mains de papier gris, et à peu près autant de papier blanc, de même grandeur, assez fort et bien collé, sans quoi les plantes se pourriraient dans le papier gris, ou du moins les fleurs y perdraient leur couleur, ce qui est une des parties qui les rendent reconnaissables, et par lesquelles un herbier est agréable à voir. Il serait encore à désirer que vous eussiez une presse de la grandeur de votre papier, ou du moins deux bouts de planches bien unies, de manière qu'en plaçant vos feuilles entre deux, vous les y puissiez tenir pressées par les pierres ou autres corps pesans dont vous chargerez la planche supérieure. Ces préparatifs faits, voici ce qu'il faut observer pour préparer vos plantes de manière à les conserver et les reconnaître.

Le moment à choisir pour cela est celui où la plante est en pleine fleur, et où même quelques fleurs commencent à tomber pour faire place au fruit qui commence à paraître. C'est dans ce point, où toutes les parties de la fructification sont sensibles, qu'il faut tâcher de prendre la plante pour la dessécher dans cet état.

Les petites plantes se prennent tout entières avec leurs racines qu'on a soin de bien nettoyer

avec une brosse, afin qu'il n'y reste point de terre.
Si la terre est mouillée, on la laisse sécher pour
la brosser, ou bien on lave la racine; mais il faut
avoir alors la plus grande attention de la bien es-
suyer et dessécher, avant de la mettre entre les
papiers, sans quoi elle s'y pourrirait infailsible-
ment, et communiquerait sa pourriture aux autres plantes voisines. Il ne faut cependant s'obstiner à conserver les racines qu'autant qu'elles
ont quelques singularités remarquables; car,
dans le plus grand nombre, les racines ramifiées
et fibreuses ont des formes si semblables, que ce
n'est pas la peine de les conserver. La nature,
qui a tant fait pour l'élégance et l'ornement dans
la figure et la couleur des plantes, en ce qui
frappe les yeux, a destiné les racines uniquement
aux fonctions utiles, puisque étant cachées dans
la terre, leur donner une structure agréable eût
été cacher la lumière sous le boisseau.

Les arbres et toutes les grandes plantes ne se
prennent que par échantillon; mais il faut que cet
échantillon soit si bien choisi, qu'il contienne toutes les parties constitutives du genre et de l'espèce,
afin qu'il puisse suffire pour reconnaître et déterminer la plante qui l'a fourni. Il ne suffit pas que
toutes les parties de la fructification y soient sensibles, ce qui ne servirait qu'à distinguer le genre;
il faut qu'on y voie bien le caractère de la folia-
tion et de la ramification, c'est-à-dire, la naissance et la forme des feuilles et des branches, et
même, autant qu'il se peut, quelque portion de
la tige; car, comme vous verrez dans la suite,

tout cela sert à distinguer les espèces différentes des mêmes genres, qui sont parfaitement semblables par la fleur et le fruit. Si les branches sont trop épaisses, on les amincit avec un couteau ou canif, en diminuant adroitement par-dessous de leur épaisseur, autant que cela se peut, sans couper et mutiler les feuilles. Il y a des botanistes qui ont la patience de fendre l'écorce de la branche et d'en tirer adroitement le bois, de façon que l'écorce rejointe paraît vous montrer encore la branche entière, quoique le bois n'y soit plus. Au moyen de quoi l'on n'a point entre les papiers des épaisseurs et bosses trop considérables, qui gâtent, défigurent l'herbier, et font prendre une mauvaise forme aux plantes. Dans les plantes où les fleurs et les feuilles ne viennent pas en même temps, ou naissent trop loin les unes des autres, on prend une petite branche à fleurs et une petite branche à feuilles ; et, les plaçant ensemble dans le même papier, on offre ainsi à l'œil les diverses parties de la même plante, suffisantes pour la faire reconnaître. Quant aux plantes où l'on ne trouve que des feuilles, et dont la fleur n'est pas encore venue, ou est déjà passée, il les faut laisser, et attendre, pour les reconnaître, qu'elles montrent leur visage. Une plante n'est pas plus sûrement reconnaissable à son feuillage qu'un homme à son habit.

Tel est le choix qu'il faut mettre dans ce qu'on cueille ; il en faut mettre aussi dans le moment qu'on prend pour cela. Les plantes cueillies le matin à la rosée, ou le soir à l'humidité, ou le

jour durant la pluie, ne se conservent point. Il
faut absolument choisir un temps sec, et même,
dans ce temps-là, le moment le plus sec et le plus
chaud de la journée, qui est en été entre onze
heures du matin et cinq ou six heures du soir ;
encore alors, si l'on y trouve la moindre humidité, faut-il les laisser ; car infailliblement elles
ne se conserveront pas.

Quand vous avez cueilli vos échantillons, vous
les apportez au logis toujours bien au sec, pour
les placer et arranger dans vos papiers. Pour
cela, vous faites votre premier lit de deux feuilles
au moins de papier gris, sur lesquelles vous pla-
cez une feuille de papier blanc, et sur cette
feuille vous arrangez votre plante, prenant grand
soin que toutes ses parties, surtout les feuilles et
les fleurs, soient bien ouvertes et bien étendues
dans leur situation naturelle. La plante un peu
flétrie, mais sans l'être trop, se prête mieux pour
l'ordinaire à l'arrangement qu'on lui donne sur
le papier avec le pouce et les doigts. Mais il y
en a de rebelles qui se grippent d'un côté pendant qu'on les arrange de l'autre. Pour prévenir
cet inconvénient, j'ai des plombs, de gros sous,
des liards, avec lesquels j'assujettis les parties
que je viens d'arranger, tandis que j'arrange les
autres ; de façon que, quand j'ai fini, ma plante
se trouve presque toute couverte de ces pièces,
qui la tiennent en état. Après cela on pose une
seconde feuille blanche sur la première, et on
la presse avec la main, afin de tenir la plante
assujettie dans la situation qu'on lui a donnée,

avançant ainsi la main gauche qui presse à mesure qu'on retire avec la droite les plombs et les
gros sous qui sont entre les papiers ; on met
ensuite deux autres feuilles de papier gris sur
la seconde feuille blanche, sans cesser un seul
moment de tenir la plante assujettie, de peur
qu'elle ne perde la situation qu'on lui a donnée ;
sur ce papier gris on met une autre feuille
blanche, sur cette feuille une plante qu'on arrange et recouvre comme ci-devant, jusqu'à ce
qu'on ait placé toute la moisson qu'on a apportée,
et qui ne doit pas être nombreuse pour chaque
fois , tant pour éviter la longueur du travail que
de peur que, durant la dessiccation des plantes,
le papier ne contracte quelque humidité par leur
grand nombre, ce qui gâterait infailliblement
vos plantes, si vous ne vous hâtiez de les changer de papier avec les mêmes attentions ; et c'est
même ce qu'il faut faire de temps en temps,
jusqu'à ce qu'elles aient bien pris leur pli, et
qu'elles soient toutes assez sèches.

Votre pile de plantes et de papiers ainsi arran-
gée doit être mise en presse, sans quoi les plantes
se gripperaient ; il y en a qui veulent être plus
pressées, d'autres moins ; l'expérience vous ap-
prendra cela, ainsi qu'à les changer de papier à
propos, et aussi souvent qu'il faut, sans vous donner un travail inutile. Enfin quand vos plantes
seront bien sèches, vous les mettrez bien proprement chacune dans une feuille de papier, les
unes sur les autres, sans avoir besoin de papiers
intermédiaires , et vous aurez ainsi un herbier

commencé, qui s'augmentera sans cesse avec vos
connaissances, et contiendra enfin l'histoire de
toute la végétation du pays : au reste, il faut
toujours tenir un herbier bien serré, et un peu
en presse ; sans quoi les plantes, quelque sèches
qu'elles fussent, attireraient l'humidité de l'air,
et se gripperaient encore.

Voici maintenant l'usage de tout ce travail
pour parvenir à la connaissance particulière des
plantes, et à nous bien entendre lorsque nous en
parlons.

Il faut cueillir deux échantillons de chaque
plante, l'un plus grand, pour le garder, et l'autre
plus petit, pour me l'envoyer. Vous les numéro-
terez avec soin, de façon que le grand et le
petit échantillon de chaque espèce aient toujours
le même numéro. Quand vous aurez une dou-
zaine ou deux d'espèces ainsi desséchées, vous
me les enverrez dans un petit cahier par quelque
occasion. Je vous enverrai le nom et la description des mêmes plantes ; par le moyen des nu-
méros, vous les reconnaîtrez dans votre herbier,
et de là sur la terre, où je suppose que vous
aurez commencé de les bien examiner. Voilà un
moyen sûr de faire des progrès aussi sûrs et
aussi rapides qu'il est possible loin de votre guide.

N. B. J'ai oublié de vous dire que les mêmes
papiers peuvent servir plusieurs fois, pourvu
qu'on ait soin de les bien aérer et dessécher auparavant. Je dois ajouter aussi que l'herbier doit
être tenu dans le lieu le plus sec de la maison,
et plutôt au premier qu'au rez-de-chaussée.

LETTRES

A LA DUCHESSE DE PORTLAND.

La duchesse de Portland avait épousé un descendant
de Guillaume de *Benting*, comte de Portland, qui reçut
en France les plus grands honneurs quand il y vint en
qualité d'ambassadeur de Guillaume III, dont il était le
favori. Rousseau connut cette dame dans le voyage qu'il
fit en Angleterre après la publication d'*Émile*. Il y eut
entre la duchesse de Portland et Rousseau, relativement
à la botanique, un commerce de lettres qui commença
le 3 septembre 1766, et se termina le 11 juillet 1776. La
duchesse de Portland lui avait envoyé à Paris un magnifique cadeau ; il lui renvoya la caisse sans l'ouvrir.
Cette susceptibilité, tout au moins singulière, mit fin à
leur correspondance.

A LA DUCHESSE DE PORTLAND.

LETTRE PREMIÈRE.

Wootton (C), le 20 octobre 1766.

Vous avez raison, madame la duchesse, de commencer la correspondance que vous me faites l'honneur de me proposer, par m'envoyer des livres pour me mettre en état de la soutenir; mais je crains que ce ne soit peine perdue; je ne retiens plus rien de ce que je lis; je n'ai plus de mémoire pour les livres; il ne m'en reste que pour les personnes, pour les bontés qu'on a pour moi; et j'espère, à ce titre, profiter plus avec vos lettres qu'avec tous les livres de l'univers. Il en est un, Madame, où vous savez si bien lire, et où je voudrais bien apprendre à épeler quelques mots après vous. Heureux qui sait prendre assez de goût à cette intéressante lecture, pour n'avoir besoin d'aucune autre; et qui, méprisant les instructions des hommes, qui sont menteurs, s'attache à celles de la nature, qui ne ment point! Vous l'étudiez avec autant de plaisir que de succès; vous la suivez dans tous ses règnes; aucune de ses productions ne vous est étrangère. Vous savez assortir les fossiles, les minéraux, les coquillages, cultiver les plantes, apprivoiser les oiseaux ; et que n'apprivoiseriez-vous pas ? Je connais un animal un peu sauvage qui vivrait avec grand plaisir dans votre ménagerie, en attendant l'honneur d'être admis un jour en momie dans votre cabinet.

J'aurais bien les mêmes goûts si j'étais en état de les satisfaire ; mais un solitaire et un commençant de mon âge doit rétrécir beaucoup l'univers s'il veut le connaître ; et moi, qui me perds comme un insecte parmi les herbes d'un pré, je n'ai garde d'aller escalader les *Palmiers* de l'Afrique, ni les *Cèdres* du Liban. Le temps presse ; et, loin d'aspirer à savoir un jour la botanique, j'ose à peine espérer d'herboriser aussi bien que les moutons qui paissent sous ma fenêtre, et de savoir, comme eux, trier mon foin.

J'avoue pourtant, comme les hommes ne sont guère conséquens et que les tentations viennent par la facilité d'y succomber, que le jardin de mon excellent voisin, M. Granville (D), m'a donné le projet ambitieux d'en connaître les richesses ; mais voilà précisément ce qui prouve que, ne sachant rien, je suis fait pour ne rien apprendre. Je vois les plantes, il me les nomme, je les oublie ; je les revois, il me les renomme, je les oublie encore ; et il ne résulte de tout cela que l'épreuve que nous faisons sans cesse, moi, de sa complaisance, et lui, de mon incapacité. Ainsi, du côté de la botanique, peu d'avantage ; mais un très-grand pour le bonheur de la vie, dans celui de cultiver la société d'un voisin bienfaisant, obligeant, aimable, et, pour dire encore plus s'il est possible, à qui je dois l'honneur d'être connu de vous.

Voyez donc, madame la duchesse, quel ignare correspondant vous vous choisissez, et ce qu'il pourra mettre du sien contre vos lumières. Je suis, en conscience, obligé de vous avertir de la mesure des miennes ; après cela, si vous daignez vous en contenter, à la bonne heure ; je n'ai garde de refuser un accord si avantageux pour moi. Je vous rendrai de l'herbe pour vos plantes, des rêveries pour vos observations ; je m'instruirai cependant par vos bontés ; et puissé-je un jour, devenu meilleur herboriste, orner de quelques fleurs la couronne que vous doit la botanique pour l'honneur que vous lui faites de la cultiver !

J'avais apporté de Suisse quelques plantes sèches qui se sont pourries en chemin ; c'est un herbier à recommencer, et je n'ai plus pour cela les mêmes ressources. Je détacherai toutefois de ce qui me reste quelques échantillons des moins gâtés, auxquels j'en joindrai quelques-uns de ce pays en fort petit nombre, selon l'étendue de mon savoir ; et je prierai M. Granville de vous les faire passer quand il en aura l'occasion ; mais il faut auparavant les trier, les démoisir, et surtout retrouver les noms à moitié perdus ; ce qui n'est pas pour moi une petite affaire. Et, à propos des noms, comment parviendrons-nous, Madame, à nous entendre ? Je ne connais point les noms anglais ; ceux que je connais sont tous du *Pinax* de Gaspard Bauhin (E), ou du *Species plantarum* de Linnæus (F) ; et je ne puis en faire la sy-

nonymie avec Gérard (G), qui leur est antérieur
à l'un et à l'autre, ni avec le *Synopsis* (H), qui
est antérieur au second, et qui cite rarement le
premier : en sorte que mon *Species* me devient
inutile pour vous nommer l'espèce de plante que
j'y connais, et pour y rapporter celle que vous
pouvez me faire connaître. Si par hasard, madame la duchesse, vous aviez aussi le *Species
plantarum*, ou le *Pinax*, ce point de réunion
nous serait très-commode pour nous entendre,
sans quoi je ne sais pas trop comment nous ferons.

J'avais écrit à milord Maréchal (I) deux jours
avant de recevoir la lettre dont vous m'avez honoré. Je lui en écrirai bientôt une autre pour
m'acquitter de votre commission, et pour lui demander ses félicitations sur l'avantage que son
nom m'a procuré près de vous. J'ai renoncé à
tout commerce de lettres, hors avec lui seul et
un autre ami. Vous serez la troisième, madame
la duchesse, et vous me ferez chérir toujours plus
la botanique, à qui je dois cet honneur : passé
cela, la porte est fermée aux correspondances.
Je deviens de jour en jour plus paresseux : il m'en
coûte beaucoup d'écrire, à cause de mes incommodités (J); et, content d'un si bon choix, je m'y
borne, bien sûr que, si je l'étendais davantage,
le même bonheur ne m'y suivrait pas.

Je vous supplie, madame la duchesse, d'agréer
mon profond respect.

LETTRE II.

Je n'aurais pas, madame la duchesse, tardé un seul instant de calmer, si je l'avais pu, vos inquiétudes sur la santé de milord Maréchal ; mais je craignis de ne faire, en vous écrivant, qu'augmenter ces inquiétudes, qui devinrent pour moi des alarmes. La seule chose qui me rassurât était que j'avais de lui une lettre du 22 novembre, et je présumais que ce qu'en disaient les papiers publics ne pouvait guère être plus récent que cela. Je raisonnai là-dessus avec M. Granville, qui devait partir dans peu de jours, et qui se chargea de vous rendre compte de ce que nous avions pensé, en attendant que je pusse, Madame, vous marquer quelque chose de plus positif. Dans cette lettre du 22 novembre, milord Maréchal me marquait qu'il se sentait vieillir et affaiblir, qu'il n'écrivait plus qu'avec peine, qu'il avait cessé d'écrire à ses parens et amis, et qu'il m'écrirait désormais fort rarement à moi-même. Cette résolution, qui peut-être était déjà l'effet de sa maladie, fait que son silence depuis ce temps-là me surprend moins ; mais il me chagrine extrêmement. J'attendais quelque réponse aux lettres que je lui ai écrites, je la demandais incessamment, et j'espérais vous en faire part aussitôt ; il n'est rien venu. J'ai aussi écrit à son banquier à

Londres, qui ne savait rien non plus, mais qui, ayant fait des informations, m'a marqué, qu'en effet milord Maréchal avait été fort malade, mais qu'il était beaucoup mieux. Voilà tout ce que j'en sais, madame la duchesse. Probablement vous en savez davantage à présent vous-même; et, cela supposé, j'oserais vous supplier de vouloir bien me faire écrire un mot pour me tirer du trouble où je suis. A moins que les amis charitables ne m'instruisent de ce qu'il m'importe de savoir, je ne suis pas en position de pouvoir l'apprendre par moi-même.

Je n'ose presque plus vous parler de plantes depuis que, vous ayant trop annoncé les chiffons que j'avais apportés de Suisse, je n'ai pu encore vous rien envoyer. Il faut, Madame, vous avouer toute ma misère; outre que ces débris valaient peu la peine de vous être offerts, j'ai été retardé par la difficulté d'en trouver les noms, qui manquaient à la plupart; et cette difficulté mal vaincue m'a fait sentir que j'avais fait une entreprise à mon âge, en voulant m'obstiner à connaître les plantes tout seul. Il faut, en botanique, commencer par être guidé; il faut, du moins, apprendre empiriquement les noms d'un certain nombre de plantes, avant de vouloir les étudier méthodiquement; il faut premièrement être herboriste, et puis devenir botaniste après, si l'on peut. J'ai voulu faire le contraire, et je m'en suis mal trouvé. Les livres des botanistes modernes n'instruisent que les botanistes; ils sont inutiles aux ignorans. Il nous manque un livre vraiment élémentaire, avec lequel un homme qui n'aurait jamais vu de plantes pût parvenir à les étudier seul. Voilà le livre qu'il me faudrait, au défaut d'instructions verbales ; car où les trouver ? Il n'y a point autour de ma demeure d'autres herboristes que les moutons. Une difficulté plus grande est que j'ai de très-mauvais yeux pour analyser les plantes par les parties de la fructification. Je voudrais étudier les *Mousses* et les *Gramens* qui sont à ma portée; je m'éborgne et je ne vois rien. Il semble, madame la duchesse, que vous ayez exactement deviné mes besoins en m'envoyant les deux livres qui me sont le plus utiles. Le *Synopsis* comprend des descriptions à ma portée et que je suis en état de suivre sans m'arracher les yeux; et le *Petiver* (K) m'aide beaucoup par ses figures, qui prêtent à mon imagination autant qu'un objet sans couleur peut y prêter. C'est encore un grand défaut des botanistes modernes de l'avoir négligée entièrement. Quand j'ai vu dans mon Linnæus la classe et l'ordre d'une plante qui m'est inconnue, je voudrais me figurer cette plante, savoir si elle est grande ou petite, si la fleur est bleue ou rouge, me représenter son port. Rien. Je lis une description caractéristique, d'après laquelle je ne puis rien me représenter. Cela n'est-il pas désolant ?

Cependant, madame la duchesse, je suis assez fou pour m'obstiner, ou plutôt je suis assez sage; car ce goût est pour moi une affaire de raison. J'ai quelquefois besoin d'art pour me conserver dans ce calme précieux, au milieu des agitations qui troublent ma vie, pour tenir au loin ces passions haineuses que vous ne connaissez pas, que je n'ai guère connues que dans les autres, et que je ne veux pas laisser approcher de moi. Je ne veux pas, s'il est possible, que de tristes souvenirs viennent troubler la paix de ma solitude; je veux oublier les hommes et leurs injustices; je veux m'attendrir chaque jour sur les merveilles de celui qui les fit pour être bons, et dont ils ont si indignement dégradé l'ouvrage. Les végétaux, dans nos bois et dans nos montagnes, sont encore tels qu'ils sortirent originairement de ses mains, et c'est là que j'aime à étudier la nature; car je vous avoue que je ne sens plus le même charme à herboriser dans un jardin. Je trouve qu'elle n'y est plus la même; elle y a plus d'éclat, mais elle n'y est pas si touchante. Les hommes disent qu'ils l'embellissent, et moi je trouve qu'ils la défigurent. Pardon, madame la duchesse; en parlant des jardins, j'ai peut-être un peu médit du vôtre; mais, si j'étais à portée, je lui ferais bien réparation. Que n'y puis-je faire seulement cinq ou six herborisations à votre suite, sous M. le docteur Solander (L). Il me semble que le petit fonds de connaissances que je tâcherais de rapporter de ses instructions et des vôtres suffirait pour ranimer mon courage, souvent prêt à succomber sous le poids de mon ignorance. Je vous annonçais du bavardage et des rêveries, en voilà beaucoup trop. Ce sont des herborisations d'hiver : quand il n'y a plus

rien sur la terre j'herborise dans ma tête, et
malheureusement je n'y trouve que de mauvaises herbes. Tout ce que j'ai de bon s'est ré-
fugié dans mon cœur, madame la duchesse, et
il est plein des sentimens qui vous sont dus.

Mes chiffons de plantes sont prêts ou à peu
près ; mais, faute de savoir les occasions pour les
envoyer, j'attendrai le retour de M. Granville,
pour le prier de vous les faire parvenir.

LETTRE III.

Madame la duchesse, pardonnez mon importunité. Je suis trop touché de la bonté que vous avez eue de me tirer de peine sur la santé de milord Maréchal, pour différer à vous en remercier. Je suis peu sensible à mille bons offices où ceux qui veulent me les rendre à toute force consultent plus leur goût que le mien ; mais les soins pareils à celui que vous avez bien voulu prendre en cette occasion, m'affectent véritablement, et me trouveront toujours plein de reconnaissance. C'est aussi, madame la duchesse, un sentiment qui sera joint désormais à tous ceux que vous m'avez inspirés.

Pour dire à présent un petit mot de botanique, voici l'échantillon d'une plante que j'ai trouvée attachée à un rocher, et qui peut-être vous est très-connue, mais que pour moi je ne connaissais point du tout. Par sa figure et par sa fructification, elle paraît appartenir aux Fougères ; mais, par sa substance et par sa stature, elle semble être de la famille des Mousses. J'ai de trop mauvais yeux, un trop mauvais microscope et trop peu de savoir, pour rien décider là-dessus. Il faut, madame la duchesse, que vous acceptiez les hommages de mon ignorance et de ma bonne volonté ; c'est tout ce que je puis mettre de ma part dans notre correspondance, après le tribut de mon profond respect.

LETTRE IV.

Wootton, le 29 avril 1767.

Je reçois, madame la duchesse, avec une nouvelle reconnaissance, les nouveaux témoignages de votre souvenir et de vos bontés, dans le livre que M. Granville m'a remis de votre part, et dans l'instruction que vous avez bien voulu me donner sur la petite plante qui m'était inconnue. Vous avez trouvé un très-bon moyen de ranimer ma mémoire éteinte, et je suis très-sûr de n'oublier jamais ce que j'aurai le bonheur d'apprendre de vous. Ce petit *Adiantum* (*) n'est pas rare sur nos rochers, et j'en ai même vu plusieurs sur des racines d'arbres, qu'il sera facile d'en détacher pour les transplanter sur vos murs.

Vous aurez occasion, Madame, de redresser bien des erreurs dans le petit misérable débris de plantes que M. Granville veut bien se charger de vous faire tenir. J'ai hasardé de donner des noms du *Species* de Linnæus à celles qui n'en avaient point ; mais je n'ai eu cette confiance qu'avec celle que vous voudriez bien marquer chaque faute, et prendre la peine de m'en avertir. Dans cet espoir, j'y ai même joint une petite plante qui me vient de vous, madame la duchesse, par M. Granville, et dont, n'ayant pu trouver le nom par moi-même, j'ai pris le parti

____

(*) *Capillaire* de la famille des *Fougères*.

de le laisser en blanc. Cette plante me paraît approcher de l'*Ornithogale* (*) (*Star of Bethléhem*) (Étoile de Bethléem), plus que d'aucune que je connaisse; mais sa fleur étant close, et sa racine n'étant pas bulbeuse, je ne puis imaginer ce que c'est. Je ne vous envoie cette plante que pour vous supplier de vouloir bien me la nommer.

De toutes les grâces que vous m'avez faites, madame la duchesse, celle à laquelle je suis le plus sensible, et dont je suis le plus tenté d'abuser, est d'avoir bien voulu me donner plusieurs fois des nouvelles de la santé de milord Maréchal. Ne pourrais-je point encore, par votre obligeante entremise, parvenir à savoir si mes lettres lui parviennent? Je fis partir, le 16 de ce mois, la quatrième que je lui ai écrite depuis sa dernière. Je ne demande point qu'il y réponde, je désirerais seulement d'apprendre s'il les reçoit. Je prends bien toutes les précautions qui sont en mon pouvoir pour qu'elles lui parviennent; mais les précautions qui sont en mon pouvoir, à cet égard comme à beaucoup d'autres, sont bien peu de chose dans la situation où je suis.

Je vous supplie, madame la duchesse, d'agréer avec bonté mon profond respect.

(*) *Ornithogale des Pyrénées.*

LETTRE V.

Permettez, madame la duchesse, que, quoique habitant hors de l'Angleterre, je prenne la liberté de me rappeler à votre souvenir. Celui de vos bontés m'a suivi dans mes voyages, et contribue à embellir ma retraite. J'y ai apporté le dernier livre que vous m'avez envoyé; et je m'amuse à faire la comparaison des plantes de ce canton avec celles de votre île. Si j'osais me flatter, madame la duchesse, que mes observations pussent avoir pour vous le moindre intérêt, le désir de vous plaire me les rendrait plus importantes; et l'ambition de vous appartenir me fait aspirer au titre de votre herboriste, comme si j'avais les connaissances qui me rendraient digne de le porter. Accordez-moi, Madame, je vous en supplie, la permission de joindre ce titre au nouveau nom que je substitue à celui sous lequel j'ai vécu si malheureux. Je dois cesser de l'être sous vos auspices; et l'herboriste de madame la duchesse de Portland se consolera sans peine de la mort de J.-J. Rousseau. Au reste, je tâcherai bien que ce ne soit pas là un titre purement honoraire; je souhaite qu'il m'attire aussi l'honneur de vos ordres; et je le mériterai du moins par mon zèle à les remplir.

Je ne signe point ici mon nouveau nom, et je

ne date point du lieu de ma retraite (M), n'ayant
pu demander encore la permission dont j'ai besoin pour cela. S'il vous plaît, en attendant, m'honorer d'une réponse, vous pourrez, madame
la duchesse, l'adresser sous mon ancien nom, à
mess........ qui me la feront parvenir. Je finis par
remplir un devoir qui m'est bien précieux, en
vous suppliant, madame la duchesse, d'agréer
ma très-humble reconnaissance et les assurances
de mon profond respect.

LETTRE VI.

12 septembre 1767.

Je suis d'autant plus touché, madame la duchesse, des nouveaux témoignages de bonté dont il vous a plu m'honorer, que j'avais quelque crainte que l'éloignement ne m'eût fait oublier de vous. Je tâcherai de mériter toujours par mes sentimens les mêmes grâces et les mêmes souvenirs, par mon assiduité à vous les rappeler. Je suis comblé de la permission que vous voulez bien m'accorder, et très-fier de l'honneur de vous appartenir en quelque chose. Pour commencer, Madame, à remplir des fonctions que vous me rendez précieuses, je vous envoie ci-joints deux petits échantillons de plantes que j'ai trouvées à mon voisinage, parmi les bruyères qui bordent un parc, dans un terrain assez humide, où croissent aussi la *Camomille odorante* (*), le *Sagina procumbens*, l'*Hieracium umbellatum* de Linnæus, et d'autres plantes que je ne puis vous nommer exactement, n'ayant point encore ici mes livres de botanique, excepté le *Flora britannica* (N), qui ne m'a pas quitté un seul moment.

De ces deux plantes, l'une, n° 2, me paraît être une petite *Gentiane*, appelée, dans le *Synopsis*, *Centaurium palustre luteum minimum nostras. Flor. brit.* 131.

(*) *Anthemis nobilis.*

Pour l'autre, n° 1, je ne saurais dire ce que c'est, à moins que ce ne soit peut-être une *Elatine* de Linnæus, appelée par Vaillant (O) *Alsinastrum serpyllifolium*, etc. La phrase s'y rapporte assez bien; mais l'*Elatine* doit avoir huit étamines, et je n'en ai jamais pu découvrir que quatre. La fleur est très-petite; et mes yeux, déjà faibles naturellement, ont tant pleuré, que je les perds avant le temps; ainsi, je ne me fie plus à eux. Dites-moi, de grâce, ce qu'il en est, madame la duchesse; c'est moi qui devrais, en vertu de mon emploi, vous instruire; et c'est vous qui m'instruisez. Ne dédaignez pas de continuer, je vous en supplie; et permettez que je vous rappelle la plante à fleur jaune, que vous envoyâtes l'année dernière à M. Granville, et dont je vous ai renvoyé un exemplaire pour en apprendre le nom.

Et, à propos de M. Granville, mon bon voisin, permettez, Madame, que je vous témoigne l'inquiétude que son silence me cause. Je lui ai écrit, et il ne m'a point répondu, lui qui est si exact. Seroit-il malade? J'en suis véritablement en peine.

Mais j'en suis encore plus de milord Maréchal, mon ami, mon protecteur, mon père, qui m'a totalement oublié. Non, Madame, cela ne sauroit être. Quoi qu'on ait pu faire, je puis être dans sa disgrace, mais je suis sûr qu'il m'aime toujours. Ce qui m'afflige de ma position, c'est qu'elle m'ôte les moyens de lui écrire. J'espère pourtant en avoir dans peu l'occasion; et je n'ai pas besoin

de vous dire avec quel empressement je la sai-
sirai. En attendant, j'implore vos bontés pour
avoir de ses nouvelles, et, si j'ose ajouter, pour
lui faire dire un mot de moi.

J'ai l'honneur d'être, avec un profond respect,

MADAME LA DUCHESSE,

> Votre très-humble et très-obéissant
> serviteur, herboriste.

P. S. J'avais dit au jardinier de **M.** Davenport (P) que je lui montrerais les rochers où
croissait le petit *Adiantum*, pour que vous pus-
siez, Madame, en emporter les plantes; je ne
me pardonne point de l'avoir oublié. Ces rochers
sont au midi de la maison, et regardent le nord.
Il est très-aisé d'en détacher les plantes, parce
qu'il y en a qui croissent sur des racines d'arbres.

Le long retard, Madame, du départ de cette
lettre, causé par les difficultés qui tiennent à ma
situation, me met à portée de rectifier, avant
qu'elle parte, ma balourdise sur la plante ci-jointe
n° 1, car, ayant dans l'intervalle reçu mes livres
de botanique, j'y ai trouvé, à l'aide des figures,
que Michelius (Q) avait fait un genre de cette
plante, sous le nom de *Linocarpon*, et que Linnæus l'avait mise parmi les espèces du *Lin*. Elle
est aussi dans le *Synopsis* sous le nom de *Ra-
diola*, et j'en aurais trouvé la figure dans le
Flora britannica, que j'avais avec moi; mais
précisément la planche 15, où est cette figure,

se trouve omise dans mon exemplaire, et n'est que dans le *Synopsis*, que je n'avais pas. Ce long verbiage a pour but, madame la duchesse, de vous expliquer comment ma bévue tient à mon ignorance, à la vérité, mais non pas à ma négligence. Je n'en mettrai jamais dans la correspondance que vous me permettez d'avoir avec vous, ni dans mes efforts pour mériter un titre dont je m'honore ; mais, tant que dureront les incommodités de ma position présente, l'exactitude de mes lettres en souffrira ; et je prends le parti de fermer celle-ci sans être sûr encore du jour où je la pourrai faire partir.

LETTRE VII.

Ce 4 janvier 1768.

Je n'aurais pas tardé si long-temps, madame la duchesse, à vous faire mes très-humbles remercimens pour la peine que vous avez prise d'écrire en ma faveur à milord Maréchal et à M. Granville, si je n'avais été détenu près de trois mois dans la chambre d'un ami qui est tombé malade chez moi, et dont je n'ai pas quitté le chevet durant tout ce temps, sans pouvoir donner un moment à nul autre soin. Enfin la Providence a béni mon zèle; je l'ai guéri presque malgré lui. Il est parti hier bien rétabli; et le premier moment que son départ me laisse est employé, Madame, à remplir auprès de vous un devoir que je mets au nombre de mes plus grands plaisirs.

Je n'ai reçu aucune nouvelle de milord Maréchal; et, ne pouvant lui écrire directement d'ici, j'ai profité de l'occasion de l'ami qui vient de partir, pour lui faire passer une lettre; puisse-t-elle le trouver dans cet état de santé et de bonheur que les plus tendres vœux de mon cœur demandent au ciel pour lui tous les jours! J'ai reçu de mon excellent voisin, M. Granville, une lettre qui m'a tout réjoui le cœur. Je compte lui écrire dans peu de jours.

Permettrez-vous, madame la duchesse, que je prenne la liberté de disputer avec vous sur

la plante sans nom que vous aviez envoyée à
M. Granville, et dont je vous ai renvoyé un
exemplaire avec les plantes de Suisse, pour vous
supplier de vouloir bien me la nommer ? Je ne
crois pas que ce soit le *Viola lutea*, comme
vous me le marquez, ces deux plantes n'ayant
rien de commun, ce me semble, que la couleur
jaune de la fleur. Celle en question me paraît
être de la famille des Liliacées, à six pétales, six
etamines en plumaceau. Si la racine était bulbeuse, je la prendrais pour une Ornithogale; ne
l'étant pas, elle me paraît ressembler fort à un
Anthericum ossifragum de Linnæus, appelé par
Gaspard Bauhin *Pseudo-asphodelus anglicus* ou
scoticus. Je vous avoue, Madame, que je serais
très-aise de m'assurer du vrai nom de cette
plante; car je ne peux être indifférent sur rien
de ce qui me vient de vous.

Je ne croyais pas qu'on trouvât en Angleterre
plusieurs des nouvelles plantes dont vous venez
d'orner vos jardins de Bullstrode; mais, pour
trouver la nature riche partout, il ne faut que
des yeux qui sachent voir ses richesses. Voilà,
madame la duchesse, ce que vous avez, et ce
qui me manque. Si j'avais vos connaissances, en
herborisant dans mes environs, je suis sûr que
j'en tirerais beaucoup de choses qui pourraient
peut-être avoir leur place à Bullstrode. Au retour de la belle saison, je prendrai note des
plantes que j'observerai, à mesure que je pourrai
les connaître; et, s'il s'en trouvait quelqu'une
qui vous convînt, je trouverais les moyens de

vous les envoyer, soit en nature, soit en graines.
Si, par exemple, Madame, vous vouliez faire
semer le *Gentiana filiformis*, j'en recueillerais
facilement de la graine l'automne prochain ; car
j'ai découvert un canton où elle est en abondance.
De grâce, madame la duchesse, puisque j'ai l'honneur de vous appartenir, ne laissez pas sans fonc-
tion un titre où je mets tant de gloire. Je n'en
connais point, je vous proteste, qui me flatte davantage que celle d'être toute ma vie, avec un
profond respect,

MADAME LA DUCHESSE,

Votre très-humble et très-obéissant
serviteur, herboriste.

LETTRE VIII.

A Lyon (R), le 2 juillet 1768.

S'il était en mon pouvoir, madame la duchesse, de mettre de l'exactitude dans quelque correspondance, ce serait assurément dans celle dont vous m'honorez; mais, outre l'indolence et le découragement qui me subjuguent chaque jour davantage, les tracas secrets dont on me tourmente absorbent malgré moi le peu d'activité qui me reste; et me voilà maintenant embarqué dans un grand voyage, qui seul serait une terrible affaire pour un paresseux tel que moi. Cependant, comme la botanique en est le principal objet, je tâcherai de l'approprier à l'honneur que j'ai de vous appartenir, en vous rendant compte de mes herborisations, au risque de vous ennuyer, Madame, de détails triviaux qui n'ont rien de nouveau pour vous. Je pourrais vous en faire d'intéressans sur le jardin de l'École vétérinaire de cette ville, dont les directeurs naturalistes, botanistes, et, de plus, très-aimables, sont en même temps très-communicatifs; mais les richesses exotiques de ce jardin m'accablent, me troublent par leur multitude; et, à force de voir à la fois trop de choses, je ne discerne et ne retiens rien du tout. J'espère me trouver un peu plus à l'aise dans les montagnes de la grande Chartreuse (S), où je compte aller herboriser la semaine prochaine avec deux de ces messieurs, qui veulent bien faire cette course, et dont les lumières me la rendront très-utile. Si j'eusse été à portée de consulter plus souvent les vôtres, madame la duchesse, je serais plus avancé que je ne suis.

Quelque riche que soit le jardin de l'École vétérinaire, je n'ai cependant pu y trouver le *Gentiana campestris*, ni le *Swertia perennis*; et, comme le *Gentiana filiformis* n'était pas même encore sorti de terre avant mon départ de Trye, il m'a par conséquent été impossible d'en recueillir de la graine; et il se trouve qu'avec le plus grand zèle pour faire les commissions dont vous avez bien voulu m'honorer, je n'ai pu encore en exécuter aucune. J'espère être à l'avenir moins malheureux, et pouvoir porter avec plus de succès un titre dont je me glorifie.

J'ai commencé le catalogue d'un herbier dont on m'a fait présent, et que je compte augmenter dans mes courses. J'ai pensé, madame la duchesse, qu'en vous envoyant ce catalogue, ou du moins celui des plantes que je puis avoir à double, si vous preniez la peine d'y marquer celles qui vous manquent, je pourrais avoir l'honneur de vous les envoyer fraîches ou sèches, selon la manière que vous le voudriez, pour l'augmentation de votre jardin ou de votre herbier. Donnez-moi vos ordres, Madame, pour les Alpes, dont je vais parcourir quelques-unes; je vous demande en grâce de pouvoir ajouter au plaisir que je trouve à mes herborisations, celui d'en faire quel-

ques-unes pour votre service. Mon adresse fixe,
durant mes courses, sera celle-ci :

À M. Renou, chez mess.....

J'ose vous supplier, madame la duchesse, de
vouloir bien me donner des nouvelles de milord
Maréchal toutes les fois que vous me ferez l'honneur de m'écrire. Je crains bien que tout ce qui
se passe à Neuchatel n'afflige son excellent cœur;
car je sais qu'il aime toujours ce pays-là, malgré
l'ingratitude de ses habitans. Je suis affligé aussi
de n'avoir plus de nouvelles de M. Granville. Je
lui serai toute ma vie attaché.

Je vous supplie, madame la duchesse, d'a-
gréer avec bonté mon profond respect.

LETTRE IX.

Madame la duchesse, deux voyages consécutifs, immédiatement après la réception de la lettre dont vous m'avez honoré le 5 juin dernier , m'ont empêché de vous témoigner plus tôt ma joie, tant pour la conservation de votre santé que pour le rétablissement de celle du cher fils dont vous étiez en alarmes , et ma gratitude pour les marques de souvenir qu'il vous a plu m'accorder. Le second de ces voyages a été fait à votre intention; et, voyant passer la saison de l'herborisation que j'avais en vue, j'ai préféré dans cette occasion le plaisir de vous servir à l'honneur de vous répondre. Je suis donc parti avec quelques amateurs pour aller sur le mont Pilat (U), à douze ou quinze lieues d'ici, dans l'espoir , madame la duchesse, d'y trouver quelques plantes ou quelques graines qui méritassent d'avoir place dans votre herbier ou dans vos jardins. Je n'ai pas eu le bonheur de remplir à mon gré mon attente. Il étoit trop tard pour les fleurs et pour les graines; la pluie et d'autres accidens nous ayant sans cesse contrariés , m'ont fait faire un voyage aussi peu utile qu'agréable, et je n'ai presque rien rapporté. Voici pourtant, madame la duchesse, une note des débris de ma chétive collecte. C'est une courte liste des plantes dont j'ai pu conser-

5

ver quelque chose en nature; et j'ai ajouté une étoile à chacune de celles dont j'ai recueilli quelques graines, la plupart en bien petite quantité. Si parmi les plantes ou parmi les graines il se trouve quelque chose, ou le tout, qui puisse vous agréer, daignez, madame, m'honorer de vos ordres, et me marquer à qui je pourrai envoyer le paquet, soit à Lyon, soit à Paris, pour vous le faire parvenir. Je tiens prêt le tout pour partir immédiatement après la réception de votre note; mais je crains bien qu'il ne se trouve rien là digne d'y entrer, et que je ne continue d'être à votre égard un serviteur inutile, malgré mon zèle.

J'ai la mortification de ne pouvoir, quant à présent, vous envoyer, madame la duchesse, de la graine de *Gentiana filiformis*, la plante étant très-petite, très-fugitive, difficile à remarquer pour les yeux qui ne sont pas botanistes, un curé à qui j'avais compté m'adresser pour cela étant mort dans l'intervalle, et ne connaissant personne dans le pays à qui pouvoir donner ma commission.

Une foulure que je me suis faite à la main droite par une chute, ne me permettant d'écrire qu'avec beaucoup de peine, me force à finir cette lettre plus tôt que je n'aurais désiré. Daignez, madame la duchesse, agréer avec bonté le zèle et le profond respect de votre très-humble et très-obéissant serviteur, herboriste.

LETTRE X.

C'est, madame la duchesse, avec bien de la
honte et du regret que je m'acquitte si tard du
petit envoi que j'avais eu l'honneur de vous an-
noncer, et qui ne valait assurément pas la peine
d'être attendu. Enfin, puisque mieux vaut tard
que jamais, je fis partir jeudi dernier pour Lyon
une boîte à l'adresse de M. le chevalier Lambert,
contenant les plantes et graines dont je joins
ici la note. Je désire extrêmement que le tout
vous parvienne en bon état; mais, comme je n'ose
espérer que la boîte ne soit pas ouverte en route,
et même plusieurs fois, je crains fort que ces herbes fragiles, et déjà gâtées par l'humidité, ne vous
arrivent absolument détruites ou méconnoissa-
bles. Les graines au moins pourraient, madame la
duchesse, vous dédommager des plantes, si elles
étaient plus abondantes; mais vous pardonnerez
leur misère aux divers accidens qui ont là-dessus
contrarié mes soins. Quelques-uns de ces accidens
ne laissent pas d'être risibles, quoiqu'ils m'aient
donné bien du chagrin. Par exemple, les rats ont
mangé sur ma table presque toute la graine de
Bistorte (*) que j'y avais étendue pour la faire
sécher; et, ayant mis d'autres graines sur ma

____

(*) *Polygonum bistorta.*

fenêtre pour le même effet, un coup de vent a
fait voler dans ma chambre tous mes papiers,
et j'ai été condamné à la pénitence de Psyché;
mais il a fallu la faire moi-même, et les fourmis
ne sont point venues m'aider. Toutes ces contra-
riétés m'ont d'autant plus fâché, que j'aurais
bien voulu qu'il pût aller jusqu'à Callwich un
peu de superflu de Bullstrode; mais je tâcherai
d'être mieux fourni une autre fois; car, quoique
les honnêtes gens qui disposent de moi, fâchés
de me voir trouver des douceurs dans la botanique, cherchent à me rebuter de cet innocent
amusement en y versant le poison de leurs viles
âmes, ils ne me forceront jamais à y renoncer
volontairement. Ainsi, madame la duchesse,
veuillez bien m'honorer de vos ordres, et me
faire mériter le titre que vous m'avez permis de
prendre. Je tâcherai de suppléer à mon ignorance, à force de zèle pour exécuter vos commissions.

Vous trouverez, Madame, une Ombellifère à
laquelle j'ai pris la liberté de donner le nom de
Seseli halleri, faute de savoir la trouver dans l
Species, au lieu qu'elle est bien décrite dans la
dernière édition des plantes de Suisse de M. Haller (V), n° 762. C'est une très-belle plante, qui
est plus belle encore en ce pays que dans les contrées plus méridionales, parce que les premières
atteintes du froid lavent son vert foncé d'un beau
pourpre, et, surtout, la couronne des graines;
car elle ne fleurit que dans l'arrière-saison;
ce qui fait aussi que les graines ont peine à mû-

rir, et qu'il est difficile d'en recueillir. J'ai cependant trouvé le moyen d'en ramasser quelques-unes que vous trouverez, madame la duchesse, avec les autres. Vous aurez la bonté de
les recommander à votre jardinier; car, encore
un coup, la plante est belle, et si peu commune,
qu'elle n'a pas même encore un nom parmi les
botanistes. Malheureusement le *specimen* que
j'ai l'honneur de vous envoyer est mesquin et en
fort mauvais état; mais les graines y suppléeront.

Je vous suis extrêmement obligé, Madame, de
la bonté que vous avez eue de me donner des
nouvelles de mon excellent voisin M. Granville,
et des témoignages du souvenir de son aimable
nièce miss Dewes. J'espère qu'elle se rappelle assez les traits de son vieux berger, pour convenir
qu'il ne ressemble guère à la figure de cyclope
qu'il a plu à M. Hume (X) de faire graver sous
mon nom. Son graveur a peint mon visage comme
sa plume a peint mon caractère. Il n'a pas vu
que la seule chose que tout cela peint fidèlement
est lui-même.

Je vous supplie, madame la duchesse, d'agréer
avec bonté mon profond respect.

LETTRE XI.

À Paris, le 27 avril 1772.

J'AI reçu, madame la duchesse, avec bien de la reconnaissance, et la lettre dont vous m'avez honoré le 27 mars, et le nombreux envoi de graines dont vous avez bien voulu enrichir ma petite collection. Cet envoi en fera de toutes manières la plus considérable partie, et réveille déjà mon zèle pour la compléter autant qu'il se peut. Je suis bien sensible aussi à la bonté qu'a M. le docteur Solander d'y vouloir contribuer pour quelque chose; mais, comme je n'ai rien trouvé dans le paquet qui m'indiquât ce qui pouvait venir de lui, je reste en doute si le petit nombre de graines ou de fruits que vous me marquez qu'il m'envoie était joint au même paquet, ou s'il en a fait un autre à part, qui, cela supposé, ne m'est pas encore parvenu.

Je vous remercie aussi, madame la duchesse, de la bonté que vous avez de m'apprendre l'heureux mariage de miss Dewes et de M. Sparow; je m'en réjouis de tout mon cœur, et pour elle, si bien faite pour rendre un honnête homme heureux et pour l'être, et pour son digne oncle, que l'heureux succès de ce mariage comblera de joie dans ses vieux jours.

Je suis bien sensible au souvenir de milord Nuncham (Y); j'espère qu'il ne doutera jamais de mes sentimens, comme je ne doute point de ses bontés. Je me serais flatté, durant l'ambassade de milord Harcourt, du plaisir de le voir à Paris; mais on m'assure qu'il n'y est point venu, et ce n'est pas une mortification pour moi seul.

Avez-vous pu douter un instant, madame la duchesse, que je n'eusse reçu avec autant d'empressement que de respect le livre des Jardins anglais, que vous avez bien voulu penser à m'envoyer? Quoique son plus grand prix fût venu pour moi de la main dont je l'aurais reçu, je n'ignore pas celui qu'il a par lui-même, puisqu'il est estimé et traduit dans ce pays; et d'ailleurs j'en dois aimer le sujet, ayant été le premier en terre ferme à célébrer et faire connaître ces mêmes jardins. Mais celui de Bullstrode, où toutes les richesses de la nature sont rassemblées et assorties avec autant de savoir que de goût, mériterait bien un chantre particulier.

Pour faire une diversion de mon goût à mes occupations, je me suis proposé de faire des herbiers pour les naturalistes et amateurs qui voudront en acquérir. Le règne végétal, le plus riant des trois, et peut-être le plus riche, est très-négligé, et presque oublié dans les cabinets d'histoire naturelle, où il devrait briller par préférence. J'ai pensé que de petits herbiers bien choisis, et faits avec soin, pourraient favoriser le goût de la botanique; et je vais travailler cet été à des collections que je mettrai, j'espère, en état d'être distribuées dans un an d'ici. Si par hasard il se trouvait parmi vos connaissances

quelqu'un qui voulût acquérir de pareils herbiers (Z), je les servirais de mon mieux ; et je continuerai de même s'ils sont contens de mes
essais. Mais je souhaiterais particulièrement ,
madame la duchesse, que vous m'honorassiez
quelquefois de vos ordres , et de mériter toujours, par des actes de mon zèle , l'honneur que
j'ai de vous appartenir.

LETTRE XII.

Je dois, madame la duchesse, le principal plaisir que m'ait fait le poëme sur les Jardins anglais, que vous avez eu la bonté de m'envoyer, à la main dont il me vient; car mon ignorance dans la langue anglaise, qui m'empêche d'en entendre la poésie, ne me laisse pas partager le plaisir que l'on prend à le lire. Je croyais avoir eu l'honneur de vous marquer, Madame, que nous avons cet ouvrage traduit ici : vous avez supposé que je préférais l'original, et cela serait très-vrai si j'étais en état de le lire ; mais je n'en comprends tout au plus que les notes, qui ne sont pas, à ce qu'il me semble, la partie la plus intéressante de l'ouvrage. Si mon étourderie m'a fait oublier mon incapacité, j'en suis puni par mes vains efforts pour la surmonter; ce qui n'empêche pas que cet envoi ne me soit précieux, comme un nouveau témoignage de vos bontés, et une nouvelle marque de votre souvenir. Je vous supplie, madame la duchesse, d'agréer mon remercîment et mon respect.

Je reçois en ce moment, Madame, la lettre que vous me fîtes l'honneur de m'écrire l'année dernière, en date du 25 mars 1771. Celui qui me l'envoie de Genève (M. Moultou) (AA) ne me dit point les raisons de ce long retard ; il me marque seulement qu'il n'y a pas de sa faute ; voilà tout ce que j'en sais.

5 *

LETTRE XIII.

A Paris, le 19 juillet 1772.

C'est, madame la duchesse, par un quiproquo bien inexcusable, mais bien involontaire, que j'ai si tard l'honneur de vous remercier des fruits rares que vous avez eu la bonté de m'envoyer de la part de M. le docteur Solander, et de la lettre du 24 juin, par laquelle vous avez bien voulu me donner avis de cet envoi. Je dois aussi à ce savant naturaliste des remercîmens qui seront accueillis bien plus favorablement, si vous daignez, madame la duchesse, vous en charger comme vous avez fait l'envoi, que venant directement d'un homme qui n'a point l'honneur d'être connu de lui. Pour comble de grâce, vous voulez bien encore me promettre les noms des nouveaux genres lorsqu'il leur en aura donné ; ce qui suppose aussi la description du genre ; car les noms dépourvus d'idées ne sont que des mots, qui servent moins à orner la mémoire qu'à la charger. A tant de bontés de votre part, je ne puis vous offrir, Madame, en signe de reconnaissance, que le plaisir que j'ai de vous être obligé.

Ce n'est point sans un vrai déplaisir que j'apprends que ce grand voyage, sur lequel toute l'Europe savante avait les yeux, n'aura pas lieu. C'est une grande perte pour la cosmographie,

pour la navigation, et pour l'histoire naturelle
en général; et c'est, j'en suis très-sûr, un chagrin pour cet homme illustre, que le zèle de
l'instruction publique rendait insensible aux pé-
rils et aux fatigues dont l'expérience l'avait déjà
si parfaitement instruit. Mais je vois chaque
jour mieux, que les hommes sont partout les
mêmes, et que le progrès de l'envie et de la
jalousie fait plus de mal aux âmes que celui des
lumières, qui en est la cause, ne peut faire de
bien aux esprits.

Je n'ai certainement pas oublié, madame la
duchesse, que vous aviez désiré de la graine du
Gentiana filiformis; mais ce souvenir n'a fait
qu'augmenter mon regret d'avoir perdu cette
plante sans me fournir aucun moyen de la re-
couvrer. Sur le lieu même où je la trouvai, qui
est à Trye, je la cherchai vainement l'année suivante; et, soit que je n'eusse pas bien retenu la
place ou le temps de sa florescence, soit qu'elle
n'eût point grené et qu'elle ne se fût pas renou-
velée, il me fut impossible d'en retrouver le
moindre vestige. J'ai éprouvé souvent la même
mortification au sujet d'autres plantes que j'ai
trouvé disparues des lieux où auparavant on les
rencontrait abondamment; par exemple, le *Plantago uniflora*, qui jadis bordait l'étang de Montmorency, et dont j'ai fait en vain l'année dernière la recherche avec de meilleurs botanistes,
et qui avaient de meilleurs yeux que moi. Je
vous proteste, madame la duchesse, que je ferais de tout mon cœur le voyage de Trye pour

y cueillir cette petite *Gentiane* et sa graine, et vous faire parvenir l'une et l'autre, si j'avais le moindre espoir de succès ; mais, ne l'ayant pas trouvée l'année suivante, étant encore sur les lieux, quelle apparence qu'au bout de plusieurs années, où tous les renseignemens qui me restaient encore se sont effacés, je puisse retrouver la trace de cette petite et fugace plante ? Elle n'est point ici au Jardin du Roi, ni, que je sache, en aucun autre jardin, et très-peu de gens même la connaissent. A l'égard du *Carthamus lanatus*, j'en joindrai de la graine aux échantillons d'herbiers que j'espère vous envoyer à la fin de l'hiver.

J'apprends, madame la duchesse, avec une bien douce joie, le parfait rétablissement de mon ancien et bon voisin M. Granville. Je suis très-touché de la peine que vous avez prise de m'en instruire, et vous avez par là redoublé le prix d'une si bonne nouvelle.

Je vous supplie, madame la duchesse, d'agréer, avec mon respect, mes vifs et vrais remercîmens de toutes vos bontés.

LETTRE XIV.

A Paris, le 22 octobre 1773.

J'AI reçu dans son temps la lettre dont m'a honoré madame la duchesse le 7 octobre ; quant à celle dont il y est fait mention, écrite quinze jours auparavant, je ne l'ai point reçue : la quantité de sottes lettres qui me venaient de toutes parts par la poste me force à rebuter toutes celles dont l'écriture ne m'est pas connue, et il se peut qu'en mon absence la lettre de madame la duchesse n'ait pas été distinguée des autres. J'irais la réclamer à la poste, si l'expérience ne m'avait appris que mes lettres disparaissaient aussitôt qu'elles sont rendues, et qu'il ne m'est plus possible de les ravoir. C'est ainsi que j'en ai perdu une de M. Linnæus, que je n'ai jamais pu ravoir, après avoir appris qu'elle était de lui, quoique j'aie employé pour cela le crédit d'une personne qui en a beaucoup dans les postes.

Le témoignage du souvenir de M. Granville, que madame la duchesse a eu la bonté de me transmettre, m'a fait un plaisir auquel rien n'eût manqué, si j'eusse appris en même temps que sa santé était meilleure.

M. de Saint-Paul doit avoir fait passer à madame la duchesse deux échantillons d'herbiers portatifs, que me paraissent plus commodes et presque aussi utiles que les grands. Si j'avais le bonheur que l'un ou l'autre, ou tous les deux, fussent du goût de madame la duchesse, je me ferais un vrai plaisir de les continuer, et cela me conserverait pour la botanique un reste de goût presque éteint, et que je regrette. J'attends là-dessus les ordres de madame la duchesse, et je la supplie d'agréer mon respect.

LETTRE XV.

Le témoignage de souvenir et de bonté dont m'honore madame la duchesse de Portland est un cadeau bien précieux que je reçois avec autant de reconnaissance que de respect. Quant à l'autre cadeau qu'elle m'annonce, je la supplie de permettre que je ne l'accepte pas. Si la magnificence en est digne d'elle, elle n'est proportionnée ni à ma situation ni à mes besoins. Je me suis défait de tous mes livres de botanique; j'en ai quitté l'agréable amusement, devenu trop fatigant pour mon âge. Je n'ai pas un pouce de terre pour y mettre du *Persil* ou des *OEillets*, à plus forte raison des plantes d'Afrique; et dans ma plus forte passion pour la botanique, content du *Foin* que je trouvais sous mes pas, je n'eus jamais de goût pour les plantes étrangères, qu'on ne trouve parmi nous qu'en exil, et dénaturées dans les jardins des curieux. Celles que veut bien m'envoyer madame la duchesse seraient donc perdues entre mes mains; il en serait de même, et par la même raison, de l'*Herbarium Amboïnense* (BB); et cette perte serait regrettable à proportion du prix de ce livre et de l'envoi. Voilà la raison qui m'empêche d'accepter ce superbe cadeau, si toutefois ce n'est pas l'accepter que d'en garder le souvenir et la reconnaissance, en désirant qu'il soit employé plus utilement.

Je supplie très-humblement madame la duchesse d'agréer mon profond respect.

On vient de m'envoyer la caisse ; et quoique j'eusse extrêmement désiré d'en retirer la lettre de madame la duchesse, il m'a paru plus convenable, puisque j'avais à la rendre, de la renvoyer sans l'ouvrir.

LETTRES

A M. DE LA TOURETTE

Marie-Antoine-Louis-Claret de La Tourette, né à Lyon en 1729, mort en 1793, était Secrétaire de l'Académie de Lyon. Après avoir rempli avec honneur une charge de magistrature, il la quitta pour se livrer entièrement à son goût pour l'histoire naturelle. La botanique l'occupa plus particulièrement. Il s'était formé, dans l'enceinte même de la ville de Lyon, un jardin où il a cultivé plus de 3,000 espèces de plantes rares. Rousseau considérait M. de La Tourette comme *un botaniste aussi savant qu'aimable, qui faisait aimer les sciences qu'il cultivait.*

A M. DE LA TOURETTE.

LETTRE PREMIÈRE.

A Monquin, le $17\frac{17}{12}69$ (CC).

J'ai différé, Monsieur, de quelques jours, à vous accuser la réception du livre que vous avez eu la bonté de m'envoyer de la part de M. Gouan (DD), et à vous remercier, pour me débarrasser auparavant d'un envoi que j'avais à faire, et me ménager le plaisir de m'entretenir un peu plus long-temps avec vous.

Je ne suis pas surpris que vous soyez revenu d'Italie plus satisfait de la nature que des hommes; c'est ce qui arrive généralement aux bons observateurs, même dans les climats où elle est moins belle. Je sais qu'on trouve peu de penseurs dans ce pays-là; mais je ne conviendrais pas tout-à-fait qu'on n'y trouve à satisfaire que les yeux; j'y voudrais ajouter les oreilles. Au reste, quand j'appris votre voyage, je craignis, Monsieur, que les autres parties de l'histoire naturelle ne fissent quelque tort à la botanique, et que vous ne rapportassiez de ce pays-là plus de raretés pour votre cabinet, que de plantes pour votre herbier. Je présume, au ton de votre lettre, que je ne me suis pas beaucoup trompé. Ah!

Monsieur, vous feriez grand tort à la botanique de l'abandonner, après lui avoir si bien montré, par le bien que vous lui avez déjà fait, celui que vous pouvez encore lui faire.

Vous me faites bien sentir et déplorer ma misère, en me demandant compte de mon Lerborisation de Pilat. J'y allai dans une mauvaise saison, par un très-mauvais temps, comme vous savez, avec de mauvais yeux, et avec des compagnons de voyage encore plus ignorans que moi, et privé par conséquent de la ressource pour y suppléer que j'avais à la Grande-Chartreuse. J'ajouterai qu'il n'y a point, selon moi, de comparaison à faire entre les deux herborisations, et que celle de Pilat me paraît aussi pauvre que celle de la Chartreuse est abondante et riche. Je n'aperçus pas un *Astrantia*, pas un *Pirola*, pas une *Soldanelle* [1], pas une Ombellifère, excepté le *Meum*, pas un *Saxifraga*, pas un *Gentiana*, pas une Légumineuse, pas une belle *Didyname*, excepté la *Mélisse* à grandes fleurs [2]. J'avoue aussi que nous errions sans guide, et sans savoir où chercher les places riches ; et je ne suis pas étonné qu'avec tous les avantages qui me manquaient, vous ayez trouvé dans cette triste et vilaine montagne des richesses que je n'y ai pas vues. Quoi qu'il en soit, je vous envoie, Monsieur, la courte liste de ce que j'y ai vu plutôt que de ce que j'en ai rapporté ; car la pluie et ma maladresse ont fait que presque tout ce que

---

[1] *Convolvulus soldanella.* — [2] *Melissa grandiflora.*

j'avais recueilli s'est trouvé gâté et pourri à mon
arrivée ici. Il n'y a dans tout cela que deux ou
trois plantes qui m'aient fait un grand plaisir.
Je mets à leur tête le *Sonchus alpinus*, plante
de cinq pieds de haut, dont le feuillage et le
port sont admirables, et à qui ses grandes et belles
fleurs bleues donnent un éclat qui la rendrait
digne d'entrer dans votre jardin. J'aurais voulu,
pour tout au monde, en avoir des graines ; mais
cela ne me fut pas possible, le seul pied que nous
trouvâmes étant tout nouvellement en fleurs ;
et, vu la grandeur de la plante, et qu'elle est
extrêmement aqueuse, à peine en ai-je pu conserver quelque débris à demi-pourris. Comme
j'ai trouvé en route quelques autres plantes assez
jolies, j'en ai ajouté séparément la note, pour ne
pas la confondre avec ce que j'ai trouvé sur la
montagne. Quant à la désignation particulière
des lieux, il m'est impossible de vous la donner ;
car, outre la difficulté de la faire intelligible-
ment, je ne m'en souviens pas moi-même : ma
mauvaise vue et mon étourderie font que je ne
sais presque jamais où je suis ; je ne puis venir à
bout de m'orienter, et je me perds à chaque instant quand je suis seul, sitôt que je perds mon
renseignement de vue.

Vous souvenez-vous, Monsieur, d'un petit
Souchet que nous trouvâmes en assez grande
abondance auprès de la Grande-Chartreuse, et
que je crus d'abord être le *Cyperus fuscus Lin.?*
Ce n'est point lui ; et il n'en est fait aucune mention, que je sache, ni dans le *Species*, ni dans au-

cun auteur de botanique, hors le seul Michelius,
dont voici la phrase : *Cyperus radice repente,
odorâ, locustis unciam longis et lineam latis.*
(*Tab.* 31, *f.* 1.) Si vous avez, Monsieur, quelque
renseignement plus précis ou plus sûr dudit *Souchet*, je vous serais très-obligé de vouloir bien
m'en faire part.

La botanique devient un tracas si embarrassant
et si dispendieux quand on s'en occupe avec
autant de passion, que, pour y mettre de la réforme, je suis tenté de me défaire de mes livres
de plantes. La nomenclature et la synonymie
forment une étude immense et pénible. Quand
on ne veut qu'observer, s'instruire et s'amuser
entre la nature et soi, l'on n'a pas besoin de tant
de livres. Il en faut peut-être pour prendre quelque idée du système végétal, et apprendre à observer ; mais quand une fois on a les yeux ouverts,
quelque ignorant d'ailleurs qu'on puisse être,
on n'a plus besoin de livres pour voir et admirer
sans cesse ; pour moi, du moins, en qui l'opi-
niâtreté a mal suppléé à la mémoire, et qui n'ai
fait que bien peu de progrès : je sens néanmoins
qu'avec les *Gramen* d'une cour ou d'un pré j'aurais de quoi m'occuper tout le reste de ma vie,
sans jamais m'ennuyer un moment. Pardon, Monsieur, de tout ce long bavardage. Le sujet fera
mon excuse auprès de vous. Agréez, je vous supplie, mes très-humbles salutations.

LETTRE II.

Monquin, le 17 $\frac{26}{1}$ 70.

> Pauvres aveugles que nous sommes !
> Ciel, démasque les imposteurs !
> Et force leurs barbares cœurs
> A s'ouvrir aux regards des hommes (EE) !

C'en est fait, Monsieur, pour moi, de la botanique ; il n'en est plus question quant à présent,
et il y a peu d'apparence que je sois dans le cas
d'y revenir. D'ailleurs, je vieillis, je ne suis plus
ingambe pour herboriser ; et des incommodités
qui m'avaient laissé d'assez longs relâches, me-
nacent de me faire payer cette trève. C'est bien
assez désormais pour mes forces des courses de
nécessité, je dois renoncer à celles d'agrément,
ou les borner à des promenades qui ne satisfont
pas l'avidité d'un botanophile. Mais, en renon-
çant à une étude charmante, qui pour moi
s'était transformée en passion, je ne renonce pas
aux avantages qu'elle m'a procurés, et surtout,
Monsieur, à cultiver votre connaissance et vos
bontés, dont j'espère aller dans peu vous remercier en personne. C'est à vous qu'il faut renvoyer
toutes les exhortations que vous me faites sur
l'entreprise d'un dictionnaire de botanique, dont
il est étonnant que ceux qui cultivent cette science
sentent si peu la nécessité. Votre âge, Monsieur,

vos talens, vos connaissances, vous donnent les
moyens de former, diriger, et exécuter supérieu-
rement cette entreprise ; et les applaudissemens
avec lesquels vos premiers essais ont été reçus du
public vous sont garans de ceux avec lesquels il
accueillerait un travail plus considérable. Pour
moi, qui ne suis dans cette étude, ainsi que dans
beaucoup d'autres, qu'un écolier radoteur, j'ai
songé plutôt, en herborisant, à me distraire, et
m'amuser qu'à m'instruire ; et n'ai point eu dans
mes observations tardives la sotte idée d'ensei-
gner au public ce que je ne savais pas moi-même.
Monsieur, j'ai vécu quarante ans heureux sans
faire de livres ; je me suis laissé entraîner dans
cette carrière tard, et malgré moi ; j'en suis sorti
de bonne heure. Si je ne retrouve pas, après l'a-
voir quittée, le bonheur dont je jouissais avant
d'y entrer, je retrouve au moins assez de bon
sens pour sentir que je n'y étais pas propre, et
pour perdre à jamais la tentation d'y rentrer.

J'avoue pourtant que les difficultés que j'ai
trouvées dans l'étude des plantes m'ont donné
quelques idées sur les moyens de la faciliter et
de la rendre utile aux autres, en suivant le fil du
système végétal par une méthode plus graduelle
et moins abstraite que celle de Tournefort et de
tous ses successeurs, sans en excepter Linnæus
lui-même. Peut-être mon idée est-elle imprati-
cable ; nous en causerons, si vous voulez, quand
j'aurai l'honneur de vous voir. Si vous la trouviez digne d'être adoptée, et qu'elle vous tentât
d'entreprendre sur ce plan des instructions bota-

niques, je croirais avoir beaucoup plus fait en vous excitant à ce travail, que si je l'avais entrepris moi-même.

Je vous dois des remercîmens, Monsieur, pour les plantes que vous avez eu la bonté de m'envoyer dans votre lettre, et bien plus encore pour les éclaircissemens dont vous les avez accompagnées. Le *Papyrus* (FF) m'a fait grand plaisir, et je l'ai mis bien précieusement dans mon herbier. Votre *Antirrhinum purpureum* m'a bien prouvé que le mien n'était pas le vrai, quoiqu'il y ressemble beaucoup ; je penche à croire avec vous que c'est une variété de l'*arvense*, et je vous avoue que j'en trouve plusieurs dans le *Species*, dont les phrases ne suffisent point pour me donner des différences spécifiques bien claires. Voilà, ce me semble, un défaut que n'aurait jamais la méthode que j'imagine, parce qu'on aurait toujours un objet fixe et réel de comparaison, sur lequel on pourrait aisément assigner les différences.

Parmi les plantes dont je vous ai précédemment envoyé la liste, j'en ai omis une dont Linnæus n'a pas marqué la patrie, et que j'ai trouvée à Pilat ; c'est le *Rubia peregrina* ; je ne sais si vous l'avez aussi remarquée ; elle n'est pas absolument rare dans la Savoie et dans le Dauphiné.

Je suis ici dans un grand embarras pour le transport de mon bagage, consistant en grande partie dans un attirail de botanique. J'ai surtout dans des papiers épars un grand nombre de plantes

sèches en assez mauvais ordre, et communes
pour la plupart, mais dont cependant quelques-
unes sont plus curieuses; mais je n'ai ni le temps
ni le courage de les trier, puisque ce travail me
devient désormais inutile. Avant de jeter au feu
tout ce fatras de paperasses, j'ai voulu prendre
la liberté de vous en parler à tout hasard; et si
vous étiez tenté de parcourir ce foin, qui véritablement n'en vaut pas la peine, j'en pourrais
faire une liasse qui vous parviendrait par M. Pasquet; car, pour moi, je ne sais comment emporter tout cela, ni qu'en faire. Je crois me rappeler, par exemple, qu'il s'y trouve quelques
Fougères, entre autres le *Polypodium fragrans*,
que j'ai herborisées en Angleterre, et qui ne sont
pas communes partout. Si même la revue de
mon herbier et de mes livres de botanique pouvait vous amuser quelques momens, le tout pourrait être déposé chez vous, et vous le visiteriez
à votre aise. Je ne doute pas que vous n'ayez la
plupart de mes livres. Il peut cependant s'en
trouver d'anglais, comme *Parkinson* (GG) et le
Gerard émaculé, que peut-être n'avez-vous pas.
Le *Valerius Cordus* (HH) est assez rare : j'avais
aussi *Tragus* (II), mais je l'ai donné à M. Clap-
pier.

Je suis surpris de n'avoir aucune nouvelle de
M. Gouan, à qui j'ai envoyé les *Carex* de ce
pays, qu'il paraissait désirer, et quelques autres
petites plantes, le tout à l'adresse de M. de Saint-
Priest, qu'il m'avait donnée. Peut-être le paquet
ne lui est-il pas parvenu ; c'est ce que je ne saurais

vérifier, vu que jamais un seul mot de vérité ne pénètre à travers l'édifice de ténèbres qu'on a pris soin d'élever autour de moi. Heureusement, les ouvrages des hommes sont périssables comme eux ; mais la vérité est éternelle : *Post tenebras lux*.

Agréez, Monsieur, je vous supplie, mes plus sincères salutations.

P. S. Je me souviens d'avoir mis, par mégarde, un nom pour un autre : *Carex vulpina*, pour *Carex leporina*.

LETTRE III.

Monquin, 17$\frac{25}{37}$0.

Pauvres aveugles que nous sommes! etc.

NE faites, Monsieur, aucune attention à la bizarrerie de ma date; c'est une formule générale qui n'a nul trait à ceux à qui j'écris, mais seulement aux honnêtes gens qui disposent de moi avec autant d'équité que de bonté. C'est, pour ceux qui se laissent séduire par la puissance et tromper par l'imposture, un avis qui les rendra plus inexcusables, si, jugeant sur des choses que tout devrait leur rendre suspectes, ils s'obstinent à se refuser aux moyens que prescrit la justice pour s'assurer de la vérité.

C'est avec regret que je vois reculer, par mon état et par la mauvaise saison, le moment de me rapprocher de vous. J'espère cependant ne pas tarder beaucoup encore. Si j'avais quelques graines qui valussent la peine de vous être présentées, je prendrais le parti de vous les envoyer d'avance, pour ne pas laisser passer le temps de les semer; mais j'avais fort peu de chose, et je le joignis avec des plantes de l'Isle, dans un envoi que je fis il y a quelques mois à madame la duchesse de Portland, et qui n'a pas été plus heureux, selon toute apparence, que celui que j'ai fait à M. Gouan, puisque je n'ai aucune nouvelle n ai de l'un ni de l'autre. Comme celui de madame de Portland était plus considérable, et que j'y avais mis plus de soins et de temps, je le regrette davantage ; mais il faut bien que j'apprenne à me consoler de tout. J'ai pourtant encore quelques graines d'un fort beau *Seseli* de ce pays, que j'appelle *Seseli Halleri*, parce que je ne le trouve pas dans Linnæus. J'en ai aussi d'une plante d'Amérique, que j'ai fait semer dans ce pays avec d'autres graines qu'on m'avait données, et qui seule a réussi. Elle s'appelle *Gombault* dans les îles, et j'ai trouvé que c'était l'*Hibiscus esculentus*. Il a bien levé, bien fleuri, et j'en ai tiré d'une capsule quelques graines bien mûres que je vous porterai avec le *Seseli*, si vous ne les avez pas. Comme l'une de ces plantes est des pays chauds, et que l'autre grène fort tard dans nos campagnes, je présume que rien ne presse pour les mettre en terre, sans quoi je prendrais le parti de vous les envoyer.

Votre *Galium rotundifolium*, Monsieur, est bien lui-même, à mon avis, quoiqu'il doive avoir la fleur blanche, et que le vôtre l'ait flave ; mais comme il arrive à beaucoup de fleurs blanches de jaunir en séchant, je pense que les siennes sont dans le même cas. Ce n'est point du tout mon *Rubia peregrina*, plante beaucoup plus grande, plus rigide, plus âpre, et de la consistance tout au moins de la *Garance* ordinaire, outre que je suis certain d'y avoir vu des baies que n'a pas votre *Galium*, et qui sont le caractère générique des *Rubia*. Cependant je suis, je vous l'avoue,

hors d'état de vous en envoyer un échantillon.
Voici là-dessus mon histoire.

J'avais souvent vu en Savoie et en Dauphiné
la *Garance sauvage* [1], et j'en avais pris quelques
échantillons. L'année dernière à Pilat, j'en vis
encore, mais elle me parut différente des autres ;
et il me semble que j'en mis un *specimen* dans mon
porte-feuille. Depuis mon retour, lisant par hasard dans l'article *Rubia peregrina* que sa feuille
n'avait point de nervure en dessus, je me rappelai ou crus me rappeler que mon *Rubia* de Pilat
n'en avait point non plus ; de là je conclus que
c'était le *Rubia peregrina*. En m'échauffant sur
cette idée, je vins à conclure la même chose des
autres *Garances* que j'avais trouvées dans ces
pays, parce qu'elles n'avaient d'ordinaire que
quatre feuilles ; pour que cette conclusion fût raisonnable, il aurait fallu chercher les plantes et vérifier ; voilà ce que ma paresse ne me permit point
de faire, vu le désordre de mes paperasses, et le
temps qu'il aurait fallu mettre à cette recherche.
Depuis la réception, Monsieur, de votre lettre,
j'ai mis plus de huit jours à feuilleter tous mes
livres et papiers l'un après l'autre, sans pouvoir
retrouver ma plante de Pilat, que j'ai peut-être
jetée avec tout ce qui est arrivé pourri. J'en ai
retrouvé quelques-unes des autres ; mais j'ai eu
la mortification d'y trouver la nervure bien marquée, qui m'a désabusé, du moins sur celles-là.
Cependant ma mémoire, qui me trompe si sou-

---

[1] *Rubia tinctorum.*

vent, me retrace si bien celle de Pilat, que j'ai
peine encore à en démordre ; et je ne désespère
pas qu'elle ne se retrouve dans mes papiers ou
dans mes livres. Quoi qu'il en soit, figurez-vous
dans l'échantillon ci-joint les feuilles un peu plus
larges et sans nervure ; voilà ma plante de Pilat.

Quelqu'un de ma connaissance a souhaité d'acquérir mes livres de botanique en entier, et me
demande même la préférence ; ainsi je ne me
prévaudrai point sur cet article de vos obligeantes
offres. Quant au fourrage épars dans des chiffons,
puisque vous ne dédaignez pas de le parcourir,
je le ferai remettre à M. Pasquet ; mais il faut
auparavant que je feuillète et vide mes livres,
dans lesquels j'ai la mauvaise habitude de four-
rer en arrivant les plantes que j'apporte, parce
que cela est plutôt fait. J'ai trouvé le secret de
gâter de cette façon presque tous mes livres, et
de perdre presque toutes mes plantes, parce
qu'elles tombent et se brisent, sans que j'y fasse
attention, tandis que je feuillète et parcours le
livre, uniquement occupé de ce que j'y cherche.

Je vous prie, Monsieur, de faire agréer mes
remercimens et salutations à monsieur votre
frère. Persuadé de ses bontés et des vôtres, je me
prévaudrai volontiers de vos offres dans l'occasion. Je finis sans façon en vous saluant, Monsieur, de tout mon cœur.

LETTRE IV.

Monquin, le 17$\frac{16}{4}$70.

Pauvres aveugles que nous sommes! etc.

Voici, Monsieur, mes misérables herbailles, où j'ai bien peur que vous ne trouviez rien qui mérite d'être ramassé, si ce n'est des plantes que vous m'avez données vous-même, dont j'avais quelques-unes à double, et dont, après en avoir mis plusieurs dans mon herbier, je n'ai pas eu le temps de tirer le même parti que des autres. Tout l'usage que je vous conseille d'en faire est de mettre le tout au feu. Cependant, si vous avez la patience de feuilleter ce fatras, vous y trouverez, je crois, quelques plantes qu'un officier obligeant a eu la bonté de m'apporter de Corse, et que je ne connais pas.

Voici aussi quelques graines du *Seseli Halleri*. Il y en a peu, et je ne l'ai recueilli qu'avec beaucoup de peine, parce qu'il grêne fort tard et mûrit difficilement en ce pays ; mais il y devient en revanche une très-belle plante, tant par son beau port que par la teinte de pourpre que les premières atteintes du froid donnent à ses ombelles et à ses tiges. Je hasarde aussi d'y joindre quelques graines de *Gombault*, quoique vous ne m'en ayez rien dit, et que peut-être vous l'ayez, ou ne vous en souciiez pas; et quelques graines de l'*Heptaphyllon*, qu'on ne s'avise

guère de ramasser, et qui peut-être ne lève pas
dans les jardins ; car je ne me souviens pas d'y
en avoir jamais vu.

Pardon, Monsieur, de la hâte extrême avec
laquelle je vous écris ces deux mots, et qui m'a
fait presque oublier de vous remercier de l'*Asperula taurina*, qui m'a fait bien grand plaisir.
Si nos chemins étaient praticables pour les voitures, je serais déjà près de vous. Je vous porterai le catalogue de mes livres ; nous y marquerons ceux qui peuvent vous convenir ; et
si l'acquéreur veut s'en défaire, j'aurai soin de
vous les procurer. Je ne demande pas mieux,
Monsieur, je vous assure, que de cultiver vos
bontés ; et si jamais j'ai le bonheur d'être un peu
mieux connu de vous que de M***, qui dit si
bien me connaître, j'espère que vous ne m'en
trouverez pas indigne. Je vous salue de tout mon
cœur.

Avez-vous le *Dianthus* (*) *superbus?* je vous
l'envoie à tout hasard. C'est réellement un bien
bel *Œillet*, et d'une odeur bien suave, quoique
faible. J'ai pu recueillir de la graine bien aisément, car il croit en abondance dans un pré qui
est sous mes fenêtres. Il ne devrait être permis
qu'aux chevaux du Soleil de se nourrir d'un pareil foin.

(*) Ce mot est dérivé du grec διανθος, qui signifie *fleur
de Jupiter*.

LETTRE V.

Paris, le 17$\frac{4}{7}$70.

Pauvres aveugles que nous sommes! etc.

Je voulais, Monsieur, vous rendre compte de mon voyage, en arrivant à Paris; mais il m'a fallu quelques jours pour m'arranger et me remettre au courant avec mes anciennes connaissances. Fatigué d'un voyage de deux jours, j'en séjournai trois ou quatre à Dijon, d'où, par la même raison, j'allai faire un pareil séjour à Auxerre, après avoir eu le plaisir de voir en passant M. de Buffon (JJ), qui me fit l'accueil le plus obligeant. Je vis aussi à Montbar M. d'Aubenton (KK) le subdélégué, lequel, après une heure ou deux de promenade ensemble dans le jardin, me dit que j'avais déjà des commencemens, et qu'en continuant de travailler je pourrais devenir un peu botaniste. Mais le lendemain, l'étant allé voir avant mon départ, je parcourus avec lui sa pépinière, malgré la pluie qui nous incommodait fort; et, n'y connaissant presque rien, je démentis si bien la bonne opinion qu'il avait eue de moi la veille, qu'il rétracta son éloge, et ne me dit plus rien du tout. Malgré ce mauvais succès, je n'ai pas laissé d'herboriser un peu durant ma route, et de me trouver en pays de connaissance dans la campagne et dans les bois. Dans presque toute la Bourgogne j'ai vu la terre couverte, à droite et à gauche, de cette même grande *Gentiane* jaune [1] que je n'avais pu trouver à Pilat. Les champs, entre Montbar et Chablis, sont pleins de *Bulbocastanum*; mais le bulbe en est beaucoup plus âcre qu'en Angleterre, et presque immangeable; l'*OEnanthe fistulosa* et la *Coquelourde* [2] y sont aussi en quantité; mais, n'ayant traversé la forêt de Fontainebleau que très à la hâte, je n'y ai rien vu du tout de remarquable, que le *Geranium grandiflorum*, que je trouvai sous mes pieds, par hasard, une seule fois.

J'allai hier voir M. Daubenton au Jardin du Roi; j'y rencontrai, en me promenant, M. Richard (LL), jardinier de Trianon, avec lequel je m'empressai, comme vous jugez bien, de faire connaissance. Il me promit de me faire voir son jardin, qui est beaucoup plus riche que celui du Roi à Paris; ainsi me voilà à portée de faire dans l'un et dans l'autre quelque connaissance avec les plantes exotiques, avec lesquelles, comme vous avez pu voir, je suis parfaitement ignorant. Je prendrai, pour voir Trianon plus à mon aise, quelque moment où la Cour ne sera pas à Versailles, et je tâcherai de me fournir à double de tout ce qu'on me permettra de prendre, afin de pouvoir vous envoyer ce que vous pourriez ne pas avoir. J'ai aussi vu le jardin de M. Cochin, qui m'a paru fort beau; mais en l'absence du

---

[1] *Gentiana lutea.* — [2] *Anemone pulsatilla.*

maître je n'ai osé toucher à rien. Je suis, depuis mon arrivée, tellement accablé de visites et de dîners, que, si cela dure, il est impossible que j'y tienne; et, malheureusement, je manque de force pour me défendre. Cependant, si je ne prends bien vite un autre train de vie, mon estomac et ma botanique sont en grand péril. Tout ceci n'est pas le moyen de reprendre la copie de musique d'une façon bien lucrative; et j'ai peur qu'à force de dîner en ville je ne finisse par mourir de faim chez moi. Mon âme navrée avait besoin de quelque dissipation, je le sens; mais je crains de n'en pouvoir ici régler la mesure, et j'aimerais encore mieux être tout en moi que tout hors de moi. Je n'ai point trouvé, Monsieur, de société mieux tempérée, et qui me convînt mieux, que la vôtre; point d'accueil plus selon mon cœur que celui que, sous vos auspices, j'ai reçu de l'adorable Mélanie. S'il m'était donné de mener une vie égale et douce, je voudrais tous les jours de la mienne passer la matinée au travail, soit à ma copie, soit sur mon herbier; dîner avec vous et Mélanie; nourrir ensuite une heure ou deux mon oreille et mon cœur des sons de sa voix et de ceux de sa harpe; puis me promener tête à tête avec vous le reste de la journée, en herborisant et philosophant selon notre fantaisie. Lyon m'a laissé des regrets qui m'en rapprocheront quelque jour peut-être. Si cela m'arrive, vous ne serez pas oublié, Monsieur, dans mes projets; puissiez-vous concourir à leur exécution! Je suis fâché de ne savoir pas ici l'a-

dresse de monsieur votre frère. S'il y est encore,
je n'aurais pas tardé si long-temps à l'aller voir,
me rappeler à son souvenir, et le prier de vouloir bien me rappeler quelquefois au vôtre et à
celui de M***.

Si mon papier ne finissait pas, si la poste n'allait pas partir, je ne saurais pas finir moi-même.
Mon bavardage n'est pas mieux ordonné sur le
papier que dans la conversation. Veuillez sup-
porter l'un comme vous avez supporté l'autre.
Vale , et me ama.

....

LETTRE VI.

Paris, le 17 9b. 70.

Pauvres aveugles que nous sommes ! etc.

Je ne voulais, Monsieur, m'accuser de mes
torts qu'après les avoir réparés ; mais le mauvais
temps qu'il fait, et la saison qui se gâte, me pu-
nissent d'avoir négligé le Jardin du Roi tandis
qu'il faisait beau, et me mettent hors d'état de
vous rendre compte, quant à présent, du *Plantago uniflora* et des autres plantes curieuses
dont j'aurais pu vous parler, si j'avais su mieux
profiter des bontés de M. de Jussieu. Je ne désespère pas pourtant de profiter encore de quelque
beau jour d'automne pour faire ce pélerinage, et
aller recevoir, pour cette année, les adieux de
la Syngénésie ; mais, en attendant ce moment,
permettez, Monsieur, que je prenne celui-ci
pour vous remercier, quoique tard, de la conti-
nuation de vos bontés et de vos lettres, qui me
feront toujours le plus vrai plaisir, quoique je
sois peu exact à y répondre. J'ai encore à m'accuser de beaucoup d'autres omissions pour lesquelles je n'ai pas moins besoin de pardon. Je
voulais aller remercier monsieur votre frère de
l'honneur de son souvenir, et lui rendre sa visite ;
j'ai tardé d'abord, et puis j'ai oublié son adresse.
Je le revis une fois à la Comédie italienne ; mais
nous étions dans des loges éloignées, je ne pus

l'aborder, et maintenant j'ignore même s'il est encore à Paris. Autre tort inexcusable ; je me suis rappelé ne vous avoir point remercié de la connaissance de M. Robinet, et de l'accueil obligeant que vous m'avez attiré de lui. Si vous comptez avec votre serviteur, il restera trop insolvable ; mais, puisque nous sommes en usage, moi de faillir, vous de pardonner, couvrez encore cette fois mes fautes de votre indulgence ; et je tâcherai d'en avoir moins besoin dans la suite, pourvu toutefois que vous n'exigiez pas de l'exactitude dans mes réponses ; car ce devoir est absolument au-dessus de mes forces, surtout dans ma position actuelle. Adieu, Monsieur, souvenez-vous quelquefois, je vous supplie, d'un homme qui vous est bien sincèrement attaché, et qui ne se rappelle jamais sans plaisir et sans regret les promenades charmantes qu'il a eu le bonheur de faire avec vous.

On a représenté Pygmalion à Montigny ; je n'y étais pas, ainsi je n'en puis parler. Jamais le souvenir de ma première Galathée ne me laissera le désir d'en voir une autre.

∗∗∗

LETTRE VII.

A Paris, le 1---0.

JE ne sais presque plus, Monsieur, comment
oser vous écrire, après avoir tardé si long-temps
à vous remercier du trésor de plantes sèches
que vous avez eu la bonté de m'envoyer en dernier lieu. N'ayant pas encore eu le temps de les
placer, je ne les ai pas extrêmement examinées;
mais je vois, à vue de pays, qu'elles sont belles
et bonnes; je ne doute pas qu'elles ne soient bien
dénommées, et que toutes les observations que
vous me demandez ne se réduisent à des appro-
bations. Cet envoi me mettra, je l'espère, un peu
dans le train de la botanique, que d'autres soins
m'ont fait extrêmement négliger depuis mon arrivée ici; et le désir de vous témoigner ma bien
impuissante, mais bien sincère reconnaissance,
me fournira peut-être avec le temps quelque
chose à vous envoyer. Quant à présent, je me
présente tout-à-fait à vide, n'ayant, des semences dont vous m'envoyez la note, que le seul
Doronicum pardalianches, que je crois vous
avoir déjà donné, et dont je vous envoie mon
misérable reste. Si j'eusse été prévenu quand
j'allai à Pilat l'année dernière, j'aurais pu vous
apporter aisément un litron des semences du
Prenanthes purpurea; et il y en a quelques
autres, comme le *Tamus* et la *Gentiane* pur-

foliée [1], que vous devez trouver aisément autour de vous. Je n'ai pas oublié le *Plantago monanthos*; mais on n'a pu me le donner au Jardin du Roi, où il n'y en avait qu'un seul pied sans fleur et sans fruit; j'en ai depuis recouvré un petit échantillon, que je vous enverrai avec autre chose, si je ne trouve pas mieux; mais comme il croît en abondance autour de l'étang de Montmorenci, j'y compte aller herboriser le printemps prochain, et vous envoyer s'il se peut plantes et graines. Depuis que je suis à Paris je n'ai été encore que trois ou quatre fois au Jardin du Roi; et quoiqu'on m'y accueille avec la plus grande honnêteté, et qu'on m'y donne volontiers des échantillons de plantes, je vous avoue que je n'ai pu m'enhardir encore à demander des graines. Si j'en viens là, c'est pour vous servir que j'en aurai le courage, mais cela ne peut venir tout d'un coup. J'ai parlé à M. de Jussieu du *Papyrus* que vous avez rapporté de Naples; il doute que ce soit le vrai *Papier nilotica*. Si vous pouviez lui en envoyer, soit plantes, soit graines, soit par moi, soit par d'autres, j'ai vu que cela lui ferait grand plaisir; et ce serait peut-être un excellent moyen d'obtenir de lui beaucoup de choses qu'alors nous aurions bonne grâce à demander, quoique je sache bien par expérience qu'il est charmé d'obliger gratuitement; mais j'ai besoin de quelque chose pour m'enhardir quand il faut demander.

[1] *Gentiana cruciata.*

Je remets, avec cette lettre, à MM. Boy de
La Tour, qui s'en retournent, une boîte contenant une Araignée de mer (*Aranea crustata*),
qui vient de bien loin, car on me l'a envoyée du
golfe du Mexique. Comme cependant ce n'est
pas une pièce bien rare, et qu'elle a été fort en-
dommagée dans le trajet, j'hésitais à vous l'envoyer ; mais on me dit qu'elle peut se raccom-
moder et trouver place dans un cabinet ; cela
supposé, je vous prie de lui en donner une dans
le vôtre, en considération d'un homme qui vous
sera toute sa vie bien sincèrement attaché. J'ai
mis dans la même boîte les deux ou trois semences de *Doronic*, et autres que j'avais sous
la main. Je compte l'été prochain me remettre
au courant de la botanique, pour tâcher de
mettre un peu du mien dans une correspondance
qui m'est précieuse, et dont j'ai eu jusqu'ici seul
tout le profit. Je crains d'avoir poussé l'étourderie
au point de ne vous avoir pas remercié de la
complaisance de M. Robinet, et des honnêtetés
dont il m'a comblé. J'ai aussi laissé repartir d'ici
M. de Fleurieu sans aller lui rendre mes devoirs,
comme je le devais et voulais le faire. Ma volonté, Monsieur, n'aura jamais de tort auprès de
vous ni des vôtres ; mais ma négligence m'en
donne souvent de bien inexcusables, que je vous.
prie toutefois d'excuser, dans votre miséricorde.
Ma femme a été très-sensible à l'honneur de votre
souvenir ; et nous vous prions, l'un et l'autre,
d'agréer nos très-humbles salutations.

LETTRE VIII.

A Paris, le $17\frac{25}{1}72$.

J'ai reçu, Monsieur, avec grand plaisir, de vos nouvelles, des témoignages de votre souvenir, et des détails de vos intéressantes occupations. Mais vous me parlez d'un envoi de plantes par M. l'abbé Rozier (MM), que je n'ai point reçu. Je me souviens bien d'en avoir reçu un de votre part, et de vous en avoir remercié, quoiqu'un peu tard, avant votre voyage à Paris ; mais, depuis votre retour à Lyon, votre lettre a été pour moi votre premier signe de vie, et j'en ai été d'autant plus charmé que j'avais presque cessé de m'y attendre.

En apprenant les changemens survenus à Lyon, j'avais si bien préjugé que vous vous regarderiez comme affranchi d'un dur esclavage, et que, dégagé des devoirs, respectables assurément, mais qu'un homme de goût mettra difficilement au nombre de ses plaisirs, vous en goûteriez un très-vif à vous livrer tout entier à l'étude de la nature, que j'avais résolu de vous en féliciter. Je suis fort aise de pouvoir du moins exécuter après coup, et sur votre propre témoignage, une résolution que ma paresse ne m'a pas permis d'exécuter d'avance, quoique très-sûr que cette félicitation ne viendrait pas mal à propos.

Les détails de vos herborisations et de vos dé-

couvertes m'ont fait battre le cœur d'aise. Il me
semblait que j'étais à votre suite, et que je par-
tageais vos plaisirs, ces plaisirs si purs, si doux,
que si peu d'hommes savent goûter, et dont,
parmi ce peu-là, moins encore sont dignes, puisque je vois, avec autant de surprise que de chagrin, que la botanique elle-même n'est pas
exempte de ces jalousies, de ces haines couvertes
et cruelles qui empoisonnent et déshonorent tous
les autres genres d'études. Ne me soupçonnez point,
Monsieur, d'avoir abandonné ce goût délicieux ;
il jette un charme toujours nouveau sur ma vie
solitaire. Je m'y livre pour moi seul, sans succès,
sans progrès, presque sans communication, mais
chaque jour plus convaincu que les loisirs livrés à
la contemplation de la nature sont les momens de
la vie où l'on jouit le plus délicieusement de soi.
J'avoue pourtant que, depuis votre départ, j'ai
joint un petit objet d'amour-propre à celui d'amuser innocemment et agréablement mon oisiveté.
Quelques fruits étrangers, quelques graines, qui
me sont par hasard tombés entre les mains,
m'ont inspiré la fantaisie de commencer une très-
petite collection en ce genre. Je dis commencer,
car je serais bien fâché de tenter de l'achever,
quand la chose me serait possible, n'ignorant pas
que, tandis qu'on est pauvre, on ne sent que le
plaisir d'acquérir, et que quand on est riche, au
contraire, on ne sent que la privation de ce qui
nous manque et l'inquiétude inséparable du désir
de compléter ce qu'on a. Vous devez depuis long-
temps en être à cette inquiétude, vous, Mon-

sieur, dont la riche collection rassemble en petit presque toutes les productions de la nature, et prouve par son bel assortiment combien M. l'abbé Rozier a eu raison de dire qu'elle est l'ouvrage du choix et non du hasard. Pour moi qui ne vais que tâtonnant dans un petit coin de cet immense labyrinthe, je rassemble fortuitement et précieusement tout ce qui me tombe sous la main; et non-seulement j'accepte avec ardeur et reconnaissance les plantes que vous voulez bien m'offrir; mais, si vous vous trouviez avec cela quelques fruits ou graines surnuméraires et de rebut, dont vous voulussiez bien m'enrichir, j'en ferais la gloire de ma petite collection naissante. Je suis confus de ne pouvoir, dans ma misère, rien vous offrir en échange, au moins pour le moment; car quoique j'eusse rassemblé quelques plantes, depuis mon arrivée à Paris, ma négligence et l'humidité de la chambre que j'ai d'abord habitée, ont tout laissé pourrir. Peut-être serai-je plus heureux cette année, ayant résolu d'employer plus de soin dans la dessiccation de mes plantes, et surtout de les coller à mesure qu'elles seront séches, moyen qui m'a paru le meilleur pour les conserver. J'aurais mauvaise grâce, ayant fait une recherche vaine, de vous faire valoir une herborisation que j'ai faite à Montmorenci l'été dernier avec la caterve * du Jardin du Roi; mais il est certain qu'elle ne fut entreprise de ma part que pour trouver le *Plantago monanthos*, que

(*) Troupe de gens à pied.

j'eus le chagrin d'y chercher inutilement. M. de Jussieu le jeune (NN), qui vous a vu sans doute à Lyon, aura pu vous dire avec quelle ardeur je priai tous ces messieurs, si tôt que nous approchâmes de la queue de l'étang, de m'aider à la recherche de cette plante; ce qu'ils firent, et, entre autres, M. Thouin (OO), avec une complaisance et un soin qui méritaient un meilleur succès. Nous ne trouvâmes rien; et, après deux heures d'une recherche inutile, au fort de la chaleur, et le jour le plus chaud de l'année, nous fûmes respirer et faire halte sous des arbres qui n'étaient pas loin, concluant unanimement que le *Plantago uniflora*, indiqué par Tournefort et M. de Jussieu aux environs de l'étang de Montmorenci, en avait absolument disparu. L'herborisation, au surplus, fut assez riche en plantes communes; mais tout ce qui vaut la peine d'être mentionné se réduit à l'*Osmonde royale* [1], le *Lythrum hyssopifolia*, le *Lysimachia tenella*, le *Peplis portula*, le *Drosera rotundifolia*, le *Cyperus fuscus*, le *Schœnus nigricans* et l'*Hydrocotyle naissant* [2], avec quelques feuilles petites et rares, sans aucune fleur.

Le papier me manque pour prolonger ma lettre. Je ne vous parle point de moi, parce que je n'ai plus rien de nouveau à vous en dire, et que je ne prends plus aucun intérêt à ce que disent, publient, impriment, inventent, assurent et prouvent, à ce qu'ils prétendent, mes contem-

---

[1] *Osmunda regalis*. — [2] *Hydrocotyle vulgaris*.

perains, de l'être imaginaire et fantastique auquel
il leur a plu de donner mon nom. Je finis donc
mon bavardage avec ma feuille, vous priant
d'excuser le désordre et le griffonnage d'un
homme qui a perdu toute habitude d'écrire,
et qui ne la reprend presque que pour vous. Je
vous salue, Monsieur, de tout mon cœur, et
vous prie de ne pas m'oublier auprès de monsieur et madame de Fleurieu.

LETTRE IX.

A Paris, le 7 janvier 1773.

Votre seconde lettre, Monsieur, m'a fait sentir bien vivement le tort d'avoir tardé si long-temps à répondre à la précédente, et à vous remercier des plantes qui l'accompagnaient. Ce n'est pas que je n'aie été bien sensible à votre souvenir et à votre envoi ; mais la nécessité d'une vie trop sédentaire, et l'inhabitude d'écrire des lettres, en augmentent journellement la difficulté ; et je sens qu'il faudra renoncer bientôt à tout commerce épistolaire, même avec les personnes qui, comme vous, Monsieur, me l'ont toujours rendu instructif et agréable.

Mon occupation principale et la diminution de mes forces ont ralenti mon goût pour la botanique, au point de craindre de le perdre tout-à-fait. Vos lettres et vos envois sont bien propres à le ranimer. Le retour de la belle saison y contribuera peut-être ; mais je doute qu'en aucun temps ma paresse s'accommode long-temps de la fantaisie des collections. Celle de graines qu'a faite M. Thouin avait excité mon émulation ; et j'avais tenté de rassembler en petit autant de diverses semences et de fruits, soit indigènes, soit exotiques, qu'il en pourrait tomber sous ma main ; j'ai fait bien des courses dans cette intention. J'en suis revenu avec des moissons assez raisonnables ; et beaucoup de personnes

obligeantes ayant contribué à l'augmenter, je me
suis bientôt senti, dans ma pauvreté, l'embarras
des richesses; car, quoique je n'aie pas en tout
un millier d'espèces, l'effroi m'a pris en tentant
de ranger tout cela; et la place, d'ailleurs, me
manquant pour y mettre une espèce d'ordre,
j'ai presque renoncé à cette entreprise; et j'ai
des paquets de graines qui m'ont été envoyés
d'Angleterre et d'ailleurs, depuis assez long-
temps, sans que j'aie encore été tenté de les ouvrir. Ainsi, à moins que cette fantaisie ne se
ranime, elle est, quant à présent, à peu près
éteinte.

Ce qui pourra contribuer, avec le goût de la
promenade, qui ne me quittera jamais, à me
conserver celui d'un peu d'herborisation, c'est
l'entreprise des petits herbiers en miniature que
je me suis chargé de faire pour quelques personnes, et qui, quoique uniquement composés
de plantes des environs de Paris, me tiendront
toujours un peu en haleine pour les ramasser et
les dessécher.

Quoi qu'il arrive de ce goût attiédi, il me
laissera toujours des souvenirs agréables des promenades champêtres dans lesquelles j'ai eu l'honneur de vous suivre, et dont la botanique a été
le sujet; et, s'il me reste de tout cela quelque
part dans votre bienveillance, je ne croirai pas
avoir cultivé sans fruit la botanique, même quand
elle aura perdu pour moi ses attraits. Quant à
l'admiration dont vous me parlez, méritée ou
non, je ne vous en remercie pas, parce que c'est

un sentiment qui n'a jamais flatté mon cœur. J'ai
promis à M. de Châteaubourg que je vous re-
mercierais de m'avoir procuré le plaisir d'apprendre par lui de vos nouvelles, et je m'acquitte
avec plaisir de ma promesse. Ma femme est très-
sensible à l'honneur de votre souvenir, et nous
vous prions, Monsieur, l'un et l'autre, d'agréer
nos remerciemens et nos salutations.

LETTRES

A M. DE MALESHERBES.

CHRÉTIEN GUILLAUME LAMOIGNON DE MALESHERBES naquit à Paris en 1721, et périt en 1793, montrant dans ce dernier moment la sérénité de *Socrate* et la fermeté de *Caton*. Ce vertueux magistrat est célèbre par son amour du bien public, par la simplicité de ses goûts, par sa philosophie aimante et douce, par le mépris des grandeurs, qui vinrent deux fois l'arracher de sa retraite. Il aimait surtout l'histoire naturelle et l'agriculture, et s'en occupait avec fruit. Il existe plusieurs autres lettres de Rousseau à M. de Malesherbes, mais nous ne connaissons que les trois suivantes sur la botanique.

A M. DE MALESHERBES.

LETTRE PREMIÈRE.

Paris, ... 1771.

Si j'ai tardé si long-temps, Monsieur, à répondre en détail à la lettre que vous avez eu la bonté de m'écrire le 3 janvier, ç'a été d'abord dans l'idée du voyage dont vous m'aviez prévenu, et auquel je n'ai appris que dans la suite que vous aviez renoncé ; et ensuite par mon travail journalier, qui m'est venu tout d'un coup en si grande abondance, que, pour ne rebuter personne, j'ai été forcé de m'y livrer tout entier, ce qui a fait à la botanique une diversion de plusieurs mois. Mais enfin voilà la saison revenue, et je me prépare à recommencer mes courses champêtres, devenues, par une longue habitude, nécessaires à mon humeur et à ma santé.

En parcourant ce qui me restait en plantes sèches, je n'ai guère trouvé hors de mon herbier, auquel je ne veux pas toucher, que quelques doubles de ce que vous avez déjà reçu ; et cela ne valant pas la peine d'être rassemblé pour un premier envoi, je trouverais convenable de me faire, durant cet été, de bonnes fournitures, de les préparer, de les coller et ranger pendant

l'hiver, après quoi je pourrais continuer de même
d'année en année, jusqu'à ce que j'eusse épuisé
tout ce que je pourrais fournir. Si cet arrangement vous convient, Monsieur, je m'y confor-
merai avec exactitude, et dès à présent je com-
mencerai mes collections. Je désirerais seulement
savoir quelle forme vous préférez. Mon idée serait de faire le fond de chaque herbier sur du
papier à lettre, tel que celui-ci; c'est ainsi que
j'en ai commencé un pour mon usage; et je sens
chaque jour mieux que la commodité de ce format compense amplement l'avantage qu'ont de
plus les grands herbiers. Le papier sur lequel sont
les plantes que je vous ai envoyées vaudrait
encore mieux; mais je ne puis retrouver du
même, et l'impôt sur les papiers a tellement
dénaturé leur fabrication, que je n'en puis plus
trouver pour noter, qui ne perce pas. J'ai le
projet aussi d'une forme de petits herbiers à
mettre dans la poche pour les plantes en miniature, qui ne sont pas les moins curieuses, et je
n'y ferais entrer néanmoins que des plantes qui
pourraient y tenir entières, racines et tout; entre
autres, la plupart des *Mousses*, les *Glaux*, *Peplis*, *Montia*, *Sagina*, *Crithmum*, etc. Il me
semble que ces herbiers mignons pourraient
devenir charmans et précieux en même temps.
Enfin il y a des plantes d'une certaine grandeur
qui ne peuvent conserver leur port dans un petit
espace, et des échantillons si parfaits, que ce
serait dommage de les mutiler. Je destine à ces
belles plantes du papier grand et fort; et j'en ai

déjà quelques-unes qui font un fort bel effet dans cette forme.

Il y a long-temps que j'éprouve les difficultés de la nomenclature, et j'ai souvent été tenté d'abandonner tout-à-fait cette partie. Mais il faudrait en même temps renoncer aux livres et à profiter des observations d'autrui ; et il me semble qu'un des plus grands charmes de la botanique est, après celui de voir par soi-même, celui de vérifier ce qu'ont vu les autres. Donner sur le témoignage de mes propres yeux mon assentiment aux observations fines et justes d'un auteur, me paraît une véritable jouissance ; au lieu que, quand je ne trouve pas ce qu'il dit, je suis toujours en inquiétude si ce n'est point moi qui vois mal. D'ailleurs, ne pouvant voir par moi-même que si peu de chose, il faut bien sur le reste me fier à ce que d'autres ont vu, et leurs différentes nomenclatures me forcent pour cela de percer de mon mieux le chaos de la synonymie. Il a fallu, pour ne pas m'y perdre, tout rapporter à une nomenclature particulière ; et j'ai choisi celle de Linnæus, tant par la préférence que j'ai donnée à son système, que parce que ses noms, composés seulement de deux mots, me délivrent des longues phrases des autres. Pour y rapporter sans peine celles de Tournefort, il me faut très-souvent recourir à l'auteur commun que tous deux citent assez constamment, savoir, Gaspard Bauhin. C'est dans son *Pinax* que je cherche leur concordance ; car Linnæus me paraît faire une chose convenable et juste, quand Tournefort n'a fait que prendre la phrase de Bauhin, de citer l'auteur original, et non pas celui qui l'a transcrit, comme on fait très-injustement en France. De sorte que, quoique presque toute la nomenclature de Tournefort soit tirée mot à mot du *Pinax*, on croirait, à lire les botanistes français, qu'il n'a jamais existé ni Bauhin ni *Pinax* au monde; et, pour comble, ils font encore un crime à Linnæus de n'avoir pas imité leur partialité. A l'égard des plantes dont Tournefort n'a pas tiré les noms du *Pinax*, on en trouve aisément la concordance dans les auteurs linnæistes, tels que Sauvage (PP), Gouan, Gérard, Guettard (QQ), et d'Alibard (RR), qui l'a presque toujours suivi.

J'ai fait cet hiver une seule herborisation dans le bois de Boulogne, et j'en ai rapporté quelques *Mousses*. Mais il ne faut pas s'attendre qu'on puisse compléter tous les genres, même par une espèce unique. Il y en a de bien difficiles à mettre dans un herbier; et il y en a de si rares, qu'ils n'ont jamais passé et vraisemblablement ne passeront jamais sous mes yeux. Je crois que, dans cette famille et celle des *Algues*, il faut se tenir aux genres dont on rencontre assez souvent des espèces, pour avoir le plaisir de s'y reconnaître, et négliger ceux dont la vue ne nous reprochera jamais notre ignorance, ou dont la figure extraordinaire nous fera faire effort pour la vaincre. J'ai la vue fort courte, mes yeux deviennent mauvais, et je ne puis plus espérer de recueillir que ce qui se présentera fortuitement dans les lieux à peu près où je saurai qu'est ce que je cherche. A l'égard de la manière de chercher, j'ai suivi M. de Jussieu (SS) dans sa dernière herborisation, et je la trouvai si tumultueuse et si peu utile pour moi, que, quand il en aurait encore fait, j'aurais renoncé à l'y suivre. J'ai accompagné son neveu l'année dernière, moi vingtième, à Montmorenci, et j'en ai rapporté quelques jolies plantes, entre autres la *Ly sima-chia tenella*, que je crois vous avoir envoyée. Mais j'ai trouvé dans cette herborisation que les indications de Tournefort et de Vaillant sont très-fautives, ou que, depuis eux, bien des plantes ont changé de sol. J'ai cherché, entre autres, et j'ai engagé tout le monde à chercher avec soin le *Plantago monanthos* (*) à la queue de l'étang de Montmorenci, et dans tous les endroits où Tournefort et Vaillant l'indiquent, et nous n'en avons pu trouver un seul pied; en revanche, j'ai trouvé plusieurs plantes de marque, même tout près de Paris, dans des lieux où elles ne sont point indiquées. En général, j'ai toujours été malheureux en cherchant d'après les autres. Je trouve encore mieux mon compte à chercher de mon chef.

J'oubliais, Monsieur, de vous parler de vos livres. Je n'ai fait encore qu'y jeter les yeux; et comme ils ne sont pas de taille à porter dans la poche, et que je ne lis guère l'été dans la chambre,

---

(* Cette plante s'appelle aujourd'hui *Littorella lacustris*.

7 *

je tarderai peut-être jusqu'à la fin de l'hiver prochain à vous rendre ceux dont vous n'aurez pas
à faire avant ce temps-là. J'ai commencé de lire
l'*Anthologie* de Pontedera (TT); et j'y trouve
contre le système sexuel des objections qui me
paraissent bien fortes; et dont je ne sais pas comment Linnæus s'est tiré. Je suis souvent tenté
d'écrire, dans cet auteur et dans les autres, les
noms de Linnæus à côté des leurs pour me reconnaître. J'ai déjà même cédé à cette tentation
pour quelques-unes, n'imaginant à cela rien que
d'avantageux pour l'exemplaire. Je sens pourtant que c'est une liberté que je n'aurais pas dû
prendre sans votre agrément, et je l'attendrai
pour continuer.

Je vous dois des remercîmens, Monsieur, pour
l'emplacement que vous avez la bonté de m'offrir
pour la dessiccation des plantes; mais, quoique
ce soit un avantage dont je sens bien la privation,
la nécessité de les visiter souvent, et l'éloignement des lieux qui me ferait consumer beaucoup
de temps en courses, m'empêchent de me pré-
valoir de cette offre.

La fantaisie m'a pris de faire une collection
de fruits et de graines de toute espèce, qui de-
vraient, avec un herbier, faire la troisième partie d'un cabinet d'histoire naturelle. Quoique
j'aie encore acquis très-peu de chose, et que je
ne puisse espérer de rien acquérir que très-len-
tement et par hasard, je sens déjà pour cet objet le défaut de place; mais le plaisir de parcourir et visiter incessamment ma petite collection

peut seul me payer la peine de la faire, et si je la tenais loin de mes yeux, je cesserais d'en jouir. Si par hasard vos gardes et jardiniers trouvaient quelquefois sous leurs pas des faînes de *Hêtres* [1], des fruits d'*Aunes* [2], d'*Érable* [3], de *Bouleau* [4], et généralement de tous les fruits secs des arbres des forêts ou d'autres, qu'ils en ramassassent, en passant, quelques-uns dans leurs poches, et que vous voulussiez bien m'en faire parvenir quelques échantillons par occasion, j'aurais un double plaisir d'en orner ma collection naissante.

Excepté l'histoire des *Mousses* par Dillenius (UU), j'ai à moi les autres livres de botanique dont vous m'envoyez la note. Mais, quand je n'en aurais aucun, je me garderais assurément de consentir à vous priver, pour mon agrément, du moindre des amusemens qui sont à votre portée. Je vous prie, Monsieur, d'agréer mon respect.

[1] *Fagus sylvatica.* — [2] *Betula alnus.* — [3] *Acer pseudoplatanus.* — [4] *Betula alba.*

LETTRE II.

A Paris, le 19 décembre 1771.

Voici, Monsieur, quelques échantillons de *Mousses* que j'ai rassemblés à la hâte, pour vous mettre à portée au moins de distinguer les principaux genres avant que la saison de les observer soit passée. C'est une étude à laquelle j'employai délicieusement l'hiver que j'ai passé à Wootton, où je me trouvais environné de montagnes, de bois et de rochers tapissés de Capillaires et de Mousses des plus curieuses. Mais depuis lors j'ai si bien perdu cette famille de vue, que ma mémoire éteinte ne me fournit presque plus rien de ce que j'avais acquis en ce genre; et n'ayant point l'ouvrage de Dillenius, guide indispensable dans ces recherches, je ne suis parvenu qu'avec beaucoup d'efforts, et souvent avec doute, à déterminer les espèces que je vous envoie. Plus je m'opiniâtre à vaincre les difficultés par moi-même et sans le secours de personne, plus je me confirme dans l'opinion que la botanique, telle qu'on la cultive, est une science qui ne s'acquiert que par tradition; on montre la plante; ou la nomme; sa figure et son nom se gravent ensemble dans la mémoire. Il y a peu de peine à retenir ainsi la nomenclature d'un grand nombre de plantes; mais quand on se croit pour cela botaniste, on se trompe, on n'est qu'herboriste; et quand il s'agit de déterminer par soi-même et sans guide les plantes qu'on n'a jamais vues, c'est alors qu'on se trouve arrêté tout court, et qu'on est au bout de sa doctrine. Je suis resté plus ignorant encore en prenant la route contraire. Toujours seul et sans autre maître que la nature, j'ai mis des efforts incroyables à de très-faibles progrès. Je suis parvenu à pouvoir, en bien travaillant, déterminer à peu près les genres; mais pour les espèces, dont les différences sont souvent très-peu marquées par la nature, et plus mal énoncées par les auteurs, je n'ai pu parvenir à en distinguer avec certitude qu'un très-petit nombre, surtout dans la famille des *Mousses*, et surtout dans les genres difficiles, tels que les *Hypnum*, les *Jungermannia*, les *Lichens*. Je crois pourtant être sûr de celles que je vous envoie, à une ou deux près, que j'ai désignées par un point interrogant, afin que vous puissiez vérifier, dans Vaillant et dans Dillenius, si je me suis trompé ou non. Quoi qu'il en soit, je crois qu'il faut commencer à connaître empyriquement un certain nombre d'espèces pour parvenir à déterminer les autres; et je crois que celles que je vous envoie peuvent suffire, en les étudiant bien, à vous familiariser avec la famille, et à en distinguer au moins les genres au premier coup-d'œil par le *facies* propre à chacun d'eux. Mais il y a une autre difficulté; c'est que les *Mousses* ainsi disposées par brins n'ont point sur le papier le même coup-d'œil qu'elles ont sur la terre rassemblées par touffes ou gazons serrés. Ainsi l'on herborise inutilement dans un herbier

et surtout dans un moussier, si l'on n'a commencé
par herboriser sur la terre. Ces sortes de recueils
doivent servir seulement de mémoratifs, mais
non pas d'instruction première. Je doute cependant, Monsieur, que vous trouviez aisément le
temps et la patience de vous appesantir à l'examen de chaque touffe d'herbe ou de Mousse que
vous trouverez en votre chemin. Mais voici le
moyen qu'il me semble que vous pourriez prendre pour analyser avec succès toutes les productions végétales de vos environs, sans vous ennuyer
à des détails minutieux, insupportables pour les
esprits accoutumés à généraliser les idées et à
regarder toujours les objets en grand. Il faudrait
inspirer à quelqu'un de vos laquais, garde ou garçon jardinier, un peu de goût pour l'étude des
plantes, et le mener à votre suite dans vos promenades, lui faire cueillir les plantes que vous
ne connaîtriez pas, particulièrement les *Mousses*
et les *Graminées* (VV), deux familles difficiles et
nombreuses. Il faudrait qu'il tâchât de les prendre dans l'état de floraison, où leurs caractères déterminans sont le plus marqués. En prenant deux
exemplaires de chacun, il en mettrait un à part
pour me l'envoyer, sous le même numéro que
le semblable qui vous resterait, et sur lequel vous
feriez mettre ensuite le nom de la plante, quand
je vous l'aurais envoyé. Vous vous éviteriez ainsi
le travail de cette détermination; et ce travail ne
serait qu'un plaisir pour moi qui en ai l'habitude,
et qui m'y livre avec passion. Il me semble, Monsieur, que de cette manière vous auriez fait en

peu de temps le relevé des productions végétales de vos terres et des environs, et que, vous livrant sans fatigue au plaisir d'observer, vous
pourriez encore, au moyen d'une nomenclature
assurée, avoir celui de comparer vos observations avec celles des auteurs. Je ne me fais pourtant pas fort de tout déterminer. Mais la longue
habitude de fureter des campagnes m'a rendu
familières la plupart des plantes indigènes. Il n'y
a que les jardins et productions exotiques où je
me trouve en pays perdu. Enfin ce que je n'aurai
pu déterminer sera pour vous, Monsieur, un objet de recherches et de curiosité, qui rendra vos
amusemens plus piquans. Si cet arrangement vous
plaît, je suis à vos ordres, et vous pouvez être
sûr de me procurer un amusement très-intéres-
sant pour moi.

J'attends la note que vous m'avez promise,
pour travailler à la remplir autant qu'il dépendra de moi. L'occupation de travailler à des herbiers remplira très-agréablement mes beaux
jours d'été. Cependant je ne prévois pas d'être
jamais bien riche en plantes étrangères ; et selon
moi, le plus grand agrément de la botanique est
de pouvoir étudier et connaître la nature autour
de soi plutôt qu'aux Indes. J'ai été pourtant assez
heureux pour pouvoir insérer dans le petit recueil
que j'ai eu l'honneur de vous envoyer, quelques
plantes curieuses, et, entre autres, le vrai *Papier* (*Cyperus papyrus*), qui jusqu'ici n'était
point connu en France, pas même de M. de Jussieu. Il est vrai que je n'ai pu vous envoyer qu'un

brin bien misérable ; mais c'en est assez pour distinguer ce rare et précieux *Souchet*. Voilà bien
du bavardage ; mais la botanique m'entraîne , et
j'ai le plaisir d'en parler avec vous : accordez-moi,
Monsieur , un peu d'indulgence.

Je ne vous envoie que de vieilles *Mousses* ; j'en
ai vainement cherché de nouvelles dans la campagne. Il n'y en aura guère qu'au mois de février,
parce que l'automne a été trop sec. Encore fau-
dra-t-il les chercher au loin. On n'en trouve
guère autour de Paris que les mêmes répétées.

———

LETTRE III.

Paris, 11 novembre 177..

Je serais, Monsieur, bien mortifié que vous me
privassiez du plaisir dont vous m'avez flatté, de
m'occuper d'un soin qui pût vous être agréable,
et de préparer des plantes pour compléter vos
herbiers. Ne pouvant subsister sans l'aide de mon
travail, je n'ai jamais pensé, malgré le plaisir
que celui-là pouvait me faire, à vous offrir gratuitement l'emploi de mon temps. Je vous avoue
même que j'aurais fort désiré d'entremêler le
travail sédentaire et ennuyeux de ma copie,
d'une occupation plus de mon goût, et meilleure
à ma santé, en travaillant à des herbiers pour
tant de cabinets d'histoire naturelle qu'on fait à
Paris, et où selon moi, ce troisième règne, qu'on
y compte pour rien, n'est pas moins nécessaire
que les autres. Plusieurs herbiers à faire à la fois
m'auraient été plus lucratifs, et m'auraient dé-
dommagé des menus frais qu'exigent quelquefois
les courses éloignées et l'entrée des jardins curieux. Mais les Français, en général, ont de si
fausses idées de la botanique et si peu de goût
pour l'étude de la nature, qu'il ne faut pas espérer que cette charmante partie leur donne jamais
la tentation de faire des collections en ce genre ;
ainsi, je renonce à cette ressource. Pour vous,
Monsieur, qui joignez aux connaissances de tous

les genres la passion de les augmenter sans cesse,
ne m'ôtez pas le plaisir de contribuer à vos amusemens. Envoyez-moi la note de ce que vous
désirez; j'en rassemblerai tout ce qui me sera
possible, et je recevrai sans aucune difficulté le
paiement de ce que je vous aurai fourni. A
l'égard du petit échantillon que je vous ai envoyé, c'est tout autre chose; c'étaient des plantes
qui vous appartenaient. Ce que j'ai substitué à
celles qui se sont gâtées n'a point été ramassé
pour vous; je n'ai eu d'autres peines que de le
tirer de ce que j'avais rassemblé pour moi-même;
et comme je n'ai point offert d'entrer dans la dépense que vous a coûté l'herborisation que j'ai
faite à votre suite, il me semble, Monsieur,
que vous ne devez pas non plus m'offrir le paiement de ce que nous avons ramassé ensemble, ni
du petit arrangement que je me suis amusé à y
mettre pour vous l'envoyer.

Malgré le bien que vous m'avez dit de votre
santé actuelle, on m'assure qu'elle n'est pas encore parfaitement rétablie; et malheureusement
la saison où nous entrons n'est pas favorable à
l'exercice pédestre, que je crois aussi bon pour
vous que pour moi. L'hiver a aussi, comme vous
savez, Monsieur, ses herborisations qui lui sont
propres, savoir, les *Mousses* et les *Lichens*. Il doit
y avoir dans vos parcs des choses curieuses en ce
genre, et je vous exhorte fort, quand le temps
vous le permettra, d'aller examiner cette partie
sur les lieux et dans la saison.

Vos résolutions, Monsieur, étant telles que

vous me le marquez, je ne suis assurément pas
l'homme à les désapprouver ; c'est s'être procuré
bien honorablement des loisirs bien agréables.
Remplir de grands devoirs dans de grandes
places, c'est la tâche des hommes de votre état
et doués de vos talens ; mais quand, après avoir
offert à son pays le tribut de son zèle, on le voit
inutile, il est bien permis alors de vivre pour
soi-même, et de se contenter d'être heureux.

LETTRES

A M. DU PEYROU.

Pierre-Alexandre du Peyrou, né en Amérique, d'un commandant de Surinam, était un homme réfléchi, à calcul et à combinaison, fort instruit, du commerce le plus sûr et le plus aimable, philosophe épicurien et fort honnête homme. Il fut l'ami sincère de Rousseau, qu'il obligea plus d'une fois, et à qui il resta fidèle malgré les orages de cette liaison. M. du Peyrou mourut en 1794, à Neuchâtel, dont il était bourgeois, en versant à boire à des émigrés malheureux qu'il soulageait de sa bourse.

A M. DU PEYROU.

LETTRE PREMIÈRE.

(Motiers), 10 octobre 1764.

Traité historique des plantes qui croissent dans la Lorraine et les Trois-Evéchés ; par M. P. J. Buch'oz (XX), avocat au parlement de Metz, docteur en médecine, etc.

Cet ouvrage, dont les deux volumes ont déjà paru, en aura vingt in-8°, avec des planches gravées.

J'en étais ici, Monsieur, quand j'ai reçu votre docte lettre ; je suis charmé de vos progrès ; je vous exhorte à continuer, vous serez notre maître, et vous aurez tout l'honneur de notre futur savoir. Je vous conseille pourtant de consulter M. Marais (*) sur les noms des plantes plus que sur leur étymologie ; car *Asphodelos*, et non pas *Asphodeleios*, n'a pour racine aucun mot qui signifie ni *mort* ni *herbe*, mais tout au plus un verbe qui signifie *je tue*, parce que les pétales de l'Asphodèle ont quelque ressemblance à des fers de pique. Au

(*) Botaniste.

reste, j'ai connu des Asphodèles qui avaient de longues tiges et des feuilles semblables à celles du Lis; peut-être faut-il dire correctement, du genre des *Asphodèles*. La plante aquatique est bien Nénuphar, autrement *Nymphæa*, comme je disais. Il faut redresser ma faute sur le Calament, qui ne s'appelle pas en latin *Calamentum*, mais *Calamintha*, comme qui dirait belle Menthe.

Le temps ni mon état présent ne m'en laissent pas dire davantage. Puisque mon silence doit parler pour moi, vous savez, Monsieur, combien j'ai à me taire.

LETTRE II.

Motiers, 29 avril 1765.

J'ai reçu votre présent (*) ; je vous en remercie ; il me fait grand plaisir, et je brûle d'être à portée d'en faire usage. J'ai plus que jamais la passion de la botanique ; mais je vois avec confusion que je ne connais pas encore assez de plantes empiriquement pour les étudier par système. Cependant je ne me rebuterai pas ; et je me propose d'aller dans la belle saison passer une quinzaine de jours près de M. Gagnebin (YY) pour me mettre en état du moins de suivre mon Linnæus.

J'ai dans la tête que, si vous pouvez vous soutenir jusqu'au temps de notre caravane, elle vous garantira d'être arrêté durant le reste de l'année, vu que la goutte n'a point de plus grand ennemi que l'exercice pédestre. Vous devriez prendre la botanique pour remède, quand vous ne la prendriez pas par goût. Au reste, je vous avertis que le charme de cette science consiste surtout dans l'étude anatomique des plantes. Je ne puis faire cette étude à mon gré, faute des instrumens nécessaires, comme microscopes de diverses mesures de foyer, petites pinces bien menues, semblables aux brucelles des joailliers ; ciseaux très-fins à découper. Vous devriez tâcher

(*) Les ouvrages de Linnæus.

de vous pourvoir de tout cela pour notre course ;
et vous verrez que l'usage en est très-agréable
et très-instructif.

Vous me parlez du temps remis ; il ne l'est
assurément pas ici ; j'ai fait quelques essais de
sortie qui m'ont réussi médiocrement, et jamais
sans pluie. Il me tarde d'aller vous embrasser ;
mais il faut faire des visites, et cela m'épou-
vante un peu, surtout vu mon état.

Quand verrez-vous la fin de ce vilain procès ?
Je voudrais aussi voir déjà votre bâtiment fini,
pour y occuper ma cellule, et vous appeler tout
de bon mon cher hôte. Bonjour.

LETTRE III.

Strasbourg, le 17 novembre 1765.

Je reçois, mon cher hôte, votre lettre n° 6. Vous aurez vu par les miennes que je renonce absolument au voyage de Berlin, du moins pour cet hiver, à moins que milord Maréchal, à qui j'en ai écrit, ne fût d'un avis contraire. Mais je le connais, il veut mon repos sur toute chose, ou plutôt il ne veut que cela; selon toute apparence, je passerai l'hiver ici ; l'on ne peut rien ajouter aux marques de bienveillance, d'estime et même de respect qu'on m'y donne, depuis M. le maréchal (*) et les chefs du pays, jusqu'aux derniers du peuple. Ce qui vous surprendra est que les gens d'église semblent vouloir renchérir encore sur les autres ; ils ont l'air de me dire dans leurs manières : *Distinguez-nous de vos ministres ; vous voyez que nous ne pensons pas comme eux.*

Je ne sais pas encore de quels livres j'aurai besoin ; cela dépendra beaucoup du choix de ma demeure ; mais en quelque lieu que ce soit, je suis absolument déterminé à reprendre la botanique. En conséquence, je vous prie de vouloir bien trier d'avance tous les livres qui en traitent, figures et autres, et les bien encaisser. Je voudrais aussi que mes herbiers et mes plantes sèches

(*) Le maréchal de Contades, qui commandait alors en Alsace.

y fussent joints ; car, ne connaissant pas , à beaucoup près, toutes les plantes qui y sont, j'en peux
tirer encore beaucoup d'instructions sur les
plantes de la Suisse , que je ne trouverai pas ailleurs. Sitôt que je serai arrêté , je consacrerai le
goût que j'ai pour les herbiers à vous en faire un
aussi complet qu'il me sera possible , et dont je
tâcherai que vous soyez content.

LETTRE IV.

J'AI, mon cher hôte, votre lettre du 13, et j'y
vois avec la plus grande joie que vos forces, re-
venues graduellement, et par là plus solidement,
vous mettent en état de faire à Paris le grand
garçon; mais je voudrais bien que vous n'y fis-
siez pas trop l'homme, et que vous vinssiez ici
affermir votre virilité, de peur d'être tenté de
l'exercer où vous êtes. Vous me paraissez en train
d'abuser un peu de la permission que je vous ai
donnée d'y prolonger votre séjour. Ecoutez; j'ai
bien mesuré cette permission sur les besoins de
votre santé, mais non pas sur ceux de vos plaisirs; et je ne me sens pas assez désintéressé sur
ce point pour consentir que vous vous amusiez
à mes dépens. Ne venez pas, après vous être so-
lacié à Paris tout à votre aise, me dire ici que
vous êtes pressé de partir, que vos affaires vous
talonnent, etc. Je vous avertis qu'un tel langage
ne prendrait pas du tout, que sur ce point je
n'entendrais pas raillerie, et que j'ai tout au
moins le droit d'exiger que vous ne soyez pas
plus pressé de partir d'ici que vous ne l'avez été
d'y venir. Pensez à cela très-sérieusement, je
vous prie, et faites surtout les choses d'assez
bonne grâce pour mériter que je vous pardonne
les huit jours dont vous avez eu le front de me

parler. Au premier moment où vous vous déplairez ici, partez-en, rien n'est plus juste ; mais arrangez-vous de telle sorte qu'il n'y ait que l'ennui qui vous en puisse chasser. J'ai dit.

Je ne suis pas absolument fâché des petits tracas qu'a pu vous donner la recherche des livres de botanique : promenades, diversions, distractions, sont choses bonnes pour la convalescence ; mais il ne faut pas vous inquiéter du peu de succès de vos recherches ; j'en étais déjà presque sûr d'avance, et c'était en prévoyant qu'on trouverait peu de livres de botanique à Paris, que j'en notais un grand nombre pour mettre au hasard la rencontre de quelqu'un. Il est étonnant à quel point de crasse ignorance et de barbarie on reste en France sur cette belle et ravissante étude, que l'illustre Linnæus a mise à la mode dans tout le reste de l'Europe. Tandis qu'en Allemagne et en Angleterre les princes et les grands font leurs délices de l'étude des plantes, on la regarde encore ici comme une étude d'apothicaire ; et vous ne sauriez croire quel profond mépris on a conçu pour moi, dans ce pays, en me voyant herboriser. Ce superbe tapis dont la terre est couverte, ne montre à leurs yeux que lavemens et qu'emplâtres, et ils croient que je passe ma vie à faire des purgations. Quelle surprise pour eux, s'ils avaient vu Mme la duchesse de Portland, dont j'ai l'honneur d'être l'herboriste, grimper sur des rochers où j'avais peine à la suivre, pour aller chercher le *Chamædrys frutescens* et le *Saxifraga alpina !* Or, pour revenir, il n'y a donc rien de surprenant que vous ne trouviez pas à Paris des livres de plantes ; et je prendrai le parti de faire venir d'ailleurs ceux dont j'aurai besoin.

Voilà l'heure de la poste qui presse ; le domestique attend et m'importune. Il faut finir en vous embrassant.

LETTRE V.

Trye, le 10 juin 1768.

Je vois, mon cher hôte, que nos discussions, au lieu de s'éclaircir, s'embrouillent. Comme je n'aime pas la chicane, je reviens à cette affaire aujourd'hui pour la dernière fois. . . . .
. . . .

A propos de jardin, avez-vous fait semer dans le vôtre ma graine d'*Apocyn* [1]? J'en ai fait semer et soigner ici sur couche et sous-cloche, et j'ai eu toutes les peines du monde d'en sauver quelques pieds qui languissent; je crains qu'il n'en vienne aucun à bien. Je n'aurais jamais cru cette plante si difficile à cultiver. En revanche, j'ai semé dans le petit jardin du *Carthamus-lanatus* qui vient à merveille, du *Medicago-scutellata* et *intertexta* qui sont déjà en fleurs, et dont je compte chaque jour les brins, les poils, les feuilles avec des ravissemens toujours nouveaux. Je suis occupé maintenant à mettre en ordre un très-bel herbier dont un jeune homme est venu ici me faire présent, et qui contient un très-grand nombre de plantes étrangères et rares, parfaitement belles et bien conservées. Je travaille à y fondre mon petit herbier que vous avez vu, et dont la misère fait mieux ressortir la magnificence de l'autre. Le tout forme dix

[1] *Asclepias syriaca.*

grands cartons ou volumes *in-folio*, qui contiennent environ quinze cents plantes, près de deux
mille en comptant les variétés. J'y ai fait faire
une belle caisse pour pouvoir l'emporter partout
commodément avec moi. Ce sera désormais mon
unique bibliothèque ; et, pourvu qu'on ne m'en
ôte pas la jouissance, je défie les hommes de me
rendre malheureux. Je suis obligé à M. d'Escherny de son souvenir, et suis fort aise d'apprendre de ses nouvelles. Comme je ne me suis
jamais tenu pour brouillé avec lui, nous n'avons
pas besoin de raccommodement. Du reste, je serai
toujours fort aise de recevoir de lui quelque
signe de vie, surtout quand vous serez son mé-
diateur pour cela.

8*

LETTRE VI.

Lyon, le 20 juin 1768.

Je ne me pardonnerais pas, mon cher hôte, de vous laisser ignorer mes marches, ou les apprendre par d'autres avant moi. Je suis à Lyon depuis deux jours, rendu des fatigues de la diligence, ayant grand besoin d'un peu de repos, et très - empressé d'y recevoir de vos nouvelles, d'autant plus que le trouble qui règne dans le pays où vous vivez me tient en peine, et pour vous et pour nombre d'honnêtes gens auxquels je prends intérêt. J'attends de vos nouvelles avec l'impatience de l'amitié. Donnez-m'en, je vous en prie, le plus tôt que vous pourrez.

Le désir de faire diversion à tant d'attristans souvenirs, qui, à force d'affecter mon cœur, altéraient ma tête, m'a fait prendre le parti de chercher dans un peu de voyages et d'herborisations les amusemens et distractions dont j'avais besoin ; et le patron de la case ayant approuvé cette idée, je l'ai suivie : j'apporte avec moi mon herbier et quelques livres avec lesquels je me propose de faire quelques pèlerinages de botanique. Je souhaiterais, mon cher hôte, que la relation de mes trouvailles pût contribuer à vous amuser ; j'en aurais encore plus de plaisir à les faire. Je vous dirai, par exemple, qu'étant allé hier voir madame Boy de La Tour à sa campagne, j'ai trouvé dans sa vigne beaucoup d'*Aristoloches* [1], que je n'avais jamais vues, et qu'au premier coup d'œil j'ai reconnues avec transport.

J'ai découvert avec une peine infinie les noms de botanique de plusieurs plantes du Garsault (ZZ). J'ai aussi réduit avec non moins de peine les phrases de Sauvages à la nomenclature triviale de Linnæus, qui est très-commode. Si le plaisir d'avoir un jardin vous rend un peu de goût pour la botanique, je pourrai vous épargner beaucoup de travail pour la synonymie, en vous envoyant pour vos exemplaires ce que j'ai noté dans les miens ; et il est absolument nécessaire de débrouiller cette partie critique de la botanique, pour reconnaître la même plante, à qui souvent chaque auteur donne un nom différent.

Adieu, mon cher hôte ; je vous embrasse, et j'attends dans votre première lettre de bonnes nouvelles de vos yeux.

[1] *Aristolochia clematis.*

LETTRE VII.

Bourgoin, le 26 septembre 1768.

Je reçois en ce moment, mon cher hôte, votre lettre du 20, et j'y apprends les progrès de votre rétablissement avec une satisfaction à laquelle il ne manque pour être entière que d'aussi bonnes nouvelles de la santé de la bonne maman. Il n'y a rien à faire à sa sciatique que d'attendre les trèves et prendre patience; vous êtes dans le même cas pour votre goutte; et après la leçon terrible pour vous et pour d'autres que vous avez reçue, j'espère que vous renoncerez une bonne fois à la fantaisie de guérir de la goutte, de tourmenter votre estomac et vos oreilles, et de vouloir changer votre constitution avec du petit-lait, des purgatifs et des drogues, et que vous prendrez une bonne fois le parti de suivre et d'aider, s'il se peut, la nature, mais non de la contrarier.

Je ne sais pourquoi vous vous imaginez qu'il a fallu, pour me marier, quitter le nom que je porte (*); ce ne sont pas les noms qui se marient, ce sont les personnes; et quand dans cette simple et sainte cérémonie les noms entreraient comme partie constituante, celui que je porte aurait suffi, puisque je n'en reconnais plus d'autre. S'il s'agissait de fortune et de biens qu'il fallût assu-

---

(*) Celui de Renou, qu'il avait pris en allant habiter le château de Trye.

rer, ce serait autre chose; mais vous savez très-bien que nous ne sommes ni elle ni moi dans ce cas-là; chacun des deux est à l'autre avec tout son être et son avoir, voilà tout (AAA) . . . . .
. . . .

Recevez mes remercîmens des papiers que vous avez remis à notre amie, et qui pourront me donner quelque distraction dont j'ai grand besoin. Je vous remercie aussi des plantes que vous aviez chargé Gagnebin de recueillir, quoi-qu'il n'ait pas rempli votre intention. C'est de cette bonne intention que je vous remercie, elle me flatte plus que toutes les plantes du monde. Les tracas éternels qu'on me fait souffrir me dé-goûtent un peu de la botanique, qui ne me pa-raît un amusement délicieux qu'autant qu'on peut s'y livrer tout entier. Je sens que, pour peu que l'on me tourmente encore, je m'en déta-cherai tout-à-fait. Je n'ai pas laissé pourtant de trouver en ce pays quelques plantes, sinon jolies, au moins nouvelles pour moi; entre autres, près de Grenoble, l'*Osyris* et le *Térébinthe* [1]; ici le *Cenchrus racemosus* qui m'a beaucoup surpris, parce que c'est un Gramen maritime; l'*Hypo-pitys* [2], plante parasite qui tient de l'*Orobanche*; le *Crepis fetida*, qui sent l'amande amère à pleine gorge, et quelques autres que je ne me rappelle pas en ce moment. Voilà, mon cher hôte, plus de botanique qu'il n'en faut à votre stoïque indifférence. Vous pouvez m'écrire en

[1] *Pistachia terebinthus.* — [2] *Monotropa hypopithys.*

droiture ici sous le nom de Renou. J'ai grand
peur, s'il ne survient quelque amélioration dans
mon état et dans mes affaires, d'être réduit à
passer avec ma femme tout l'hiver dans ce cabaret, puisque je ne trouve pas sur la terre une
pierre pour y poser ma tête.

LETTRE VIII.

Je suis bien touché de la commission que vous avez donnée à Gagnebin ; voilà vraiment un soin d'amitié, un soin de ceux auxquels je serai toujours sensible, parce qu'ils sont choisis selon mon cœur et selon mon goût. Je dois certainement la vie aux plantes ; ce n'est pas ce que je leur dois de bon ; mais je leur dois d'en couler encore avec agrément quelques intervalles au milieu des amertumes dont elle est inondée : tant que j'herborise, je ne suis pas malheureux ; et je vous réponds que si l'on me laissait faire, je ne cesserais tout le reste de ma vie d'herboriser du matin au soir. Au reste, j'aime mieux que le recueil de M. Gagnebin soit très-petit, et qu'il ne soit pas composé de plantes communes qu'on trouve partout ; je ne vous dissimulerai même pas que j'ai déjà beaucoup de plantes alpines et des plus rares ; cependant, comme il y en a encore un très-grand nombre qui me manquent, je ne doute pas qu'il ne s'en trouve dans votre envoi qui me feront grand plaisir par elles-mêmes, outre celui de les recevoir de vous. Par exemple, quoique je sois assez riche en Gentianes, il y en a une que je n'ai pu trouver encore, et que je convoite beaucoup, c'est la grande *Gentiane pourprée* [1], la seconde en rang du *Species* de Linnæus. J'ai le

---

[1] *Gentiana purpurea.*

Tozzia alpina Linn. ; mais il manque la racine, qui est la partie la plus curieuse de cette
plante, d'ailleurs difficile à sécher et à conserver.
J'ai l'*Uva ursi* en fruit ; mais je ne l'ai pas en fleur.
J'ai l'*Azalea procumbens* ; mais il me manque
d'autres beaux *Chamærhododendros* des Alpes.
Je n'ai qu'un misérable petit *Androsace* [1]. Je
n'ai pas le *Cortusa Matthioli*, etc. La liste de ce
que j'ai serait longue, celle de ce qui me manque
plus longue encore ; mais si vous vouliez m'envoyer celle de ce que vous enverra Gagnebin, j'y
pourrais noter ce qui me manque, afin que le
reste, étant superflu dans mon herbier, pût demeurer dans le vôtre. Je me suis ruiné en livres
de botanique, et j'avais bien résolu de n'en plus
acheter ; cependant je sens que, m'affectionnant
aux plantes des Alpes, je ne puis me passer de
celui de Haller. Vous m'obligerez de vouloir
bien me marquer exactement son titre, son
prix et le lieu où vous l'avez trouvé ; car la
France est si barbare encore en botanique, qu'on
n'y trouve presque aucun livre de cette science ;
et j'ai été obligé de faire venir à grands frais de
Hollande et d'Angleterre le peu que j'en ai ;
encore ai - je cherché partout ceux de Clusius (BBB) sans pouvoir les trouver.

Voilà bien du bavardage sur la botanique,
dont je vois avec grand regret que vous avez
tout-à-fait perdu le goût. Cependant, puisque
vous avez un peu fêté mon *Apocyn* [2], j'ai grande

----

[1] *Androsace septentrionalis.* — [2] *Asclepias syriaca.*

ai envie de vous envoyer quelques graines de l'*Arbre de soie* [1] et de la *Pomme de cannelle* [2], qu'on m'a dernièrement apportées des îles. Quand vous commencerez à meubler votre jardin, je suis jaloux d'y contribuer. Bon jour, mon cher hôte ; nous vous embrassons et vous saluons l'un et l'autre de tout notre cœur.

[1] *Rhamnus micranthus.* — [2] *Annona muricata.*

LETTRE IX.

Monquin, le 28 février 1769.

JE suis sur ma montagne, mon cher hôte, où mon nouvel établissement et mon estomac me rendent pénible d'écrire, sans quoi je n'aurais pas attendu si long-temps à vous demander de fréquentes nouvelles de Mme de *** jusqu'à l'entière guérison, dont, sur votre pénultième lettre, l'espoir se joint au désir. Pour moi, mon état n'est pas empiré depuis que je suis ici ; mais je souffre toujours beaucoup. J'ai eu tort de ne vous pas marquer le rétablissement de Mme Renou, qui n'a tenu le lit que peu de jours ; mais imaginez ce que c'était que d'être tous deux en même temps presqu'à l'extrémité dans un mauvais cabaret. . . . .

. . . .

M. Seguier (DDD), célèbre par le *Plantæ Veronenses* que vous avez peut-être ou que vous devriez avoir, vient de m'envoyer des plantes qui m'ont remis sur mon herbier et sur mes bouquins. Je suis maintenant trop riche pour ne pas sentir la privation de ce qui me manque. Si parmi celles que vous promet le Parolier (*) pouvaient se trouver la grande *Gentiane pourprée*, le *Thora valdensium*, l'*Epimedium*, et quelques

(*) Sobriquet du botaniste *Gagnebin*.

autres, le tout bien conservé et en fleurs, je
vous avoue que ce cadeau me ferait le plus grand
plaisir; car je sens que, malgré tout, la botanique
me domine. J'herboriserai, mon cher hôte, jusqu'à la mort, et au-delà; car, s'il y a des fleurs
aux champs Élysées, j'en formerai des couronnes
pour les hommes vrais, francs, droits et tels
qu'assurément j'avais mérité d'en trouver sur la
terre. Bon jour, mon très-cher hôte : mon estomac m'avertit de finir avant que la morale me
gagne; car cela me mènerait loin. Mon cœur vous
suit aux pieds du lit de la bonne maman. J'embrasse le bon M. Jeannin.

LETTRE X.

Monquin, le 12 août 1769.

De retour ici, mon cher hôte, de Nevers, d'où
je vous ai écrit une lettre qui, j'espère, vous sera
parvenue, j'y ai trouvé la vôtre du 9 juillet, où
je vois et sens, en la lisant, les douloureuses in-
cisions que vous avez souffertes, et qui ont abouti
à vous tirer du tuf du bout des doigts. Voilà, je
l'avoue, une manière d'escamoter dont je n'avais
pas l'idée. Comment peut-on avoir du tuf dans
le bout des doigts ? Cela me passe, et j'aimerais
autant, pour la vraisemblance, l'histoire de cet
homme qui vomissait des canifs et des écritoires.
Mais enfin, là où le vrai parle, la vraisemblance
doit se taire. Et puisqu'il faut convenir qu'il peut
y avoir du tuf là où il s'en trouve, je suis toujours fort aise que vous soyez délivré de celui-
là, et que vos douleurs de goutte en soient sou-
lagées.

Vous voulez que je vous parle à mon tour de
ma santé ; j'ai peu de chose à vous en dire. Mon
voyage m'a extrêmement fatigué par la chaleur,
la poussière et la voiture ; mais, chemin faisant,
j'ai vu des plantes nouvelles qui m'ont amusé ; et,
après quelques jours de repos, me voilà prêt à repartir demain pour aller herboriser sur le mont
Pilat avec M. le gouverneur de Bourgoin, et
quelques autres messieurs à qui je tâche de per-
suader qu'ils aiment la botanique, et qui en effet

y ont fait quelques progrès. Notre pélerinage
doit être de sept ou huit jours, et toujours pédestre comme celui que nous fîmes ensemble à
Bienne. La première journée d'ici à Vienne est
très-forte pour moi, qui d'ailleurs ne me sens
pas extrêmement bien; et il faut que je compte
beaucoup sur le bien que me font ordinairement
les voyages pédestres, pour ne pas renoncer à celui-là. Mais, après avoir mis la partie en train, la
rompre serait à moi de mauvaise grâce; et j'aime
mieux courir quelques risques que de paraître
inconstant. Je compte à mon retour trouver ici
de vos nouvelles, et apprendre que votre singulière opération vous a en effet délivré d'une
attaque de goutte, comme vous l'avez espéré.

Votre *Haller* me fait toujours grand plaisir;
mais je le trouve toujours plus rempli de fautes
d'impression; la moitié des phrases de *Linnæus*
qu'il cite sont estropiées, et un très-grand nombre
de chiffres des tables et citations sont faux, de sorte
qu'on ne sait presque où aller chercher tout ce
qu'il indique; j'ai vu peu de livres aussi considérables imprimés si négligemment. Le catalogue de M. Gagnebin est exact, net, mais sans
ordre, de sorte qu'on ne saurait comment y chercher la plante dont on a besoin. Au reste, l'un et
l'autre de ces deux ouvrages peuvent donner des
instructions utiles, dont je profite de mon mieux
en pensant à vous. Quand je serai revenu de Pilat
(si j'en reviens heureusement), je vous mar-
querai ce que j'y aurai trouvé de plus ou de
moins que dans le catalogue de M. Gagnebin.

LETTRE XI.

Monquin, le 16 septembre 1769.

Vous aviez grande raison, mon cher hôte, d'attendre la relation de mon herborisation de Pilat : car, parmi les plaisirs de la faire, je comptais pour beaucoup celui de vous la décrire. Mais les premiers, ayant manqué, me laissent peu de quoi fournir à l'autre. Je partis à pied avec trois messieurs, dont un médecin, qui faisaient semblant d'aimer la botanique, et qui, désirant me cajoler, je ne sais pourquoi, s'imaginèrent qu'il n'y avait rien de mieux pour cela que de me faire bien des façons. Jugez comment cela s'assortit, non-seulement avec mon humeur, mais avec l'aisance et la gaîté des voyages pédestres. Ils m'ont trouvé très-maussade, je le crois bien. Ils ne disent pas que c'est eux qui m'ont rendu tel. Il me semble que, malgré les pluies, nous n'étions pas maussades à Brot, ni les uns ni les autres. Premier article. Le second est que nous avons eu mauvais temps presque durant toute la route, ce qui n'amuse pas, quand on ne veut qu'herboriser, et que, faute d'une certaine intimité, l'on n'a que cela pour point de ralliement et pour ressource. Le troisième est que nous avons trouvé sur la montagne un très-mauvais gîte ; pour lit, du foin ressuant et tout mouillé, hors un seul matelas rembourré de puces, dont, comme étant le Sancho de la troupe, j'ai été pompeusement gratifié. Le quatrième, des accidens de toute espèce : un de nos messieurs a été mordu d'un chien sur la montagne; Sultan a été demi-massacré d'un autre chien ; il a disparu ; je l'ai cru mort de ses blessures, ou mangé du loup ; et ce qui me confond est qu'à mon retour ici je l'ai trouvé tranquille et parfaitement guéri, sans que je puisse imaginer comment, dans l'état où il était, il a pu faire douze grandes lieues, et surtout repasser le Rhône, qui n'est pas un petit ruisseau, comme disait du Rhin M. de Chazeron. Le cinquième article, et le pire, est que nous n'avons presque rien trouvé, étant allés trop tard pour les fleurs, trop tôt pour les graines, et n'ayant eu nul guide pour trouver les bons endroits. Ajoutez que la montagne est fort triste, inculte, déserte, et n'a rien de l'admirable variété des montagnes de Suisse. Si vous n'étiez pas redevenu un profane, je vous ferais ici l'énumération de notre maigre collection ; je vous parlerais du *Meum*, du *Raisin d'ours* [1], du *Doronic* [2], de la *Bistorte* [3], du *Napel* [4], du *Thymelea*, etc. Mais j'espère que quand M. ***, qui a appris la botanique en trois jours, sera près de vous, il vous expliquera tout cela. Parmi toutes ces plantes alpines très-communes, j'en ai trois plus curieuses qui m'ont fait grand plaisir. L'une est l'Onagre (*OEnothera biennis*), que j'ai

---

[1] *Arbutus uva ursi.* — [2] *Doronicum pardalianches.* — [3] *Polygonum bistorta.* — [4] *Aconitum napellus.*

trouvée au bord du Rhône, et que j'avais déjà trouvée, à mon voyage de Nevers, au bord de la Loire. La seconde est le Laiteron bleu des Alpes (*Sonchus alpinus*), qui m'a fait d'autant plus de plaisir, que j'ai eu peine à le déterminer, m'obstinant à le prendre pour une Laitue. La troisième est le *Lichen islandicus*, que j'ai d'abord reconnu aux poils courts qui bordent ses feuilles. Je vous ennuie avec mon pédant étalage ; mais si votre Henriette prenait du goût pour les plantes, comme mon foin se transformerait bien vite en fleurs ! Il faudrait bien alors, malgré vous et vos dents, que vous devinssiez botaniste.

LETTRES DIVERSES.

A M. DUTENS (DDD*).

Wootton, le 5 février 1767.

J'étais, Monsieur, vraiment peiné de ne pouvoir, faute de savoir votre adresse, vous faire les remercîmens que je vous devais. Je vous en dois de nouveaux pour m'avoir tiré de cette peine, et surtout pour le livre de votre composition que vous m'avez fait l'honneur de m'envoyer. Je suis fâché de ne pouvoir vous en parler avec connaissance ; mais ayant renoncé pour ma vie à tous les livres, je n'ose faire exception pour le vôtre ; car, outre que je n'ai jamais été assez savant pour juger de pareille matière, je craindrais que le plaisir de vous lire ne me rendît le goût de la littérature, qu'il m'importe de ne jamais laisser ranimer. Seulement, je n'ai pu m'empêcher de parcourir l'article de la botanique, à laquelle je me suis consacré pour tout amusement ; et si votre sentiment est aussi bien établi sur le reste, vous aurez forcé les modernes à rendre l'hommage qu'ils doivent aux anciens. Vous avez très-sagement fait de ne pas appuyer sur les vers de Claudien ; l'autorité eût été d'autant plus faible, que des trois arbres qu'il nomme après le Palmier, il n'y en a qu'un qui porte les deux sexes sur différens individus. Au reste, je ne conviendrai pas tout-à-fait avec vous que Tournefort soit le plus grand botaniste du siècle; il a la gloire d'avoir fait le premier de la botanique une étude vraiment méthodique; mais cette étude, encore après lui, n'était qu'une étude d'apothicaire. Il était réservé à l'illustre Linnæus d'en faire une science philosophique. Je sais avec quel mépris (*) on affecte en France de traiter ce grand naturaliste; mais le reste de l'Europe l'en dédommage, et la postérité l'en vengera. Ce que je dis est assurément sans partialité, et par le seul amour de la vérité et de la justice; car je ne connais ni M. Linnæus, ni aucun de ses disciples, ni aucun de ses amis.

Je n'écris point à M. Laliaud, parce que je me suis interdit toute correspondance, hors les cas de nécessité. . . . .

. . . .

Agréez, Monsieur, je vous supplie, mes salutations et mon respect.

(*) Voyez les notes sur Haller (V) et Adanson (DDDD).

A M. LIOTARD, LE NEVEU (EEE),

HÉRBORISTE A GRENOBLE.

Bourgoin, le 7 novembre 1768.

J'AI reçu, Monsieur, les deux lettres que vous m'avez fait l'amitié de m'écrire. Je n'ai point fait de réponse à la première, parce qu'elle était une réponse elle-même, et qu'elle n'en exigeait pas. Je vous envoie ci-joint le catalogue qui était avec la seconde, et sur lequel j'ai marqué les plantes que je serais bien aise d'avoir. Les dénominations de plusieurs d'entre elles ne sont pas exactes, ou du moins ne sont pas dans mon *Species*, de l'édition de 1762. Vous m'obligerez de vouloir bien les y rapporter, avec le secours de M. Clapier, que je remercie et que je salue. J'accepte l'offre de quelques Mousses que vous voulez bien y joindre, pourvu que vous ayez la bonté d'y mettre aussi très-exactement les noms ; car je serais peut-être fort embarrassé pour les détermi#ner sans le secours de mon *Dillenius*, que je n'ai plus. A l'égard du prix, je le réglerais de bon cœur, si je pouvais n'écouter que la libéralité que j'y voudrais mettre ; mais ma situation me forçant de me borner en toutes choses aux prix communs, je vous prie de vouloir bien régler celui-là de façon que vous y trouviez honnêtement votre compte, sans oublier de joindre à cette note vos ports et autres menus frais, qui doivent vous être remboursés ; et comme je n'ai aucune correspondance à Grenoble, je vous enverrai le montant par le courrier, à moins que vous ne m'indiquiez quelque autre voie. L'offre de venir vous-même est obligeante ; mais je ne l'accepte pas, attendu que je n'en pourrais profiter, qu'il ne fait plus le temps d'herboriser, et que je ne suis pas en état de sortir pour cela. Portez-vous bien, mon cher Liotard ; je vous salue de tout mon cœur.

RENOU.

Pourriez-vous me dire si le *Pistacia terebinthus* et l'*Osiris alba* croissent auprès de Grenoble? Je crois avoir trouvé l'un et l'autre au-dessus de la Bastille (*) ; mais je n'en suis pas sûr.

(*) Montagne près de laquelle Grenoble est situé.

A Mme DE VERNA (FFF).

Bourgoin, le 2 décembre 1768.

Laissons à part, Madame, je vous supplie, les livres et leurs auteurs. Je suis si sensible à votre obligeante invitation, que, si ma santé me permettait de faire en cette saison des voyages de plaisir, j'en ferais un bien volontiers pour aller vous remercier. Ce que vous avez la bonté de me dire, Madame, des étangs et des montagnes de votre contrée, ajouterait à mon empressement, mais n'en serait pas la première cause. On dit que la grotte de la Balme (GGG) est de vos côtés; c'est encore un objet de promenade et même d'habitation, si je pouvais m'en pratiquer une dont les fourbes et les chauves-souris n'approchassent pas. A l'égard de l'étude des plantes, permettez, Madame, que je la fasse en naturaliste et non pas en apothicaire. Car, outre que je n'ai qu'une foi très-médiocre à la médecine, je connais l'organisation des plantes sur la foi de la nature, qui ne ment point; et je ne connais leurs vertus médicinales que sur la foi des hommes, qui sont menteurs. Je ne suis pas d'humeur à les croire sur leur parole, ni à portée de la vérifier. Ainsi, quant à moi, j'aime cent fois mieux voir dans l'émail des prés des guirlandes pour les bergères, que des herbes pour les lavemens. Puissé-je, Madame, aussitôt que le printemps ramènera la

verdure, aller faire dans vos cantons des herborisations qui ne pourront qu'être abondantes et
brillantes, si je juge par les fleurs que répand
votre plume, de celles qui doivent naître autour
de vous! Agréez, Madame, et faites agréer à
M. le président, je vous supplie, les assurances
de tout mon respect.

RENOU.

A LINNÉ.

Paris, le 21 septembre 1771.

RECEVEZ avec bonté, Monsieur, l'hommage d'un très-ignare, mais très-zélé disciple de vos disciples ; qui doit, en grande partie, à la méditation de vos écrits la tranquillité dont il jouit au milieu d'une persécution d'autant plus cruelle qu'elle est plus cachée, et qu'elle couvre du masque de la bienveillance et de l'amitié la plus terrible haine que l'enfer excita jamais. Seul avec la nature et vous, je passe dans mes promenades champêtres des heures délicieuses ; et je tire un profit plus réel de votre *philosophie botanique* que de tous les livres de morale. J'apprends avec joie que je ne vous suis pas tout-à-fait inconnu, et que vous voulez bien me destiner quelques-unes de vos productions. Soyez persuadé, Monsieur, qu'elles feront ma lecture chérie, et que ce plaisir deviendra plus vif encore par celui de le tenir de vous. J'amuse une vieille enfance à faire une petite collection de fruits et de graines ; si parmi vos trésors en ce genre il se trouvait quelques rebuts dont vous voulussiez faire un heureux, daignez songer à moi. Je les recevrais même avec reconnaissance, seul retour que je puisse vous offrir, mais que le cœur dont elle part ne rend pas indigne de vous.

Adieu, Monsieur; continuez d'ouvrir et d'interpréter aux hommes le livre de la nature. Pour moi, content d'en déchiffrer quelques mots à votre suite, dans le feuillet du règne végétal, je vous lis, je vous étudie, je vous médite, je vous honore, et je vous aime de tout mon cœur.

A M. L'ABBÉ DE PRAMONT.

Paris, le 13 avril 1778.

Vos planches gravées (HHH), Monsieur, sont
revues et arrangées comme vous l'ayez désiré;
vous êtes prié de vouloir bien les faire retirer:
elles pourraient se gâter dans ma chambre, et
n'y seraient plus qu'un embarras, parce que la
peine que j'ai eue à les arranger me fait craindre d'y toucher derechef. Je dois vous prévenir,
Monsieur, qu'il y a quelques feuilles du discours
extrêmement barbouillées et presque inlisibles;
difficiles même à relier sans rogner de l'écriture
que j'ai quelquefois prolongée étourdiment sur
la marge. Quoique j'aie assez rarement suc-
combé à la tentation de faire des remarques,
l'amour de la botanique et le désir de vous com-
plaire m'ont quelquefois emporté. Je ne puis
écrire lisiblement que quand je copie, et je vous
avoue que je n'ai pas eu le courage de doubler
mon travail en faisant des brouillons. Si ce griffonnage vous dégoûtait de votre exemplaire
après l'avoir parcouru, je vous offre, Monsieur,
le remboursement, avec l'assurance qu'il ne restera pas à ma charge.

Agréez, Monsieur, mes très-humbles salutations.

9*

La Table méthodique dont il vient d'être parlé est précédée d'un court préliminaire et terminée par cette observation de Rousseau.

« La méthode de Linnæus n'est pas, à la vérité, par-
» faitement naturelle. Il est impossible de réduire en un
» ordre méthodique et en même temps vrai et exact,
» les productions de la nature, qui sont si variées, et qui
» ne se rapprochent que par des gradations insensibles.
» Mais un système de botanique n'est point une histoire
» naturelle; c'est une table, une méthode, qui, à l'aide
» de quelques caractères remarquables et à peu près con-
» stans, apprend à rassembler les végétaux connus, et à
» y ramener les nouveaux individus qu'on découvre. Ce
» moyen est nécessaire pour en faciliter l'étude et fixer
» la mémoire. Ainsi aucun système botanique n'est vrai-
» ment naturel. Le meilleur est celui qui se trouve fondé
» sur les caractères les plus fixes et les plus aisés à con-
» naître. »

Quant aux notes que l'on trouve presque sur chaque feuille du recueil en question, elles prouvent une profonde connaissance de la matière, et sont quelquefois rédigés d'une manière piquante. En voici deux prises au hasard.

Sur la grande Capucine, n° 128.

« Madame de Linné a remarqué que ses fleurs rayon-
» nent et jettent une sorte de lueur avant le crépuscule.
» Ce que je vois de plus sûr dans cette observation, c'est
» que les dames dans ce pays-là se lèvent plus matin que
» dans celui-ci. »

Sur la Mélisse ou Citronnelle, n° 114.

« Chaque auteur la gratifie d'une vertu. C'est comme
» les fées marraines, dont chacune donnait sa filleule de
» quelque beauté ou qualité particulière. »

EXTRAITS

DES RÊVERIES

DU PROMENEUR SOLITAIRE.

LES *Rêveries du Promeneur solitaire* sont le dernier ouvrage de J. J. *Rousseau*. Elles se composent en total de dix promenades, qui eurent lieu pendant les deux dernières années de sa vie. A cette époque, pendant l'été, Rousseau sortait souvent pour herboriser, le matin de neuf heures à midi, et l'après-dîner jusqu'à la nuit. Nous rapportons les fragmens qui ont rapport à la botanique, afin de compléter tout ce que ce grand écrivain a publié d'intéressant sur cette science.

EXTRAITS

DES RÊVERIES

DU PROMENEUR SOLITAIRE.

~~~~~~~~

IIe PROMENADE.

. . . .

. . . .

Le jeudi 24 octobre 1776, je suivis, après dîner,
les boulevarts jusqu'à la rue du Chemin-Vert,
par laquelle je gagnai les hauteurs de Ménil-
Montant; et, de là, prenant les sentiers à travers
les vignes et les prairies, je traversai jusqu'à
Charonne le riant paysage qui sépare ces deux
villages; puis je fis un détour pour revenir par
les mêmes prairies en prenant un autre chemin.
Je m'amusais à les parcourir avec ce plaisir et
cet intérêt que m'ont toujours donnés les sites
agréables, et m'arrêtant quelquefois à fixer les
plantes dans la verdure. J'en aperçus deux que
je voyais assez rarement autour de Paris, et que
je trouvai très-abondantes dans ce canton-là.
L'une est le *Picris hieracioides*, de la famille
des Composées, et l'autre le *Bupleurum falca-
tum*, de celle des Ombellifères. Cette découverte me réjouit et m'amusa très-long-temps, et
~~~~~~~~

finit par celle d'une plante encore plus rare, surtout dans un pays élevé, savoir le *Cerastium
aquaticum*, que, malgré l'accident qui m'arriva le même jour (III), j'ai retrouvé dans un
livre que j'avais sur moi, et placé dans mon
herbier, etc......

Vᵉ PROMENADE.

De toutes les habitations où j'ai demeuré (et
j'en ai eu de charmantes), aucune ne m'a rendu
si véritablement heureux et ne m'a laissé de si
tendres regrets, que l'île de Saint-Pierre, au milieu du lac de Bienne. Cette petite île, qu'on
appelle à Neuchâtel l'île de La Motte, est bien
peu connue, même en Suisse. Aucun voyageur,
que je sache, n'en fait mention. Cependant, elle
est très-agréable, et singulièrement située pour
le bonheur d'un homme qui aime à se circon-
scrire; car, quoique je sois peut-être le seul au
monde à qui sa destinée en a fait une loi, je ne
puis croire être le seul qui ait un goût si naturel,
quoique je ne l'aie trouvé jusqu'ici chez nul
autre.

Les rives du lac de Bienne sont plus sauvages
et romantiques que celles du lac de Genève,
parce que les rochers et les bois y bordent l'eau
de plus près; mais elles ne sont pas moins riantes.
S'il y a moins de culture de champs et de vignes, moins de villes et de maisons, il y a aussi
plus de verdure naturelle, plus de prairies, d'a-
siles ombragés de bocages, des contrastes plus

fréquens et des accidens plus rapprochés. Comme il n'y a pas sur ces heureux bords de grandes routes commodes pour les voitures, le pays est peu fréquenté par les voyageurs; mais il est intéressant pour des contemplatifs solitaires, qui aiment à s'enivrer à loisir des charmes de la nature, et à se recueillir dans un silence que ne trouble aucun autre bruit que le cri des aigles, le ramage entrecoupé de quelques oiseaux, et le roulement des torrens qui tombent de la montagne. Ce beau bassin, d'une forme presque ronde, enferme dans son milieu deux petites îles, l'une habitée et cultivée, d'environ demi-lieue de tour; l'autre, plus petite, déserte et en friche, et qui sera détruite à la fin par les transports de la terre qu'on en ôte sans cesse pour réparer les dégâts que les vagues et les orages font à la grande. C'est ainsi que la substance du faible est toujours employée au profit du puissant.

Il n'y a dans l'île qu'une seule maison, mais grande, agréable et commode, qui appartient à l'hôpital de Berne, ainsi que l'île, et où loge un receveur avec sa famille et ses domestiques. Il y entretient une nombreuse basse-cour, une volière et des réservoirs pour le poisson. L'île, dans sa petitesse, est tellement variée dans ses terrains et ses aspects, qu'elle offre toutes sortes de sites, et souffre toutes sortes de cultures. On y trouve des champs, des vignes, des bois, des vergers, de gras pâturages ombragés de bosquets et bordés d'arbrisseaux de toute espèce, dont le bord des eaux entretient la fraîcheur ; une haute terrasse plantée de deux rangs d'arbres, borde l'île dans sa longueur ; et dans le milieu de cette terrasse on a bâti un joli salon où les habitans des rives voisines se rassemblent et viennent danser les dimanches durant les vendanges.

C'est dans cette île que je me réfugiai après la lapidation de *Motiers* (JJJ). J'en trouvai le séjour si charmant, j'y menais une vie si convenable à mon humeur, que, résolu d'y finir mes jours, je n'avais d'autre inquiétude, sinon qu'on ne me laissât pas exécuter ce projet, qui ne s'accordait pas avec celui de m'entraîner en Angleterre, dont je sentais déjà les premiers effets. Dans les pressentimens qui m'inquiétaient, j'aurais voulu qu'on m'eût fait de cet asile une prison perpétuelle, qu'on m'y eût confiné pour toute ma vie, et qu'en m'ôtant toute puissance et tout espoir d'en sortir, on m'eût interdit toute espèce de communication avec la terre ferme, de sorte qu'ignorant tout ce qui se faisait dans le monde, j'en eusse oublié l'existence, et qu'on y eût oublié la mienne aussi.

On ne m'a laissé passer guère que deux mois dans cette île ; mais j'y aurais passé deux ans, deux siècles et toute l'éternité, sans m'y ennuyer un moment, quoique je n'y eusse, avec ma compagne, d'autre société que celle du receveur, de sa femme et de ses domestiques, qui tous étaient à la vérité de très-bonnes gens, et rien de plus ; mais c'était précisément ce qu'il me fallait. Je compte ces deux mois pour le temps le plus heureux de ma vie , et tellement heureux , qu'il m'eût suffi durant toute mon existence , sans laisser naître un seul instant dans mon âme le désir d'un autre état.

Quel était donc ce bonheur, et en quoi consistait sa jouissance ? Je le donnerais à deviner à tous les hommes de ce siècle , sur la description de la vie que j'y menais. Le précieux *far niente* fut la première et la principale de ces jouissances , que je voulus savourer dans toute sa douceur ; et tout ce que je fis durant mon séjour ne fut en effet que l'occupation délicieuse et nécessaire d'un homme qui s'est dévoué à l'oisiveté.

L'espoir qu'on ne demanderait pas mieux que de me laisser dans ce séjour isolé , où je m'étais enlacé de moi-même , dont il m'était impossible de sortir sans assistance et sans être bien aperçu , et où je ne pouvais avoir ni communication , ni correspondance, que par le concours des gens qui m'entouraient ; cet espoir, dis-je , me donnait celui d'y finir mes jours plus tranquillement que je ne les avais passés ; et l'idée que j'aurais le temps de m'y arranger tout à loisir, fit que je commençai par n'y faire aucun arrangement. Transporté là brusquement, seul et nu, j'y fis venir successivement ma gouvernante, mes livres et mon petit équipage, dont j'eus le plaisir de ne rien déballer, laissant mes caisses et mes malles comme elles étaient arrivées , et vivant dans l'habitation où je comptais achever mes jours, comme dans une auberge dont j'aurais dû partir le lendemain. Toutes choses telles qu'elles étaient allaient si bien, que vouloir les mieux ranger était y gâter quelque chose. Un de mes plus grands délices était surtout de laisser toujours mes livres bien encaissés, et de n'avoir point d'écritoire. Quand de malheureuses lettres me forçaient de prendre la plume pour y répondre, j'empruntais en murmurant l'écritoire du receveur, et je me hâtais de la rendre, dans la vaine espérance de n'avoir plus besoin de la remprunter. Au lieu de ces tristes paperasses et de toute cette bouquinerie, j'emplissais ma chambre de fleurs et de foin; car j'étais alors dans ma première ferveur de botanique, pour laquelle le docteur d'Ivernois m'avait inspiré un goût qui bientôt devint passion. Ne voulant plus d'œuvre de travail, il m'en fallait une d'amusement, qui me plût et qui ne me donnât de peine que celle qu'aime à prendre un paresseux. J'entrepris de faire la *Flora Petrinsularis*, et de décrire toutes les plantes de l'île, sans en omettre une seule, avec un détail suffisant pour m'occuper le reste de mes jours. On dit qu'un Allemand a fait un livre sur un zeste de citron; j'en aurais fait un sur chaque Gramen des prés, sur chaque Mousse des bois, sur chaque Lichen qui tapisse les rochers; enfin je ne voulais pas laisser un poil d'herbe, pas un atôme végétal qui ne fût amplement décrit. En conséquence de ce beau projet, tous les matins, après le déjeûner, que nous faisions tous ensemble, j'allais, une loupe à la main, et mon *Sys-*

tema Naturæ sous le bras, visiter un canton de l'île, que j'avais pour cet effet divisée en petits carrés, dans l'intention de les parcourir l'un après l'autre en chaque saison. Rien n'est plus singulier que les ravissemens, les extases que j'éprouvais à chaque observation que je faisais sur la structure et l'organisation végétale, et sur le jeu des parties sexuelles dans la fructification, dont le système était alors tout-à-fait nouveau pour moi. La distinction des caractères génériques, dont je n'avais pas auparavant la moindre idée, m'enchantait en les vérifiant sur les espèces communes, en attendant qu'il s'en offrît à moi de plus rares. La fourchure des deux longues étamines de la *Brunelle* [1], le ressort de celles de l'*Ortie* [2] et de la *Pariétaire* [3], l'explosion du fruit de la *Balsamine* [4] et de la capsule du *Buis* [5], mille petits jeux de la fructification, que j'observais pour la première fois, me comblaient de joie ; et j'allais demandant si l'on avait vu les cornes de la Brunelle, comme La Fontaine demandait si l'on avait lu Habacuc. Au bout de deux ou trois heures, je m'en revenais chargé d'une ample moisson, provision d'amusement pour l'après-dînée au logis, en cas de pluie. J'employais le reste de la matinée à aller avec le receveur, sa femme et Thérèse, visiter leurs ouvriers et leur récolte, mettant le plus souvent la main à l'œuvre

[1] *Brunella vulgaris.* — [2] *Urtica dioïca.* [3] *Parietaria officinalis.* — [4] *Impatiens Balsamina.* — [5] *Buxus semper virens.*

avec eux; et souvent des Bernois qui me venaient
voir, m'ont trouvé juché sur de grands arbres,
ceint d'un sac que je remplissais de fruits, et que
je dévalais ensuite à terre avec une corde. L'exercice que j'avais fait dans la matinée, et la bonne
humeur qui en est inséparable, me rendaient le
repas du dîner très-agréable; mais quand il se
prolongeait trop et que le beau temps m'invitait,
je ne pouvais si long-temps attendre; et pendant
qu'on était encore à table, je m'esquivais et j'allais me jeter seul dans un bateau que je condui-
sais au milieu du lac, quand l'eau était calme;
et là, m'étendant tout de mon long dans le bateau, les yeux tournés vers le ciel, je me laissais aller et dériver lentement au gré de l'eau, quelquefois pendant plusieurs heures, plongé dans mille
rêveries confuses, mais délicieuses, et qui, sans
avoir aucun objet bien déterminé ni constant, ne
laissaient pas d'être à mon gré cent fois préféra-
bles à tout ce que j'avais trouvé de plus doux
dans ce qu'on appelle les plaisirs de la vie. Souvent averti par le baisser du soleil, de l'heure de
la retraite, je me trouvais si loin de l'île, que j'é-
tais forcé de travailler de toute ma force pour
arriver avant la nuit close. D'autres fois, au lieu
de m'écarter en pleine eau, je me plaisais à cô-
toyer les verdoyantes rives de l'île, dont les lim-
pides eaux et les ombrages frais m'ont engagé à
m'y baigner. Mais une de mes navigations les
plus fréquentes était d'aller de la grande à la petite île, d'y débarquer, et d'y passer l'après-dînée,
tantôt à des promenades très-circonscrites, au

milieu des Marceaux [1], des Bourdaines [2], des Per-
sicaires [3], des arbrisseaux de toute espèce; et tantôt m'établissant au sommet d'un tertre sablon-
neux, couvert de gazon, de Serpolet [4], de fleurs,
même d'Esparcette [5] et de Trèfle [6], qu'on y avait
vraisemblablement semés autrefois, et très-pro-
pres à loger des lapins qui pouvaient là multiplier en paix sans rien craindre et sans nuire à
rien. Je donnai cette idée au receveur, qui fit
venir de Neuchâtel des lapins mâles et femelles;
et nous allâmes en grande pompe, sa femme, une
de ses sœurs, Thérèse et moi, les établir dans la
petite île, où ils commençaient à peupler avant
mon départ, et où ils auront prospéré sans doute,
s'ils ont pu soutenir la rigueur des hivers. La
fondation de cette petite colonie fut une fête. Le
pilote des Argonautes n'était pas plus fier que
moi, menant en triomphe la compagnie et les lapins de la grande île à la petite, et je notais avec
orgueil que la receveuse, qui redoutait l'eau à
l'excès et s'y trouvait toujours mal, s'embarqua
sous ma conduite avec confiance, et ne montra
nulle peur durant la traversée.

Quand le lac agité ne me permettait pas la
navigation, je passais mon après-midi à parcourir l'île en herborisant à droite et à gauche,
m'asseyant tantôt dans les réduits les plus rians
et les plus solitaires, pour y rêver à mon aise,
tantôt sur les terrasses et les tertres, pour par-

[1] *Salix caprea* — [2] *Rhamnus frangula.* — [3] *Polygonum persicaria.* — [4] *Thymus serpillum.* — [5] *Hedysarum
onobrychis.* — [6] *Trifolium pratense.*

courir des yeux le superbe et ravissant coup
d'œil du lac et de ses rivages, couronnés d'un
côté par des montagnes prochaines, et de l'autre
élargis en riches et fertiles plaines, dans lesquelles la vue s'étendait jusqu'aux montagnes
bleuâtres plus éloignées qui la bornaient.

Quand le soir approchait, je descendais des
cimes de l'île, et j'allais volontiers m'asseoir au
bord du lac, sur la grève, dans quelque asile
caché : là, le bruit des vagues et l'agitation de
l'eau fixant mes sens, et chassant de mon âme
toute autre agitation, la plongeaient dans une
rêverie délicieuse où la nuit me surprenait souvent sans que je m'en fusse aperçu. Le flux et
reflux de cette eau, son bruit continu, mais renflé
par intervalles, frappant sans relâche mon oreille
et mes yeux, suppléaient aux mouvemens in-
ternes que la rêverie éteignait en moi, et suffisaient pour me faire sentir avec plaisir mon existence, sans prendre la peine de penser. De temps
à autre naissait quelque faible et courte réflexion
sur l'instabilité des choses de ce monde, dont la
surface des eaux m'offrait l'image ; mais bientôt
ces impressions légères s'effaçaient dans l'uniformité du mouvement continu qui me berçait,
et qui, sans aucun concours actif de mon âme,
ne laissait pas de m'attacher au point, qu'appelé
par l'heure et par le signal convenu, je ne pouvais m'arracher de là sans efforts.

Après le souper, quand la soirée était belle,
nous allions encore tous ensemble faire quelque
tour de promenade sur la terrasse, pour y res-

pirer l'air du lac et la fraîcheur. On se reposait dans le pavillon, on riait, on causait, on chantait quelque vieille chanson, qui valait bien le tortillage moderne; et enfin l'on s'allait coucher, content de sa journée, et n'en désirant qu'une semblable pour le lendemain.

Telle est, laissant à part les visites imprévues et importunes, la manière dont j'ai passé mon temps dans cette île durant le séjour que j'y ai fait. Qu'on me dise à présent ce qu'il y a là d'assez attrayant pour exciter dans mon cœur des regrets si vifs, si tendres et si durables, qu'au bout de quinze ans, il m'est impossible de songer à cette habitation chérie, sans m'y sentir à chaque fois transporter encore par les élans du désir.

. . . .

VIIe PROMENADE.

Le recueil de mes longs rêves est à peine commencé, et déjà je sens qu'il touche à sa fin. Un autre amusement lui succède, m'absorbe, et m'ôte même le temps de rêver. Je m'y livre avec un engouement qui tient de l'extravagance, et qui me fait rire moi-même quand j'y réfléchis; mais je ne m'y livre pas moins, parce que, dans la situation où me voilà, je n'ai plus d'autre règle de conduite que de suivre en tout mon penchant sans contrainte. Je ne peux rien à mon sort, je n'ai que des inclinations innocentes; et, tous les jugemens des hommes étant désormais nuls pour moi, la sagesse même veut qu'en ce qui reste à ma portée je fasse tout ce qui me flatte, soit en public, soit à part moi, sans autre règle que ma fantaisie, et sans autre mesure que le peu de force qui m'est resté. Me voilà donc à mon foin pour toute nourriture, et à la botanique pour toute occupation. Déjà vieux, j'en avais pris la première teinture en Suisse, auprès du docteur d'Ivernois, et j'avais herborisé assez heureusement durant mes voyages, pour prendre une connaissance passable du règne végétal. Mais devenu plus que sexagénaire, et sédentaire à Paris, les forces commençant à me manquer pour les grandes herborisations, et d'ailleurs assez livré à ma copie de musique pour n'avoir pas besoin d'autre occupation, j'avais abandonné cet amusement qui ne m'était plus nécessaire; j'avais vendu mon herbier, j'avais vendu mes livres, content de revoir quelquefois les plantes communes que je trouvais autour de Paris dans mes promenades. Durant cet intervalle, le peu que je savais s'est presque entièrement effacé de ma mémoire, et bien plus rapidement qu'il ne s'y était gravé.

Tout d'un coup, âgé de soixante-cinq ans passés, privé du peu de mémoire que j'avais et des forces qui me restaient pour courir la campagne, sans guide, sans livres, sans jardin, sans herbier, me voilà repris de cette folie, mais avec plus d'ardeur encore que je n'en eus en m'y livrant la première fois; me voilà sérieusement occupé du sage projet d'apprendre par cœur tout le *Regnum*

vegetabile de Murray (KKK), et de connaître
toutes les plantes connues sur la terre. Hors d'état
de racheter des livres de botanique, je me
suis mis en devoir de transcrire ceux qu'on m'a
prêtés ; et, résolu de refaire un herbier plus riche
que le premier, en attendant que j'y mette toutes
les plantes de la mer et des Alpes, et de tous les
arbres des Indes, je commence toujours à bon
compte par le *Mouron* [1], le *Cerfeuil* [2], la *Bourrache* [3] et le *Seneçon* [4] ; j'herborise savamment
sur la cage de mes oiseaux ; et, à chaque nouveau
brin d'herbe que je rencontre, je me dis avec
satisfaction : Voilà toujours une plante de plus.

Je ne cherche pas à justifier le parti que je
prends de suivre cette fantaisie ; je la trouve très-
raisonnable, persuadé que, dans la position où je
suis, me livrer aux amusemens qui me flattent
est une grande sagesse, et même une grande
vertu : c'est le moyen de ne laisser germer dans
mon cœur aucun levain de vengeance ou de
haine ; et pour trouver encore dans ma destinée
du goût pour quelque amusement, il faut assurément avoir un naturel bien épuré de toutes
passions irascibles. C'est me venger de mes persécuteurs, à ma manière ; je ne saurais les punir
plus cruellement que d'être heureux malgré eux.

Oui, sans doute, la raison me permet, me
prescrit même de me livrer à tout penchant qui
m'attire et que rien ne m'empêche de suivre ;

---

[1] *Anagallis arvensis.* — [2] *Chærophyllum sylvestre.* —
[3] *Borrago officinalis.* — [4] *Senecio vulgaris.*

mais elle ne m'apprend pas pourquoi ce penchant m'attire, et quel attrait je puis trouver à une vaine étude, faite sans profit, sans progrès, et qui, vieux, radoteur, déjà caduc et pesant, sans facilité, sans mémoire, me ramène aux exercices de la jeunesse, et aux leçons d'un écolier. Or c'est une bizarrerie que je voudrais m'expliquer; il me semble que, bien éclaircie, elle pourrait jeter quelque nouveau jour sur cette connaissance de moi-même, à l'acquisition de laquelle j'ai consacré mes derniers loisirs.

J'ai pensé quelquefois assez profondément, mais rarement avec plaisir, presque toujours contre mon gré et comme par force : la rêverie me délasse et m'amuse ; la réflexion me fatigue et m'attriste : penser fut toujours pour moi une occupation pénible et sans charme. Quelquefois mes rêveries finissent par la méditation ; mais plus souvent mes méditations finissent par la rêverie ; et, durant ces égaremens, mon âme erre et plane dans l'univers sur les ailes de l'imagination, dans des extases qui passent toute autre jouissance.

Tant que je goûtai celle-là dans toute sa pureté, toute autre occupation me fut toujours insipide. Mais quand une fois, jeté dans la carrière littéraire par des impulsions étrangères, je sentis la fatigue du travail d'esprit, et l'importunité d'une célébrité malheureuse, je sentis en même temps languir et s'attiédir mes douces rêveries ; et bientôt, forcé de m'occuper malgré moi de ma triste situation, je ne pus plus retrouver que bien rarement ces chères extases, qui, durant cinquante ans, m'avaient tenu lieu de fortune et de gloire, et, sans autre dépense que celle du temps, m'avaient rendu, dans l'oisiveté, le plus heureux des mortels.

J'avais même à craindre, dans mes rêveries, que mon imagination effarouchée par mes malheurs, ne tournât enfin de ce côté son activité, et que le continuel sentiment de mes peines, me resserrant le cœur par degrés, ne m'accablât enfin de leur poids. Dans cet état, un instinct, qui m'est naturel, me faisant fuir toute idée attristante, imposa silence à mon imagination, et fixant mon attention sur les objets qui m'environnaient, me fit, pour la première fois, détailler le spectacle de la nature, que je n'avais guère contemplé jusqu'alors qu'en masse et dans son ensemble.

Les arbres, les arbrisseaux, les plantes, sont la parure et le vêtement de la terre. Rien n'est si triste que l'aspect d'une campagne nue et pelée, qui n'étale aux yeux que des pierres, du limon et des sables. Mais, vivifiée par la nature, et revêtue de sa robe de noces, au milieu du cours des eaux et du chant des oiseaux, la terre offre à l'homme, dans l'harmonie des trois règnes, un spectacle plein de vie, d'intérêt et de charmes, le seul spectacle au monde dont ses yeux et son cœur ne se lassent jamais.

Plus un contemplateur a l'âme sensible, plus il se livre aux extases qu'excite en lui cet accord. Une rêverie douce et profonde s'empare alors de ses sens, et il se perd avec une délicieuse ivresse dans l'immensité de ce beau système, avec lequel il se sent identifié. Alors tous les objets particuliers lui échappent; il ne voit et ne sent rien que dans le tout. Il faut que quelque circonstance particulière resserre ses idées et circonscrive son imagination, pour qu'il puisse observer par partie cet univers qu'il s'efforçait d'embrasser.

C'est ce qui m'arriva naturellement quand mon cœur, resserré par la détresse, rapprochait et concentrait tous ses mouvemens autour de lui, pour conserver ce reste de chaleur prêt à s'évaporer et s'éteindre, dans l'abattement où je tombais par degrés. J'errais nonchalamment dans les bois et dans les montagnes, n'osant penser, de peur d'attiser mes douleurs. Mon imagination, qui se refuse aux objets de peine, laissait mes sens se livrer aux impressions légères, mais douces, des objets environnans. Mes yeux se promenaient sans cesse de l'un à l'autre, et il n'était pas possible que, dans une variété si grande, il ne s'en trouvât qui les fixaient davantage et les arrêtaient plus long-temps.

Je pris goût à cette récréation des yeux, qui, dans l'infortune, repose, amuse, distrait l'esprit, et suspend le sentiment des peines. La nature des objets aide beaucoup à cette diversion, et la rend plus séduisante. Les odeurs suaves, les vives couleurs, les plus élégantes formes, semblent se disputer à l'envi le droit de fixer notre attention. Il ne faut qu'aimer le plaisir, pour se

livrer à des sensations si douces ; et si cet effet
n'a pas lieu sur tous ceux qui en sont frappés,
c'est, dans les uns, faute de sensibilité naturelle,
et dans la plupart, que leur esprit , trop occupé
d'autres idées, ne se livre qu'à la dérobée aux
objets qui frappent leurs sens.

Une autre chose contribue encore à éloigner du
règne végétal l'attention des gens de goût ; c'est
l'habitude de ne chercher dans les plantes que
des drogues et des remèdes. Théophraste (LLL)
s'y était pris autrement ; et l'on peut regarder ce
philosophe comme le seul botaniste de l'anti-
quité ; aussi n'est-il presque point connu parmi
nous ; mais, grâce à un certain Dioscoride, grand
compilateur de recettes , et à ses commentateurs ,
la médecine s'est tellement emparée des plantes
transformées en simples, qu'on n'y voit que ce
qu'on n'y voit point , savoir, les prétendues vertus qu'il plaît au tiers et au quart de leur attribuer. On ne conçoit pas que l'organisation végétale puisse par elle-même mériter quelque
attention ; des gens qui passent leur vie à arranger savamment des coquilles , se moquent de la
botanique comme d'une étude inutile, quand on
n'y joint pas, comme ils disent, celle des propriétés, c'est-à-dire quand on n'abandonne pas
l'observation de la nature, qui ne ment point, et
qui ne nous dit rien de tout cela, pour se livrer
uniquement à l'autorité des hommes, qui sont
menteurs, et qui nous affirment beaucoup de
choses qu'il faut croire sur leur parole, fondée
elle-même, le plus souvent, sur l'autorité d'au-

trui. Arrêtez-vous dans une prairie émaillée, à examiner successivement les fleurs dont elle brille ; ceux qui vous verront faire, vous prenant pour un frater, vous demanderont des herbes pour guérir la gourme des enfans, la galle des hommes, ou la morve des chevaux.

Ce dégoûtant préjugé est détruit en partie dans les autres pays, et surtout en Angleterre, grâce à Linnæus, qui a un peu tiré la botanique des écoles de pharmacie, pour la rendre à l'histoire naturelle et aux usages économiques ; mais en France, où cette étude a moins pénétré chez les gens du monde, on est resté sur ce point tellement barbare, qu'un bel esprit de Paris, voyant à Londres un jardin de curieux plein d'arbres et de plantes rares, s'écria pour tout éloge : *Voilà un fort beau jardin d'apothicaire !* A ce compte, le premier apothicaire fut Adam ; car il n'est pas aisé d'imaginer un jardin mieux assorti de plantes que celui d'Eden.

Ces idées médicinales ne sont assurément guère propres à rendre agréable l'étude de la botanique ; elles flétrissent l'émail des prés, l'éclat des fleurs, dessèchent la fraîcheur des bocages, rendent la verdure et les ombrages insipides et dégoûtans ; toutes ces structures charmantes et gracieuses intéressent fort peu quiconque ne veut que piler tout cela dans un mortier ; et l'on n'ira pas chercher des guirlandes pour les bergères parmi des herbes pour les lavemens.

Toute cette pharmacie ne souillait point mes images champêtres, rien n'en était plus éloigné

que des tisanes et des emplâtres. J'ai souvent
pensé, en regardant de près les champs, les vergers, les bois et leurs nombreux habitans, que
le règne végétal était un magasin d'alimens donnés par la nature à l'homme et aux animaux ;
mais jamais il ne m'est venu à l'esprit d'y chercher des drogues et des remèdes. Je ne vois rien
dans ces diverses productions qui m'indique un
pareil usage ; et elle nous aurait montré le choix,
si elle nous l'avait prescrit, comme elle a fait
pour les comestibles. Je sens même que le plaisir
que je prends à parcourir les bocages serait em-
poisonné par le sentiment des infirmités hu-
maines, s'il me laissait penser à la fièvre, à la
pierre, à la goutte et au mal caduc. Du reste,
je ne disputerai point aux végétaux les grandes
vertus qu'on leur attribue ; je dirai seulement
qu'en supposant ces vertus réelles, c'est malice
pure aux malades de continuer à l'être ; car, de
tant de maladies que les hommes se donnent, il
n'y en a pas une seule dont vingt sortes d'herbes
ne guérissent radicalement.

Ces tournures d'esprit qui rapportent toujours
tout à notre intérêt matériel, qui font chercher
partout du profit ou des remèdes, et qui feraient
regarder avec indifférence toute la nature si l'on
se portait toujours bien, n'ont jamais été les
miennes. Je me sens là-dessus tout à rebours des
autres hommes : tout ce qui tient au sentiment
de mes besoins attriste et gâte mes pensées ; et
jamais je n'ai trouvé de vrais charmes aux plaisirs de l'esprit, qu'en perdant tout-à-fait de vue

l'intérêt de mon corps. Ainsi, quand même je croirais à la médecine, et quand même ses remèdes seraient agréables, je ne trouverais jamais à m'en occuper ces délices que donne une contemplation pure et désintéressée ; et mon âme ne saurait s'exalter et planer sur la nature, tant que je la sens tenir aux liens de mon corps. D'ailleurs, sans avoir eu jamais grande confiance à la médecine, j'en ai eu beaucoup à des médecins que j'estimais, que j'aimais, et à qui je laissais gouverner ma carcasse avec pleine autorité. Quinze ans d'expérience m'ont instruit à mes dépens ; rentré maintenant sous les seules lois de la nature, j'ai repris par elles ma première santé. Quand les médecins n'auraient point contre moi d'autres griefs, qui pourrait s'étonner de leur haine ? Je suis la preuve vivante de la vanité de leur art et de l'inutilité de leurs soins.

Non, rien de personnel, rien qui tienne à l'intérêt de mon corps, ne peut occuper vraiment mon âme. Je ne médite, je ne rêve jamais plus délicieusement que quand je m'oublie moi-même. Je sens des extases, des ravissemens inexprimables à me fondre pour ainsi dire dans le système des êtres, à m'identifier avec la nature entière. Tant que les hommes furent mes frères, je me faisais des projets de félicité terrestre ; ces projets étant toujours relatifs au tout, je ne pouvais être heureux que de la félicité publique, et jamais l'idée d'un bonheur particulier n'a touché mon cœur, que quand j'ai vu mes frères ne chercher le leur que dans ma misère. Alors, pour ne les pas haïr,

il a bien fallu les fuir ; alors , me réfugiant chez
la mère commune , j'ai cherché dans ses bras à
me soustraire aux atteintes de ses enfans ; je suis
devenu solitaire, ou , comme ils disent, insociable
et misanthrope, parce que la plus sauvage solitude me paraît préférable à la société des méchans , qui ne se nourrit que de trahisons et de
haines.

. . . .

Fuyant les hommes , cherchant la solitude ,
n'imaginant plus , pensant encore moins , et cependant doué d'un tempérament vif qui m'éloigne
de l'apathie languissante et mélancolique, je commençai de m'occuper de tout ce qui m'entourait ;
et, par un instinct fort naturel, je donnai la préférence aux objets les plus agréables. Le règne mi-
néral n'a rien en soi d'aimable et d'attrayant ; ses
richesses, enfermées dans le sein de la terre ,
semblent avoir été éloignées des regards des
hommes pour ne pas tenter leur cupidité ; elles
sont là comme en réserve pour servir un jour de
supplément aux véritables richesses qui sont plus
à sa portée, et dont il perd le goût à mesure
qu'il se corrompt. Alors il faut qu'il appelle l'industrie, la peine et le travail au secours de ses
misères ; il fouille les entrailles de la terre ; il
va chercher dans son centre, au risque de sa
vie, et aux dépens de sa santé , des biens imaginaires, à la place des biens réels qu'elle lui offrait
d'elle-même quand il savait en jouir ; il fuit le
soleil et le jour, qu'il n'est plus digne de voir ; il
s'enterre tout vivant, et fait bien, ne méritant

10*

plus de vivre à la lumière. Là, des carrières, des
gouffres, des forges, des fourneaux, un appareil
d'enclumes, de marteaux, de fumée et de feux,
succèdent aux douces images des travaux champêtres; les visages hâves des malheureux qui
languissent dans les infectes vapeurs de mines,
de noirs forgerons, de hideux cyclopes, sont le
spectacle que l'appareil des mines substitue, au
sein de la terre, à celui de la verdure et des
fleurs, du ciel azuré, des bergers amoureux, et
des laboureurs robustes, sur sa surface.

Il est aisé, je l'avoue, d'aller ramassant du
sable et des pierres, d'en remplir ses poches et
son cabinet, et de se donner avec cela les airs
d'un naturaliste; mais ceux qui s'attachent et se
bornent à ces sortes de collections sont, pour l'ordinaire, de riches ignorans qui ne cherchent à
cela que le plaisir de l'étalage. Pour profiter dans
l'étude des minéraux, il faut être chimiste et
physicien; il faut faire des expériences pénibles
et coûteuses, travailler dans des laboratoires,
dépenser beaucoup d'argent et de temps parmi
le charbon, les creusets, les fourneaux, les cor-
nues, dans la fumée et les vapeurs étouffantes,
toujours au risque de sa vie, et souvent aux dépens de sa santé. De tout ce triste et fatigant travail résulte, pour l'ordinaire, beaucoup moins
de savoir que d'orgueil; et où est le plus mé-
diocre chimiste qui ne croie pas avoir pénétré
toutes les grandes opérations de la nature, pour
avoir trouvé, par hasard peut-être, quelques
petites combinaisons de l'art?

Le règne animal est plus à notre portée, et
certainement mérite encore mieux d'être étudié ;
mais enfin cette étude n'a-t-elle pas aussi ses difficultés, ses embarras, ses dégoûts et ses peines,
surtout pour un solitaire qui n'a, ni dans ses
jeux, ni dans ses travaux, d'assistance à espérer
de personne ? Comment observer, disséquer,
étudier, connaître les oiseaux dans les airs, les
poissons dans les eaux, les quadrupèdes plus légers
que le vent, plus forts que l'homme, et qui ne
sont pas plus disposés à venir s'offrir à mes recherches, que moi de courir après eux pour les
y soumettre de force ? J'aurais donc pour ressource des Escargots, des Vers, des Mouches, et
je passerais ma vie à me mettre hors d'haleine
pour courir après des Papillons, à empaler de
pauvres insectes, à disséquer des Souris quand
j'en pourrais prendre, ou les charognes des bêtes
que, par hasard, je trouverais mortes. L'étude
des animaux n'est rien sans l'anatomie ; c'est par
elle qu'on apprend à les classer, à distinguer les
genres, les espèces. Pour les étudier par leurs
mœurs, par leurs caractères, il faudrait avoir des
volières, des viviers, des ménageries ; il faudrait
les contraindre, en quelque manière que ce pût
être, à rester rassemblés autour de moi ; je n'ai
ni le goût ni les moyens de les tenir en captivité,
ni l'agilité nécessaire pour les suivre dans leurs
allures quand ils sont en liberté. Il faudra donc les
étudier morts, les déchirer, les désosser, fouiller
à loisir dans leurs entrailles palpitantes. Quel appareil affreux qu'un amphithéâtre anatomique :

des cadavres puans, de baveuses et livides chairs,
du sang, des intestins dégoûtans, des squelettes
affreux, des vapeurs pestilentielles! Ce n'est pas
là, sur ma parole, que Jean-Jacques ira chercher
ses amusemens.

Brillantes fleurs, émail des prés, ombrages
frais, ruisseaux, bosquets, verdure, venez pu-
rifier mon imagination salie par tous ces hideux
objets. Mon âme, morte à tous les grands mouvemens, ne peut plus s'affecter que par des objets
sensibles; je n'ai plus que des sensations, et ce
n'est plus que par elles que la peine ou le plaisir
peuvent m'atteindre ici-bas. Attiré par les rians
objets qui m'entourent, je les considère, je les
contemple, je les compare, j'apprends enfin à
les classer, et me voilà tout d'un coup aussi botaniste qu'a besoin de l'être celui qui ne veut
étudier la nature que pour trouver sans cesse de
nouvelles raisons de l'aimer.

Je ne cherche point à m'instruire; il est trop
tard. D'ailleurs, je n'ai jamais vu que tant de
science contribuât au bonheur de la vie; mais je
cherche à me donner des amusemens doux et
simples que je puisse goûter sans peine, et qui
me distraisent de mes malheurs. Je n'ai ni dépense à faire, ni peine à prendre, pour errer
nonchalamment d'herbe en herbe, de plante en
plante, pour les examiner, pour comparer leurs
divers caractères, pour marquer leurs rapports
et leurs différences, enfin pour observer l'organisation végétale de manière à suivre la marche
et le jeu de ces machines vivantes, à chercher

quelquefois avec succès leurs lois générales, la
raison et la fin de leurs structures diverses, et à
me livrer aux charmes de l'admiration reconnais-
sante pour la main qui me fait jouir de tout cela.

Les plantes semblent avoir été semées avec
profusion sur la terre, comme les étoiles dans
le ciel, pour inviter l'homme, par l'attrait du
plaisir et de la curiosité, à l'étude de la nature;
mais les astres sont placés loin de nous; il faut
des connaissances préliminaires, des instrumens,
des machines, de bien longues échelles pour les
atteindre et les rapprocher à notre portée. Les
plantes y sont naturellement; elles naissent sous
nos pieds, et dans nos mains, pour ainsi dire; et
si la petitesse de leurs parties essentielles les dé-
robe quelquefois à la simple vue, les instrumens
qui les y rendent sont d'un beaucoup plus facile
usage que ceux de l'astronomie. La botanique
est l'étude d'un oisif et paresseux solitaire; une
pince et une loupe sont tout l'appareil dont il a
besoin pour les observer. Il se promène, il erre
librement d'un objet à l'autre, il fait la revue de
chaque fleur avec intérêt et curiosité; et, sitôt
qu'il commence à saisir les lois de leur structure,
il goûte à les observer un plaisir sans peine,
aussi vif que s'il lui en coûtait beaucoup. Il y a
dans cette oiseuse occupation un charme qu'on
ne sent que dans le plein calme des passions, mais
qui suffit seul alors pour rendre la vie heureuse
et douce; mais, sitôt qu'on y mêle un motif d'intérêt ou de vanité, soit pour remplir des places
ou pour faire des livres; sitôt qu'on ne veut ap-

prendre que pour instruire, qu'on n'herborise
que pour devenir auteur ou professeur, tout ce
doux charme s'évanouit; on ne voit plus dans les
plantes que des instrumens de nos passions, on
ne trouve plus aucun vrai plaisir dans leur étude;
on ne veut plus savoir, mais montrer qu'on sait;
et, dans les bois, on n'est que sur le théâtre du
monde, occupé du soin de s'y faire admirer; ou
bien, se bornant à la botanique de cabinet, et de
jardin tout au plus, au lieu d'observer les végétaux dans la nature, on ne s'occupe que de systèmes et de méthodes, matière éternelle de dispute, qui ne fait pas connaître une plante de plus,
et ne jette aucune véritable lumière sur l'histoire
naturelle et le règne végétal : de là les haines,
les jalousies, que la concurrence de célébrité
excite chez les botanistes auteurs, autant et plus
que chez les autres savans. En dénaturant cette
aimable étude, ils la transplantent au milieu des
villes et des académies, où elle ne dégénère pas
moins que les plantes exotiques dans les jardins
des curieux.

Des dispositions bien différentes ont fait pour
moi de cette étude une espèce de passion, qui
remplit le vide de toutes celles que je n'ai plus.
Je gravis les rochers, les montagnes; je m'enfonce
dans les vallons, dans les bois, pour me dérober,
autant qu'il est possible, au souvenir des hommes
et aux atteintes des méchans ; il me semble que,
sous les ombrages d'une forêt, je suis oublié,
libre et paisible comme si je n'avais plus d'enne-
mis, ou que le feuillage des bois dût me garantir

de leurs atteintes, comme il les éloigne de mon souvenir; et je m'imagine, dans ma bêtise, qu'en ne pensant point à eux ils ne penseront point à moi. Je trouve une si grande douceur dans cette illusion, que je m'y livrerais tout entier si ma situation, ma faiblesse et mes besoins me le permettaient. Plus la solitude où je vis alors est profonde, plus il faut que quelque objet en remplisse le vide; et ceux que mon imagination me refuse ou que ma mémoire repousse, sont suppléés par les productions spontanées que la terre non forcée par les hommes, offre à mes yeux de toutes parts. Le plaisir d'aller dans un désert chercher de nouvelles plantes couvre celui d'échapper à mes persécuteurs; et, parvenu dans des lieux où je ne vois nulles traces d'hommes, je respire plus à mon aise, comme dans un asile où leur haine ne me poursuit plus.

Je me rappellerai toute ma vie une herborisation que je fis un jour du côté de la Robaila, montagne du justicier *Clerc*. J'étais seul; je m'enfonçai dans les anfractuosités de la montagne; et, de bois en bois, de roche en roche, je parvins à un réduit si caché, que je n'ai vu de ma vie un aspect plus sauvage. De noirs Sapins, entremêlés de Hêtres prodigieux, dont plusieurs tombés de vieillesse, et entrelacés les uns dans les autres, fermaient ce réduit de barrières impénétrables; quelques intervalles, que laissait cette sombre enceinte, n'offraient au-delà que des roches coupées à pic et d'horribles précipices, que je n'osais regarder qu'en me couchant sur le ventre. Le

Duc, la Chevêche et l'Orfraye faisaient entendre
leurs cris dans les fentes de la montagne ; quelques petits oiseaux rares , mais familiers, tempé-
raient cependant l'horreur de cette solitude : là
je trouvai le *Dentaria heptaphyllos* , le *Cycla-
men* , le *Nidus avis* , le grand *Laserpitium* , et
quelques autres plantes , qui me charmèrent et
m'amusèrent long-temps ; mais , insensiblement
dominé par la forte impression des objets, j'ou-
bliai la botanique et les plantes ; je m'assis sur
des oreillers de *Lycopodium* et de *Mousses* , et
je me mis à rêver plus à mon aise en pensant
que j'étais là dans un refuge ignoré de tout l'univers , où les persécuteurs ne me déterreraient
pas. Un mouvement d'orgueil se mêla bientôt à
cette rêverie ; je me comparais à ces grands
voyageurs qui découvrent une île déserte, et je
me disais avec complaisance : Sans doute je suis
le premier mortel qui ait pénétré jusqu'ici ; je
me regardais presque comme un autre Colomb.
Tandis que je me pavanais dans cette idée, j'en-
tendis peu loin de moi un certain cliquetis que je
crus reconnaître ; j'écoute, le même bruit se répète
et se multiplie : surpris et curieux, je me lève,
je perce à travers un fourré de broussailles du
côté d'où venait le bruit, et dans une combe
(grotte), à vingt pas du lieu même où je croyais
être parvenu le premier, j'aperçois une manufacture de bas.

Je ne saurais exprimer l'agitation confuse et
contradictoire que je sentis dans mon cœur à
cette découverte. Mon premier mouvement fut

un sentiment de joie de me retrouver parmi des humains, où je m'étais cru totalement seul ; mais ce mouvement, plus rapide que l'éclair, fit bientôt place à un sentiment douloureux plus durable, comme ne pouvant, dans les antres même des Alpes, échapper aux cruelles mains des hommes acharnés à me tourmenter. Car j'étais bien sûr qu'il n'y avait peut-être pas deux hommes dans cette fabrique qui ne fussent initiés dans le complot dont le prédicant Montmollin s'était fait le chef, et qui tirait de plus loin ses premiers mobiles. Je me hâtai d'écarter cette triste idée, et je finis par rire en moi-même, et de ma vanité puérile, et de la manière comique dont j'en avais été puni.

Mais, en effet, qui jamais eût dû s'attendre à trouver une manufacture dans un précipice ? Il n'y a que la Suisse au monde qui présente ce mélange de la nature sauvage et de l'industrie humaine. La Suisse entière n'est, pour ainsi dire, qu'une grande ville, dont les rues larges et longues, plus que celle de Saint-Antoine, sont semées de forêts, coupées de montagnes, et dont les maisons, éparses et isolées, ne communiquent entre elles que par des jardins anglais. Je me rappelai à ce sujet une autre herborisation, que *du Peyrou*, *d'Escherny* (MMM), le colonel *Pury*, le justicier *Clerc* et moi, avions faite il y avait quelque temps sur la montagne de Chasseron (NNN), du sommet de laquelle on découvre sept lacs. On nous dit qu'il n'y avait qu'une seule maison sur cette montagne ; et

nous n'eussions sûrement pas deviné la profession de celui qui l'habitait, si l'on n'eût ajouté
que c'était un libraire, et qui même faisait fort
bien ses affaires dans le pays. Il me semble
qu'un seul fait de cette espèce fait mieux connaître la Suisse que toutes les descriptions des
voyageurs.

En voici un autre de même nature, ou à peu
près, qui ne fait pas moins connaître un peuple
fort différent. Durant mon séjour à Grenoble, je
faisais souvent de petites herborisations hors la
ville avec le sieur *Bovier*, avocat de ce pays-là,
non pas qu'il aimât ni sût la botanique, mais
parce que, s'étant fait mon garde de la manche,
il se faisait, autant que la chose était possible,
une loi de ne pas me quitter d'un pas. Un jour
nous nous promenions le long de l'Isère, dans un
lieu tout plein de saules épineux. Je vis sur ces
arbrisseaux des fruits mûrs; j'eus la curiosité
d'en goûter, et, leur trouvant une petite acidité
très-agréable, je me mis à manger de ces grains
pour me rafraîchir ; le sieur *Bovier* se tenait à
côté de moi sans m'imiter et sans rien dire. Un
de ses amis survint, qui, me voyant picoter ces
grains, me dit : « Eh ! monsieur, que faites-
vous-là ? ignorez-vous que ce fruit empoisonne ? »
« Ce fruit empoisonne ! » m'écriai-je tout surpris.
« Sans doute, reprit-il, et tout le monde sait
si bien cela, que personne, dans le pays, ne s'a-
vise d'en goûter. » Je regardai le sieur *Bovier*,
et je lui dis : « Pourquoi donc ne m'avertis-
» siez-vous pas ? » « Ah ! monsieur, me répondit-

il d'un ton respectueux, je n'osais pas prendre
cette liberté. »

Je me mis à rire de cette humilité dauphi-
noise, en discontinuant néanmoins ma petite col-
lation. J'étais persuadé, comme je le suis encore,
que toute production naturelle agréable au goût
ne peut être nuisible au corps, ou ne l'est du
moins que par son excès. Cependant j'avoue que
je m'écoutai un peu tout le reste de la journée ;
mais j'en fus quitte pour un peu d'inquiétude ; je
soupai très-bien, dormis mieux, et me levai le
matin en parfaite santé, après avoir avalé la
veille quinze ou vingt grains de ce terrible
Hippophaé (*Hippophaé-rhamnoides*, vulgairement Argoussier d'Europe), qui empoisonne à
très-petite dose, à ce que tout le monde me dit
à Grenoble le lendemain. Cette aventure me
parut si plaisante, que je ne me rappelle jamais
sans rire la singulière discrétion de monsieur l'a-
vocat *Bovier*.

Toutes mes courses de botanique, les diverses
impressions du local des objets qui m'ont frappé,
les idées qu'il m'a fait naître, les incidens qui s'y
sont mêlés, tout cela m'a laissé des impressions
qui se renouvellent par l'aspect des plantes herborisées dans ces mêmes lieux. Je ne reverrai
plus ces beaux paysages, ces forêts, ces lacs, ces
bosquets, ces rochers, ces montagnes, dont l'aspect a toujours touché mon cœur ; mais, maintenant que je ne peux plus courir ces heureuses
contrées, je n'ai qu'à ouvrir mon herbier, et
bientôt il m'y transporte. Les fragmens des

plantes que j'y ai cueillies, suffisent pour me rappeler tout ce magnifique spectacle. Cet herbier est pour moi un journal d'herborisations, qui me les fait recommencer avec un nouveau charme, et produit l'effet d'un optique qui les peindrait derechef à mes yeux.

C'est la chaîne des idées accessoires qui m'attache à la botanique. Elle rassemble et rappelle à mon imagination toutes les idées qui la flattent davantage, les prés, les eaux, les bois, la solitude; la paix, surtout, et le repos qu'on trouve au milieu de tout cela, sont retracés par elle incessamment à ma mémoire. Elle me fait oublier les persécutions des hommes, leur haine, leurs mépris, leurs outrages, et tous les maux dont ils ont payé mon tendre et sincère attachement pour eux. Elle me transporte dans des habitations paisibles, au milieu de gens simples et bons, tels que ceux avec qui j'ai vécu jadis. Elle me rappelle, et mon jeune âge, et mes innocens plaisirs; elle m'en fait jouir derechef, et me rend heureux bien souvent encore au milieu du plus triste sort qu'ait subi jamais un mortel (OOO).

EXPOSITION

DE

LA MÉTHODE DE TOURNEFORT

ET DU SYSTÈME DE LINNÉ.

Pour bien connaître la méthode de Tournefort, d'après laquelle Rousseau a classé ses premiers herbiers, et donné ses premières leçons phytologiques, il faut étudier les *Démonstrations élémentaires de botanique*, imprimées à Lyon, en 3 volumes in-8°. On y trouve également les principes du système sexuel, et la description des plantes les plus connues, avec la concordance de leurs noms vulgaires et Linnéens. Le plan de cet ouvrage fut conçu en 1764, par La Tourette et l'abbé Rozier. La première édition fut publiée en 1766 ; la seconde parut en 1773 ; et la troisième, qui date de 1787, a été considérablement augmentée par le professeur Gilibert, botaniste érudit et habile médecin.

EXPOSITION

DE LA MÉTHODE DE TOURNEFORT

ET DU SYSTÉME DE LINNÉ.

Parmi les moyens ingénieux imaginés pour rendre l'étude de la botanique plus facile et plus agréable, deux surtout ont fait époque , savoir, la Méthode florale de Tournefort et le Système sexuel de Linné.

Le premier, sans autre maître que son génie, observe, médite, étudie ; joint à de profondes recherches des voyages immenses , et propose la première méthode phytologique.

Le second, logicien sévère, génie profond, esprit systématique, exécute, à trente ans, le projet d'une réforme dans la manière d'étudier la nature. L'examen de vingt mille individus suffit à peine à son activité ; il se sert, pour les classer, des méthodes qu'il a inventées ; pour les décrire, d'une langue qu'il a créée ; et pour les nommer, de mots qu'il a fait revivre ou que lui-même a composés.

Si nous comparons leurs méthodes, nous verrons que celle de Tournefort, simple, ingénieuse, a l'avantage de conserver les familles naturelles , d'offrir des ordres sûrs et des genres exacts,

fondés sur la situation du germe, sur la corolle et
sur le fruit.

Le système de Linné, plus savant, plus méthodique, mais plus difficile, rompt quelquefois
les affinités naturelles, présente des aberrations
dans le nombre des étamines et des pistils ; mais
ses genres plus perfectionnés sont établis sur des
bases plus fixes.

Si Tournefort a eu la gloire de donner le premier une méthode sur la forme de la corolle,
Linné a eu celle d'établir le premier un système
sur les étamines et le pistil. Le génie du botaniste français, toujours simple, facile, lumineux,
est à la portée de tout le monde ; celui du botaniste suédois, précis, savant, méthodique,
étonne toujours et embarrasse souvent ceux qui
ne l'approfondissent pas.

MÉTHODE DE TOURNEFORT.

1° Le règne végétal se divise naturellement en HERBES
et en ARBRES, c'est-à-dire en plantes herbacées et en
plantes ligneuses.

Les HERBES, parmi lesquelles Tournefort comprend
aussi les *sous-arbrisseaux*, sont des plantes dont la tige
a peu de consistance et périt ordinairement dans l'année.

2° Les herbes sont *pétalées* ou *apétales*, c'est-à-dire
qu'elles ont des fleurs avec des *pétales* ou sans *pétales*.

Les fleurs *pétalées* ou *fleurs parfaites*, sont celles qui,
outre les étamines et les pistils, ont une ou plusieurs
feuilles nommées *pétales*, ordinairement colorées, et qui
tombent après la floraison.

3° Les fleurs *pétalées* sont *simples* ou *composées* : les premières sont seules dans leur calice; les secondes sont rassemblées en grand nombre dans une enveloppe commune.

4° Les FLEURS SIMPLES se subdivisent en fleurs d'une seule pièce, nommées *monopétales*, et en fleurs de plusieurs pièces, qu'on appelle *polypétales*.

5° Les fleurs *simples monopétales* sont *régulières* ou *irrégulières*; les premières comprennent les *Campaniformes* et les *Infundibuliformes*; les secondes, les *Personnées* et les *Labiées*.

6° Les fleurs *polypétales* sont également ou *régulière* ou *irrégulières*, selon la disposition symétrique ou non symétrique des parties qui les composent. Les *régulières* comprennent les *Cruciformes*, les *Rosacées*, les *Ombellifères*, les *Caryophyllées* et les *Liliacées*. Les *irrégulières* comprennent les *Papilionacées* et les *Anomales*.

7° Les FLEURS COMPOSÉES sont formées de la réunion de plusieurs petites fleurs dans un calice commun, et se divisent en *Flosculeuses*, en *Semi-flosculeuses* et en *Radiées*.

8° Les PLANTES APÉTALES n'ont que des étamines et des pistils sans pétales; elles se divisent en *apétales à étamines*, en *apétales sans fleurs*, et en *apétales sans fleurs ni fruits*.

Les ARBRES, parmi lesquels Tournefort comprend les *arbrisseaux* ou petits arbres, sont des plantes vivaces dont les tiges ligneuses persistent pendant l'hiver.

Les fleurs des *arbres*, ainsi que celles des *herbes*, sont *pétalées* ou *apétales*.

Les pétalées sont également *monopétales* ou *polypétales*. Les *monopétales* sont *régulières*. Parmi les *polypétales* il y en a de *régulières rosacées*, et d'*irrégulières papilionacées*.

Les arbres *apétales* ont des *fleurs à étamines* ou des *fleurs amentacées*. Les *fleurs à étamines* se rapportent à celles des *herbes*; les *amentacées* sont des fleurs attachées plusieurs ensemble autour d'un filet commun.

CLASSES.

HERBES ET SOUS-ARBRISSEAUX.

Classe Ire. — Les *Campaniformes*, ou *fleurs en cloche*; herbes à fleurs simples, composées d'un seul pétale régulier, en forme de *cloche*, de *bassin* ou de *grelot*. (La *Belladone*, la *Mauve*, le *Muguet*.)

Classe II. — Les *Infundibuliformes*, ou *fleurs en entonnoir*; simples, monopétales, irrégulières, ressemblant à un *entonnoir*, à une *soucoupe* ou à un *godet*. (La *Jusquiame*, la *Bourrache*, la *Morelle*.)

Classe III. — Les *Personnées*, ou *fleurs en masque*; simples, monopétales, irrégulières, imitant un *masque* à deux lèvres. Leurs semences sont renfermées dans une capsule. (Le *Muflier*, la *Digitale*, la *Scrofulaire*.)

Classe IV. — Les *Labiées*, ou *fleurs en gueule*; simples, irrégulières, composées d'un tuyau terminé par le haut en un *mufle* à deux lèvres; la lèvre supérieure en forme de *casque* (la *Sauge*), de *cuilleron* (la *Moldavique*), quelquefois retroussée (le *Marrube*), où le *mufle* n'a qu'une lèvre, (la *Germandrée*); leur fruit est composé de quatre semences nues attachées au fond du calice.

Classe V. — Les *Cruciformes*, ou *fleurs en croix*; simples, polypétales, régulières, composées de quatre pétales disposés en croix. (*Chou*, *Moutarde*, *Cresson*.)

Classe VI. — Les *Rosacées*, ou *fleurs en Rose*; simples, polypétales, régulières, composées d'un nombre indéterminé de pétales disposés comme ceux d'une *Rose*. (La *Rose*, le *Pavot*, la *Renoncule*.)

Classe VII. — Les *Ombellifères*, ou *fleurs en parasol*; simples, polypétales, régulières, composées de cinq pétales disposés en Rose, mais distinguées des *Rosacées* par leurs pétales souvent inégaux, par leur fruit composé de deux semences réunies, et surtout par la disposition des pédoncules, qui partent d'un centre commun en s'évasant comme les rayons d'un parasol. (La *Carote*, le *Cerfeuil*, le *Persil*.)

CLASSE VIII. — Les *Caryophyllées*, ou *fleurs en OEillet*; polypétales, régulières, dont l'*onglet* est attaché au fond d'un calice formé d'une seule pièce cylindrique, et sur les bords duquel les *lames* des pétales s'évasent et se disposent en roue. (L'*œillet*, le *Lichnis*, le *Lin*.)

CLASSE IX. — Les *Liliacées*, ou *fleurs en Lis*; polypétales, régulières, composées ordinairement de six pétales, quelquefois de trois ou même d'un seul divisé en six portions par les bords. Elles imitent la forme du *Lis*. Leurs semences sont toujours renfermées dans une capsule à trois loges. (Le *Lis*, l'*Asphodèle*, la *Tulipe*.)

CLASSE X. — Les *Papilionacées*, ou *fleurs légumineuses*; polypétales, irrégulières, composées de quatre ou cinq pétales qui sortent du fond du calice. Le supérieur nommé l'*étendard*; l'inférieur, la *carène*, quelquefois divisée en deux parties; les latéraux, les *ailes*, qui portent souvent deux oreillettes à leur base. Cette disposition donne à ces fleurs la forme d'un papillon. (Le *Pois*, le *Haricot*, le *Trèfle*.)

CLASSE XI. — Les *Anomales*, ou *fleurs irrégulières*; polypétales, non régulières, d'une forme bizarre, différentes des *Papilionacées*, et ordinairement munies d'un ou de plusieurs éperons. (La *Violette*, l'*Ancolie*, le *Pied-d'Alouette*.)

CLASSE XII. — Les *Flosculeuses*, ou *fleurs à fleurons*; composées de l'agrégation de plusieurs petites corolles monopétales, régulières, en entonnoir, découpées par leurs *limbes* en plusieurs parties recourbées, rassemblées et réunies dans un calice commun; ces *fleurons* ont cinq étamines réunies par leurs *sommets* en un tube, au travers duquel s'élève le pistil. (Le *Chardon*, le *Bleuet*, la *Scabieuse*.)

CLASSE XIII. — Les *Semi-Flosculeuses*, ou *fleurs à demi-fleurons*; composées de l'agrégation de plusieurs

petites corolles monopétales, dont la partie inférieure
est un tuyau étroit, et la supérieure une *languette* dentelée à son extrémité, ramassées et réunies dans un calice
commun. Leurs étamines sont réunies par leurs sommets
comme dans la classe précédente. (La *Laitue*, le *Pissenlit*, le *Laitron.*)

Classe XIV. — Les *Radiées*, ou *fleurs en Soleil;* composées de l'agrégation de plusieurs *fleurons* et *demi-fleurons*, disposés de manière que les *fleurons* occupent le
centre, nommé *disque* de la fleur, et les *demi-fleurons* la
circonférence, qu'on appelle sa *couronne.* (Le *Soleil*,
l'*Aster*, la *Camomille.*)

Classe XV. — Les *Apétales*, ou *fleurs à étamines;*
sans pétales, mais avec des étamines très-apparentes. Dans
quelques-unes (les *Graminées*) certaines parties ressemblent à des pétales, et n'en sont pas, puisqu'elles subsistent
après la floraison, c'est-à-dire quand le fruit est formé.
(L'*Oseille*, la *Betterave*, la *Pariétaire.*)

Classe XVI. — Les *Apétales sans fleurs;* plantes qui
n'ont point de fleurs apparentes, et seulement des espèces
de graines ordinairement disposées sur le dos des feuilles
(les *Fougères*) quelquefois sur un pédoncule (l'*Ophio-
glose*), parfois dans des godets (l'*Hépatique*).

Classe XVII. — *Apétales sans fleurs ni fruits;* plantes
qui n'ont ni fleurs ni fruits apparens. La graine ou semence ne se distingue bien qu'à la loupe. (*Mousses*,
Champignons, *Lichens.*)

ARBRES ET ARBRISSEAUX.

Classe XVIII. — Plantes ligneuses à *fleurs apétales*
ou à *étamines;* les fleurs à étamines des arbres et arbustes
sont, ou attachées aux fruits (le *Frêne*), ou séparées du
fruit sur le même pied (le *Buis*), ou sur des pieds différens (le *Lentisque*).

Classe XIX. — Plantes ligneuses à *fleurs apétales,*
amentacées; attachées plusieurs ensemble sur une queue

nommée *chaton*, et séparées des fruits. Les unes sur le même pied (le *Noyer*), les autres sur des pieds différens (le *Saule*).

CLASSE XX. — Plantes ligneuses à *fleurs monopétales*; infondibuliformes (le *Nerprun*), ou campaniformes (l'*Arbousier*).

CLASSE XXI. — Plantes ligneuses à *fleurs rosacées*; c'est-à-dire dont les fleurs sont en *Rose* (l'*Oranger*, le *Tilleul*, la *Ronce*).

CLASSE XXII ET DERNIÈRE. — Plantes ligneuses à *fleurs papilionacées*, autrement *légumineuses* (le *Cytise*, le *Baguenaudier*, le *Genet*).

Les *classes* se subdivisent en *sections*, dont les distinctions sont principalement établies sur le *fruit*, comme celles des classes le sont sur la *corolle*. Il en résulte sept divisions :

1° L'origine du fruit. 2° La situation du fruit et de la fleur. 3° La substance, la consistance et la grosseur du fruit. 4° Le nombre des cavités du fruit. 5° Le nombre, la forme, la disposition et l'usage des semences. 6° La disposition des fruits et des fleurs. 7° La figure et la disposition de la corolle par rapport aux fruits.

CLEF DE LA MÉTHODE DE TOURNEFORT.

CLASSES.

- **FLEURS**
  - **d'herbes**
    - **Pétalées**
      - **simples**
        - **monopétales**
          - *régulières* : *Campaniformes* …… ; *Infundibuliformes* ……
          - *irrégulières* : *Personnées* …… ; *Labiées* ……
        - **polypétales**
          - *régulières* : *Cruciformes* …… ; *Rosacées* …… ; *Ombellifères* …… ; *Caryophyllées* …… ; *Liliacées* ……
          - *irrégulières* : *Papilionacées* …… ; *Anomales* ……
      - **composées** … : *Flosculeuses* …… ; *Semi-flosculeuses* …… ; *Radiées* ……
    - **Apétales** … : *À étamines* …… ; *Sans fleurs* …… ; *Sans fleurs ni semences* ……
  - **d'arbres**
    - **Apétales** … : *Apétales* …… ; *Amentacées* ……
    - **Pétalées**
      - **monopétales** … : *Monopétales* ……
      - **polypétales** …
        - *régulières* : *Rosacées* ……
        - *irrégulières* : *Papilionacées* ……

SYSTÈME DE LINNÉ.

Toute méthode ou tout système se divise en *classes*; chaque classe est subdivisée en *ordres* ou *familles*; chaque ordre renferme plusieurs *genres*; et chaque genre est formé d'un plus ou moins grand nombre d'*espèces*; les *variétés* subdivisent les espèces. D'où il suit que pour trouver le nom d'une plante que l'on ne connaît pas, il faut d'abord chercher dans la méthode qu'on étudie, la *classe* à laquelle on doit la rapporter, ensuite l'*ordre* de la classe qui lui convient, puis le *genre* auquel elle appartient; et l'on arrive insensiblement au nom de la plante ou de de l'*espèce* qu'on ne connaît pas.

Le *système* est un arrangement, un ordre général fondé partout sur les mêmes principes, soit que l'auteur ne fasse usage que d'une seule partie, soit qu'il emploie un petit nombre de parties qui aient entre elles une analogie bien marquée; tel est le *système sexuel* de Linné. La *méthode*, au contraire, est un arrangement fondé sur des principes moins fixes, moins déterminés, et dont l'auteur peut s'écarter toutes les fois qu'il le juge nécessaire ou avantageux pour remplir l'objet qu'il se propose; telle est la *méthode florale* de Tournefort.

PRINCIPES DU SYSTÈME SEXUEL.

Ce système divise les plantes comme la méthode de Tournefort, en *classes*, en *ordres*, et en *genres*.

Les classes se divisent, en considérant les étamines seules, ainsi qu'il suit :

1° *Leur apparence ou occultation.*

Les organes de la *fécondation* des plantes sont visibles ou peu apparens à nos yeux.

2° *Leur union ou séparation.*

Parmi les plantes où ces organes sont apparens, les unes contiennent dans une même fleur les deux sexes, des *étamines* et des *pistils*, et sont nommés *hermaphrodites*; les autres n'ont qu'un sexe, et sont nommées *mâles*, quand elles ne possèdent que des *étamines*; *femelles*, lorsqu'elles ne possèdent que des *pistils*.

3° *Leur situation.*

Les plantes qui n'ont que les organes d'un sexe portent leurs fleurs *mâles* ou *femelles*, ou sur le même pied, ou sur des pieds différens; ou indifféremment, tantôt les *mâles* sur des pieds différens des *femelles*, tantôt sur le même pied.

4° *Leur insertion.*

Les étamines sont ordinairement attachées au *réceptacle*, quelquefois cependant elles s'insèrent dans le calice.

5° *Leur réunion.*

Quelquefois les *étamines* sont totalement séparées les unes des autres; d'autres fois elles sont liées par quelques unes de leurs parties, et réunies de cinq manières; ou en un seul corps, ou en deux corps, ou en plusieurs corps, ou en forme de cylindre, ou liées au *pistil*.

6° *Leur proportion.*

Les *étamines* sont toutes de même hauteur, sans avoir entre elles aucune proportion de grandeur respective; ou bien elles sont d'une inégale grandeur déterminée, de sorte qu'alors il s'en trouve deux toujours plus petites, les plus grandes étant parfois au nombre de deux, parfois au nombre de quatre.

7° *Leur nombre.*

Le nombre des *étamines* varie dans les fleurs, soit *mâles*, soit *hermaphrodites.*

Ces sept observations fournissent les caractères de vingt-quatre classes.

Chaque classe porte un nom tiré d'un mot grec qui renferme son principal caractère.

CLASSES.

Les treize premières classes comprennent les fleurs visibles hermaphrodites dont les *étamines* ne sont réunies par aucune de leurs parties et n'observent entre elles aucune proportion; on les divise par le nombre des *étamines.*

CARACTÈRES DES CLASSES,

TIRÉS DU NOMBRE DES ÉTAMINES.

NOMS DES CLASSES.

Classe Iʳᵉ. — Une étamine . . . . MONANDRIE,
    (*Balisier.*)   1 mari.
Cl.   II. — Deux étamines. . . . . DIANDRIE,
    (*Jasmin.*)   2 maris.
Cl.   III. — Trois étamines. . . . TRIANDRIE,
    (*Graminées.*)   3 maris.

II *

NOMS DES CLASSES.

CLASSE IV. — Quatre étamines . . . TÉTRANDRIE,
     (*Rubiacées.*)   4 maris.

CL.   V. — Cinq étamines . . . . PENTANDRIE,
     (*Ombellifères.*)   5 maris.

CL.   VI. — Six étamines . . . . HEXANDRIE,
     (*Liliacées.*)   6 maris.

CL.   VII. — Sept étamines . . . . HEPTANDRIE,
     (*Marronnier d'Inde.*)   7 maris.

CL.   VIII. — Huit étamines . . . OCTANDRIE,
     (*Persicaire.*)   8 maris.

CL.   IX. — Neuf étamines . . . . ENNÉANDRIE,
     (*Capucine.*)   9 maris.

CL.   X. — Dix étamines . . . . DÉCANDRIE,
     (*Caryophyllées.*)   10 maris.

CL.   XI. — Douze étamines . . . DODÉCANDRIE,
     (*Aigremoine.*)   12 maris.

La douzième et la treizième classes, indépendamment du nombre, considèrent l'*insertion des étamines*; elles tiennent au calice ou n'y tiennent pas.

De leur nombre et de leur insertion.

CLASSE XII. — Une vingtaine d'étamines   ICOSANDRIE,
     attachées au calice,   20 maris.
     (*Rose.*)

CL.   XIII. — Depuis vingt jusqu'à cent   POLYANDRIE,
     étamines qui ne tien-   Plusieurs
     nent pas au calice,   maris.
     (*Pavot.*)

La quatorzième et la quinzième classes renferment les fleurs visibles hermaphrodites dont les *étamines* ne sont réunies par aucune de leurs parties, mais dont la longueur est inégale; de sorte qu'il y en a deux plus petites que les autres.

De leurs proportions.

CLASSE XIV. — Quatre étamines, deux DIDYNAMIE,
petites et deux gran- Deux puis-
des, sances.
       (*Labiées, Personnées.*)

CL. XV. — Six étamines, deux pe- TÉTRADYNAMIE
tites, opposées l'une Quatre puis-
à l'autre, quatre plus sances.
grandes,
       (*Cruciformes.*)

Depuis la seizième jusqu'à la vingtième inclusivement, sont comprises les fleurs visibles hermaphrodites, dont les *étamines*, à peu près égales en hauteur, sont réunies par quelques-unes de leurs parties.

De la réunion de quelques parties.

CLASSE XVI. — Plusieurs étamines réu- MONADELPHIE,
nies par leurs filets en Un frère.
un corps,
       (*Mauve.*)

CL. XVII. — Plusieurs étamines réu- DIADELPHIE,
nies par leurs filets en Deux frères.
deux corps,
       (*Légumineuses.*)

CL. XVIII. — Plusieurs étamines réu- POLYADELPHIE,
nies par leurs filets Plusieurs
en trois ou plusieurs frères.
corps,
       (*Millepertuis.*)

CL. XIX. — Plusieurs étamines réu- SYNGÉNÉSIE,
nies, en forme de cy- Générations
lindre, par les *an-* réunies.
thères,
       (*Fleurs composées.*

CLASSE XX. — Plusieurs étamines réu-   GYNANDRIE,
              nies et attachées au   Femme-mari.
          pistil sans adhérer au
          réceptacle,
                (*Orchis.*)

Les vingt-unième, vingt-deuxième et vingt-troisième classes renferment les plantes dont les fleurs visibles ne sont point hermaphrodites, et n'ont qu'un sexe mâle ou femelle, c'est-à-dire des étamines ou des pistils séparés dans différentes fleurs.

De la situation des étamines séparées des pistils.

CLASSE XXI. — Fleurs mâles et femelles   MONŒCIE,
              séparées sur un même   Une
              individu,   maison.
                (*Masse-d'eau.*)
CL.   XXII. — Fleurs mâles et femelles   DIOECIE,
              séparées sur différens   Deux
              individus,   maisons.
                (*Chanvre.*)
CL.   XXIII. — Fleurs mâles et femelles   POLYGAMIE.
              sur un ou plusieurs in-   Plusieurs
              dividus qui portent aussi   noces.
              des fleurs hermaphrodi-
              tes,
                (*Pariétaire.*)

La vingt-quatrième classe comprend les plantes où l'on ne distingue que difficilement ou point du tout les *étamines*, celles dont la fructification est occulte, difficile à apercevoir, ou peu connue.

De leur occultation ou peu d'apparence.

CLASSE XXIV. — Fleurs renfermées dans   CRYPTOGAMIE,
              le fruit ou presque   Noces
              invisibles,   cachées.
                (*Fougères, Mousses.*)

PRINCIPES

SUR LESQUELS SONT FONDÉS LES ORDRES.

Le *système sexuel* portant en général sur les parties de la génération des plantes, les ordres sont établis sur les *pistils*, qui sont les organes *femelles*, comme les classes le sont sur les *étamines*, qui sont les organes *mâles*.

Linné emprunte du grec le nom des ordres comme ceux des classes, et le nom est toujours l'expression du caractère de l'ordre auquel il est donné. Le même caractère est employé à déterminer les ordres de plusieurs classes.

Le caractère le plus général des ordres se tire du nombre des *pistils*; ainsi le premier ordre d'une classe comprend les fleurs qui n'ont qu'un *pistil*.

Il se nomme. . . . . MONOGYNIE,
Une épouse.

Le *second ordre* comprend les fleurs qui DIGYNIE,
ont deux pistils. Deux épouses.

Le *troisième*, les fleurs qui ont trois TRIGYNIE,
pistils. Trois épouses.

Le *quatrième*, les fleurs qui ont quatre TÉTRAGYNIE,
pistils. Quatre épouses.

Le *cinquième*, les fleurs qui ont cinq PENTAGYNIE,
pistils. Cinq épouses.

Le *sixième*, les fleurs qui ont six pistils. HEXAGYNIE,
Six épouses.

Enfin l'*ordre* des fleurs qui ont un nombre de pistils déterminé, se nomme. . POLYGYNIE,
Plusieurs épouses.

C'est ainsi que sont subdivisées les treize premières classes. Une plante dont la fleur n'a qu'une *étamine* et un *pistil*, est de la *monandrie-monogynie*; si elle a deux *pistils*, de la *monandrie-digynie*; trois, *trigynie*, etc.

La quatorzième classe, la *didynamie*, se subdivise en deux ordres, dont la distinction est tirée de la disposition des graines.

1° Quatre graines nues, à découvert, au fond du calice (les *Labiées*); cet ordre est nommé. . . . . GYMNOSPERMIE, Semences nues.

2° Graines renfermées dans un péricarpe (les *Personnées*). . . . . ANGIOSPERMIE, Semences cachées.

La quinzième classe, la *tétradynamie*, se divise en deux ordres; leur caractère est tiré de la figure du péricarpe, qui, dans les plantes de cette classe, se nomme *silique*.

1° Le péricarpe presque arrondi, garni d'un style à peu près de sa longueur, constitue le premier ordre (le *Cresson*) . . . . LES SILICULEUSES à petites siliques.

2° Le péricarpe très-allongé, avec un style court, constitue le second ordre (la *Dentaire*) . . . . LES SILIQUEUSES à siliques.

Les classes suivantes, depuis la seizième jusqu'à la vingt-troisième inclusivement, à l'exception de la dix-neuvième (la *syngénésie*), tirent la distinction de leurs ordres des caractères classiques de toutes les classes qui les précèdent.

Les ordres de la *syngénésie* (dix-neuvième classe) sont plus composés et leurs caractères plus difficiles à saisir. Cette classe rassemble les fleurs *composées* ou formées de l'agrégation de plusieurs petites fleurs, caractère général nommé *polygamie* (*plusieurs noces*). Elles se subdivisent de cinq manières, savoir :

1º En *polygamie égale*. Cet ordre comprend les fleurons qui sont *hermaprodites*, tant dans le disque que dans la circonférence de la fleur. (La *Laitue*.)

2º En *polygamie superflue*. Cet ordre comprend les fleurs dont les fleurons du disque sont *hermaprodites* et ceux de la circonférence *femelles*. (Les *Radiées*.)

3º En *polygamie fausse*; *fleurons hermaphrodites* dans le disque, et *neutres* ou *stériles* dans la circonférence. (La *Centaurée*.)

4º En *polygamie nécessaire*; les fleurons du disque *mâles*, ceux de la circonférence *femelles*. (Le *Souci*.)

5º En *monogamie*; fleurs qui, sans être composées de fleurons, ont leurs étamines réunies en cylindre par leurs anthères. (La *Violette*.)

Enfin la vingt-quatrième classe (la *cryptogamie*), ne pouvant fournir des divisions tirées des parties de la *fructification*, qui y sont très-peu apparentes, a été partagée en quatre ordres ou familles faciles à discerner.

1º Les *Fougères*.
2º Les *Mousses*.
3º Les *Algues*.
4º Les *Champignons*.

Pour résumer et rassembler sous un point de vue les caractères classiques du *Système sexuel*, nous offrons la table synoptique que l'auteur en a formée. *Classes plantarum*, page 443.

CLEF DU SYSTÈME DE LINNÉ.

Fleurs visibles,

  Fleurs hermaphrodites,

    Étamines n'étant unies par aucune partie,

      Étamines sans proportions respectives,

AU NOMBRE DE		CLASSES
Une	1	*Monandrie.*
Deux	2	*Diandrie.*
Trois	3	*Triandrie.*
Quatre	4	*Tétrandrie.*
Cinq	5	*Pentandrie.*
Six	6	*Hexandrie.*
Sept	7	*Heptandrie.*
Huit	8	*Octandrie.*
Neuf	9	*Ennéandrie.*
Dix	10	*Décandrie.*
Douze	11	*Dodécandria.*
Plusieurs, souvent vingt	12	*Icosandrie.*
Plusieurs jusqu'à cent	13	*Polyandrie.*

      Deux étamines toujours plus courtes,

		CLASSES
Tantôt deux filets plus longs,	14	*Didynamie.*
Tantôt quatre filets plus longs	15	*Tétradynamie.*

    Étamines unies par quelque partie,

		CLASSES
Par les filets unis en un corps	16	*Monadelphie.*
unis en deux corps,	17	*Diadelphie.*
unis en plus. corps	18	*Polyadelphie.*
Par les anthères, en forme de cylindre	19	*Syngénésie.*
Étamines unies et attachées au pistil	20	*Gynandrie.*

    Étamines et pistils dans des fleurs différentes,

		CLASSES
Sur un même pied	21	*Monœcie.*
Sur des pieds différens	22	*Diœcie.*
Avec des fleurs hermaphrodites,	23	*Polygamie.*

Fleurs à peine visibles . . . . 24 *Cryptogamie.*

NOCES DES PLANTES.

DICTIONNAIRE
DES PRINCIPAUX TERMES
DE BOTANIQUE.

ACAULES, plantes dépourvues de tige, telles que la *Carline sessile*; alors les fleurs et les feuilles partent immédiatement du collet de la racine.

ACOTYLÉDONES, plantes dont l'embryon est dépourvu de lobes séminaux ou cotylédons; tels sont les *Champignons*, les *Mousses*, les *Fougères*, etc.

AIGRETTE, sorte de plumet ou de panache qui surmonte la plupart des semences des fleurs composées. L'Aigrette est appelée simple lorsque les poils dont elle est formée n'ont aucune division sur leur longueur, comme dans la *Laitue*. On la nomme plumeuse, si les poils sont rameux, comme dans la *Scorsonère*; sessile, lorsqu'elle repose immédiatement sur le sommet de la semence, comme dans le *Laitron*. Lorsque la semence est mûre, l'Aigrette lui sert d'ailes pour être portée et disséminée au loin par le vent.

AILÉ, ÉE; la tige ailée est celle qui est munie longitudinalement de membranes qui débordent la superficie, et qui sont ordinairement un prolongement de la base des feuilles, comme dans le *Glayeul ailé*, etc.

Les fruits ailés sont ceux qui portent à leur sommet ou sur leurs côtés des membranes saillantes, comme ceux des *Érables*, etc.

Les semences ailées sont celles qui sont munies sur les côtés d'une membrane saillante plus ou moins ferme, comme celle des *Dioscorea*.

AILES, pétales latéraux d'une corolle papilionacée. On donne aussi ce nom aux membranes saillantes sur la tige, sur les rameaux et sur les semences.

AISSELLES des feuilles, des rameaux, etc.; angles formés par les feuilles, par les rameaux, à l'endroit de leur insertion sur la tige.

AMANDE, semence renfermée dans un noyau ou boîte ligneuse, formée le plus souvent de deux battans ou valves solides, plus ou moins étroitement fermées. Les amandes et les noyaux parviennent à leur grosseur avant que la pulpe du fruit soit formée. Comme dans la *pêche*, la *prune*, la *cerise*, etc.

AMENTACÉES, fleurs sans pétales, attachées plusieurs ensemble sur un support nommé *chaton*. Telles sont celles du *Noyer*, du *Noisetier*, du *Châtaignier*, etc.

AMPLEXICAULE : on appelle ainsi la feuille qui, étant sessile, embrasse par sa base le tour de la tige ou du rameau, comme dans le *Lamion amplexicaule*. Le pétiole est aussi appelé amplexicaule, lorsque sa base enveloppe une grande partie de la tige. Les feuilles des *Ombellifères* ont leurs pétioles amplexicaules.

ANDROGYNE, plante qui porte des fleurs mâles et des fleurs femelles sur le même pied. Tels sont les épis de quelques espèces de *Carex. Androgyne* et *Monoïque* sont synonymes. *Dioïque* s'applique aux plantes dont les fleurs sont mâles ou femelles séparément, sur deux pieds différens; telles sont l'*Ortie dioïque*, la *Lampette dioïque*, etc.

ANGIOSPERME, plante dont la graine ou les graines sont revêtues d'un péricarpe distinct. On n'emploie guère ce mot que par opposition à *Gymnosperme*, dont la graine est à découvert.

ANOMALES : Tournefort a donné ce nom aux corolles polypétales irrégulières, différentes des papilionacées, et ordinairement munies d'un ou de plusieurs éperons. Telles sont la *Violette*, la *Capucine*, l'*Ancolie*, etc.

ANTHÈRE, petite bourse ou capsule, presque toujours

soutenue par le filet de l'étamine, et qui contient une poudre fine, de nature résineuse, appelée *Pollen* ou poussière fécondante.

APÉTALES, Tournefort appelle ainsi les fleurs dépourvues de corolles. Tels sont les *Graminées*, les *Mousses* et les *Champignons*.

APHYLLE, tige qui ne porte point de feuilles, comme dans la *Cuscute*, la *Véronique-aphylle*, etc.

ARBRE, plante ligneuse dans toutes ses parties, qui s'élève à de grandes hauteurs, et qui vit long-temps. Le *Chêne*, l'*Orme*, le *Tilleul*, etc.

ARBRISSEAU OU ARBUSTE, arbre de petite taille, dont les jeunes branches portent des boutons qui s'épanouissent en fleurs et en fruits. Le *Troène*, le *Rosier*, le *Myrte*, etc.

ARTICULATION, espace compris entre deux nœuds. Les articulations sont quelquefois renflées, comme dans le *Geranium carnosum*.

ARTICULÉ, ÉE; une tige articulée est celle qui est entrecoupée par des nœuds de distance en distance, comme dans le *Cacalia articulata*, etc. Le pédoncule articulé est celui qui est muni d'une seule articulation, comme dans l'*Oxalis*, l'*Hibiscus*, etc. Dans les *Cactus opuntia*, les feuilles naissent successivement du sommet les unes des autres, et sont appelées articulées. Dans plusieurs Légumineuses, les pétioles sont articulés avec le pétiole commun, qui lui-même est articulé avec les branches.

AUBIER, partie de l'arbre placée entre l'écorce et le bois. C'est un bois imparfait, destiné à devenir bois parfait lorsque des couches nouvelles, par succession de temps, l'auront enveloppé.

AXILLAIRE, épithète de la fleur qui naît dans l'angle formé par l'insertion d'une feuille sur la tige ou sur les branches.

BAIE, péricarpe mou dans sa maturité, renfermant une ou plusieurs semences éparses dans une pulpe succulente. On donne le nom de *Baccifères* aux plantes qui portent des baies, comme le *Chèvrefeuille*, l'*Asperge*, le *Sureau*, etc.

BALE, enveloppe qui entoure le calice et la fleur dans les *Graminées*. Linné regardoit la bâle comme une sorte de calice.

BIFLORE : le pédoncule qui porte deux fleurs, comme dans plusieurs espèces de *Géranium*, est appelé biflore.

BOURGEONS, boutons à feuilles qui se sont développés. Le printemps voit naître l'œil, l'œil devient bouton vers le solstice, il se nourrit pendant l'automne, il est bourgeon au printemps suivant.

BOUTONS, on en distingue trois espèces :

Le *Bouton à bois* ou à feuilles est celui qui ne doit produire que du bois et des feuilles ; ce bouton est ordinairement mince, allongé et pointu.

Le *Bouton à fleurs* ou à fruit renferme les rudimens d'une ou de plusieurs fleurs. Ce bouton est plus gros, plus court que celui à bois.

Le *Bouton mixte* est celui qui doit donner en même temps des fleurs et des feuilles.

BOUTURES, jeunes branches garnies de boutons, que l'on sépare du tronc et que l'on met en terre, après les avoir préparées par des entailles convenables, faites à l'extrémité dont on veut obtenir des racines. Quelquefois on courbe la branche, et on l'enterre par les deux bouts, qui reprennent également : on coupe ensuite à l'endroit de la courbure, et l'on a deux arbres au lieu d'un seul. Le temps de faire des boutures est déterminé par la nature des arbres et par le climat.

BRACTÉES, petites feuilles qui sont placées dans le voisinage des fleurs, et qui diffèrent des autres feuilles de la plante par leur couleur et quelquefois par leur forme, comme dans la *Sauge sclarée*.

BRANCHES, divisions du tronc ou de la tige. Les branches ont une grande conformité avec la partie du végétal qui leur sert de support ; elles sont composées d'un épiderme, d'une enveloppe cellulaire, de couches corticales et de couches ligneuses, dont la plus intérieure renferme la moelle; elles ont des vaisseaux lymphatiques, des vaisseaux propres et des vaisseaux aérophores; on y trouve aussi le tissu cellulaire. En un mot, les grosses branches seraient de vrais troncs si elles étaient garnies de racines par le bas. Les divisions des branches portent le nom de rameaux.

BULBE, racine orbiculaire composée de plusieurs peaux ou tuniques emboîtées les unes dans les autres. La *bulbe* proprement dite, telle que celle du *Lis*, l'*Ognon* des cuisines, etc., est un véritable bourgeon (*Gemma*), analogue à ceux des plantes vivaces.

De *bulbe* on a fait *bulbeux* pour tout ce qui a pour racine le corps renflé qu'on appelle *bulbe*, et *bulbifère* pour la partie ou la plante qui porte hors de terre une ou plusieurs *bulbes*.

CALICE, enveloppe de la fleur, produite par le prolongement ou l'épanouissement de l'écorce du pédoncule. Cette enveloppe ordinairement verte, est quelquefois vivement colorée, surtout dans quelques fleurs incomplètes, telles que le *Lis*, etc. Aussi plusieurs botanistes l'ont-ils considérée dans cette circonstance comme une corolle.

CAMPANIFORMES, fleurs monopétales, régulières, imitant une cloche, comme dans le *Liseron*, la *Belladone*, la *Gentiane*, etc. Jussieu les nomme *Campanulacées*.

CAPILLAIRE, mince, fin comme un cheveu.

On appelle feuilles capillaires, dans la famille des Mousses, celles qui sont déliées comme des cheveux. C'est ce qu'on trouve souvent exprimé dans le *Synopsis* de Ray, et dans l'histoire des Mousses de Dillen, par le mot grec de *Trichodes*.

CAPRIFICATION, art de mûrir les figues domestiques au moyen des figues sauvages. Cette pratique singulière est en usage à Malte et dans l'Archipel. Théophraste, Plutarque et Pline en ont fait mention. Voici comment les paysans de la Grèce procèdent à la *caprification*.

Dès qu'au mois de juin et de juillet les vers qui se sont métamorphosés dans les figues sauvages, sont prêts à sortir sous la forme de moucherons, ils ramassent des figues et les portent enfilées à des brochettes sur les figuiers domestiques qui sont alors en floraison. Alors ces moucherons sortent des figues sauvages, s'accouplent, entrent dans l'ombilic des figues domestiques, et y déposent, non-seulement la poussière fécondante des étamines des figues qu'ils viennent de quitter, et dont ils sont encore tout couverts, mais encore leurs œufs, qui, venant à éclore, produisent des insectes qui font grossir à vue d'œil et mûrir les figues franches.

Le produit des figuiers soumis à la *caprification* est décuple de celui des figuiers ordinaires.

CAPSULE, péricarpe sec d'un fruit sec; car on ne donne point, par exemple, le nom de *capsule* à l'écorce de la *Grenade*, quoiqu'aussi sèche et dure que beaucoup d'autres capsules, parce qu'elle enveloppe un fruit mou.

CARACTÈRES : la connaissance parfaite et bien établie de toutes les parties des végétaux et de leurs différences, fournit des signes ou caractères par le moyen desquels on parvient à distinguer non-seulement les plantes entre elles, mais encore les diverses sortes de divisions qu'on est obligé d'établir dans leur ensemble, pour en rendre l'étude plus facile.

CARÈNE, nom donné au pétale inférieur d'une corolle *papilionacée*, parce qu'il imite la partie antérieure d'une nacelle.

CARYOPHYLLÉES, fleurs polypétales régulières, dont l'onglet est attaché au fond d'un calice cylindrique formé d'une seule pièce, sur le bord duquel les lames s'évasent et sont disposées en roue, comme dans l'*Œillet*, la *Nielle*, le *Béhen*, etc.

CASQUE, lèvre supérieure d'une corolle labiée; cette lèvre est comprimée et ordinairement avancée sur la lèvre

inférieure, en manière de casque, comme dans le *Phlomis
leonurus*.

CAULESCENTES (plantes), celles qui ont des tiges; les
plantes qui en sont dépourvues s'appellent *Acaules*.

CAULINAIRES, feuilles caulinaires, celles qui sont attachées à la tige.

CAIEU, nom donné aux petites bulbes et aux boutons
que l'on trouve sur les racines bulbeuses et tubéreuses,
comme dans la *Jacinthe*, le *Lis*, la *Tulipe*, etc.

CHAPEAU, partie supérieure d'un *Champignon*, quand
elle est évasée et quand elle n'a pas plus de diamètre que
le pédicule ou le pied qui la porte.

CHATON, assemblage de fleurs spiralement attachées à
un réceptacle commun, autour duquel les fleurs prennent
la figure d'une queue de chat. Linné regardait le *chaton*
comme une sorte de calice. Tels sont les *chatons* du
Noyer, du *Noisetier*, du *Châtaignier*, etc.

CHAUME, tige herbacée, fistuleuse, simple et garnie de
plusieurs nœuds, comme dans les *Graminées*.

CHEVELUS, petites fibres qui tapissent ou terminent
les racines.

COIFFE, espèce de membrane qui recouvre l'urne des
Mousses. Linné regardait la coiffe comme une sorte de
calice.

COLUMELLE, corps ordinairement cylindrique, creux,
rempli de poussière séminale, contenu dans l'urne des
Mousses.

CÔNE ou STROBILE, assemblage arrondi ou ovoïdal d'é-
cailles coriaces ou ligneuses, imbriquées en tous sens,
d'une manière plus ou moins serrée, autour d'un axe
commun, allongé et caché par elles. Chacune d'elles portant sur sa base interne les organes d'un seul axe, comme
dans le *Pin*. Le *Cône*, dans le temps de la floraison, est un
vrai chaton, sur lequel sont disposées de petites fleurs
incomplètes.

COQUE, péricarpe formé de deux ou plusieurs enveloppes sèches, élastiques, qui portent également le nom de *Coques*.

CORÔLLE : ce nom, qui signifie *petite couronne*, se donne à cette enveloppe de la fleur qui est ordinairement colorée, souvent odorante, d'une texture délicate, et qui environne immédiatement les organes sexuels, c'est-à-dire les étamines et le pistil.

CORYMBE, disposition de la fleur qui tient le milieu entre l'ombelle et la panicule ; les pédoncules sont graduás le long de la tige comme dans la panicule, et arrivent tous à la même hauteur, formant à leur sommet une surface plane. L'*Eupatoire*, la *Tanaisie*, la *Millefeuille*, etc., sont des plantes *corymbifères*.

COSSE, péricarpe des fruits légumineux. La cosse est composée ordinairement de deux valvules, et quelquefois n'en a qu'une seule. Les *Pois*, les *Fèves*, les *Gesses*, etc.

COTYLÉDONS, lobes séminaux, ou parties de l'embryon, dans lesquels s'élaborent les sucs nutritifs de la nouvelle plante ; comme on le voit facilement dans le *Haricot*, le *Marronnier d'Inde*, le *Châtaignier*, etc.

Il y a des plantes qui n'ont qu'un *cotylédon*, et qui pour cela s'appellent *monocotylédones* ; celles qui en ont deux, et c'est le plus grand nombre, s'appellent *dicotylédones* ; si d'autres en ont davantage, elles s'appelleront *polycotylédones*.

Les différences de la germination ont fourni à Ray, à d'autres botanistes, et, en dernier lieu, à Jussieu et à Haller, la première ou la plus grande division du règne végétal ; mais, pour classer les plantes suivant cette méthode, il faut les examiner sortant de terre, dans leur première germination, et jusque dans la semence même, ce qui est souvent fort difficile.

CRUCIFORMES, fleurs polypétales, régulières, et dont les pétales, au nombre de quatre, imitent la disposition des branches d'une croix. Comme la *Giroflée*, la *Chélidoine*, la *Roquette*, etc.

CRYPTOGAMIE, de deux mots grecs qui signifient *noces*

cachées. La Cryptogamie, dans le système de Linné, renferme les plantes dont les organes sexuels ne sont pas visibles, ou sont difficiles à découvrir. Les plantes de cette classe sont appelées *Cryptogames*. Jussieu les regarde comme *Acotylédones*. Plusieurs naturalistes ont pensé, et il en est encore qui paraissent persuadés qu'un grand nombre de plantes Cryptogames doivent appartenir au règne animal.

CUPULE, partie orbiculaire, plane ou concave, quelquefois infundibuliforme, sessile, etc., qu'on trouve sur quelques plantes de la famille des *Lichens*. Plusieurs botanistes les regardent comme un des organes de la fructification.

DICOTYLÉDONES, plantes dont l'embryon est pourvu de deux lobes ou cotylédons. Les *Liliacées*, les *Labiées*, les *Ombellifères*, etc.

DIGITÉ, ÉE; une feuille est digitée lorsque ses folioles partent toutes du sommet de son pétiole comme d'un centre commun, comme dans le *Marronnier d'Inde*, etc.

DIOIQUES; les plantes de la *Dioécie* de Linné sont appelées *Dioïques*; c'est-à-dire que les fleurs mâles sont portées sur un pied, et les fleurs femelles sur un autre. Ce nom vient de deux mots grecs qui signifient *deux habitations*.

DISQUE signifie, en botanique, la superficie d'un corps, les bords en étant exceptés; ainsi le *disque* d'une feuille est toute la surface de la feuille, à l'exception des bords. Le *disque* de la fleur radiée est toute la surface qu'occupent les fleurons.

DISTYLES, fleurs qui ont deux styles, comme la plupart des *Graminées*.

DOUBLES, nom des fleurs dont les étamines se sont converties en pétales, de sorte que la fécondation ne peut avoir lieu. Telles sont entre autres les *Anémones*.

DRAGEONS ou REJETS, branches qui tiennent au pied d'un arbre, et qui ont la faculté de prendre racine quand on les transplante. Les grands arbres donnent commu-

nément peu de drageons; cependant l'*Orme* pousse des
jets qu'on peut lever, et qu'on cultive en pépinière.

DRUPE, péricarpe charnu ou coriace, renfermant un
seul noyau ordinairement adhérent à la pulpe qui l'entoure, comme dans la *Prune*, le *Coco*. Le Drupe a
beaucoup de rapport avec la *Baie*; mais il en diffère
parce qu'il ne contient qu'un seul noyau.

ÉCAILLES, productions minces, aplaties, souvent sèches, coriaces, quelquefois colorées. On trouve des
écailles sur les tiges, les rameaux, les pédoncules et
même dans l'intérieur des fleurs, comme dans le *Savatier*.
Les écailles qui servent d'enveloppe aux boutons des
arbres et des arbrisseaux, sont creusées en cuillères.

ÉCORCE, partie végétale qui enveloppe les racines, les
tiges, les branches, les pétioles, etc., de toutes les plantes,
soit herbacées, soit ligneuses. Dans les arbres l'écorce est
formée de fibres et de rangées d'utricules distinctes et
presque parallèles. C'est une peau épaisse composée de
diverses couches. La plus extérieure est l'*épiderme*; on
trouve ensuite l'*enveloppe cellulaire* ou le *parenchyme*,
puis les *couches corticales* ou le *liber*. Dans les herbes,
l'écorce n'est formée que d'un épiderme qui recouvre un
tissu cellulaire plus ou moins épais et succulent.

ENVELOPPE CELLULAIRE, substance succulente d'un
vert foncé, placée immédiatement sous l'épiderme; elle
est très-abondante dans le *Sureau*.

ÉPERON, production étrangère à la corolle, qu'on observe quelquefois à sa base, comme dans la *Linaire*, le
Pied-d'Alouette, l'*Ancolie*, etc.

ÉPIDERME, membrane sèche et aride, quelquefois lui-
sante, presque toujours transparente. La comparaison
que l'on fait de cette membrane avec celle qui couvre la
peau des animaux, lui a fait donner indifféremment le
nom de *Cuticule*, *Surpeau*, *Épiderme*.

ÉPI, tête du tuyau du blé dans laquelle est le grain, ou
assemblage allongé de fleurs ou sessiles ou courtement pé-
donculées, attachées le long d'un axe commun simple,

dont ils sont comme les rameaux. On appelle *Épi digité* l'assemblage de plusieurs épis naissans à peu près d'un même point.

ÉPINES, productions dures, piquantes, adhérentes au corps ligneux. Le *Prunier* et le *Poirier* sauvages, le *Rosier* et la *Ronce*, ont des épines. La culture et la vieillesse font souvent disparaître les épines.

ESPÈCE, réunion de plusieurs individus sous un caractère commun, qui les distingue de toutes les autres plantes du même genre.

ÉTAMINE, partie essentielle de la fleur, absolument nécessaire à la fructification. L'étamine est regardée, avec raison, comme l'organe mâle des fleurs, parce que la poussière que laisse échapper son *anthère*, a la propriété de féconder le *pistil*, et de vivifier les *ovules* renfermées dans l'ovaire.

ÉTENDARD OU PAVILLON, nom donné au pétale supérieur d'une corolle papilionacée, comme dans le *Pois cultivé*, etc.

ÉTIOLEMENT, altération qu'éprouvent les plantes qui sont privées de la quantité de lumière nécessaire à leur végétation.

Le *Céleri*, la *Chicorée*, la *Laitue*, etc., deviennent plus tendres, et acquièrent une saveur douce par l'étiolement artificiel que l'on produit, en privant de lumière ces plantes ou celles de leurs parties dont on veut faire usage.

EXOTIQUES, épithète des plantes qui sont étrangères au climat où elles sont cultivées. On appelle *Indigènes* celles qui croissent naturellement dans nos pays.

FAMILLES NATURELLES, groupe ou série de genres qui se ressemblent dans un grand nombre de caractères; surtout dans ceux qui sont regardés comme les plus constans. La nature offre un grand nombre d'exemples de ces assemblages dans les *Graminées*, les *Liliacées*, les *Labiées*, les *Composées*, les *Ombellifères*, les *Légumineuses*, les *Cruciformes*, etc. Le naturaliste Adanson a publié, en 1763, un ouvrage intitulé : *Familles des plantes.*

FÉCONDATION, acte par lequel les ovules contenues dans l'ovaire sont vivifiées. Cet acte, qui a lieu lorsque la fleur est ouverte, et quelquefois dans l'instant même de son épanouissement, s'opère par le moyen de la poussière fécondante des étamines, qui, versée sur le stigmate du pistil, traverse le style, pénètre jusqu'aux ovules, et leur transmet la vapeur vivifiante ou l'*aura vitalis.*

La *fécondation* a pour but la formation de l'embryon; c'est l'acte le plus important de la végétation, dont tous les autres ne sont que le prélude, les accessoires, la conséquence. Sans la *fécondation* les fleurs ne seraient pour les plantes qu'une vaine parure. Toutes les parties qui, dans une fleur épanouie, accompagnent ou environnent les sexes, peuvent être considérées comme l'appareil nuptial par lequel une plante manifeste sa nubilité.

Le phénomène de la génération des plantes a été l'objet d'une foule d'observations. L'élégante peinture que Pline fait de la *fécondation* des Palmiers femelles par les mâles, prouve que cette opération des végétaux est fort anciennement connue.

FEUILLES, productions minces, ordinairement aplaties, qui garnissent principalement les jeunes branches, et qui, par leur couleur, la variété de leur forme et leur nombre, contribue à la décoration des arbres. Les feuilles qui nous préservent, pendant l'été, de l'ardeur des rayons du soleil, et dont l'ombrage salutaire nous invite à goûter les douceurs du repos, sont absolument nécessaires à la vie du végétal. Leur utilité s'étend même sur l'économie animale, puisque les torrens d'oxigène qu'elles répandent dans l'athmosphère, réparent les pertes qu'éprouve la base de l'air pur par la combustion des végétaux et par la respiration des animaux.

Les *feuilles* naissent toujours d'un bouton, et semblent n'être que l'épanouissement des vaisseaux qui les tiennent fixées à la tige. Il y a des plantes qui n'ont point de *feuilles*, telles que les *Bissus*, les *Fungus* et certains *Fucus*.

FIBRES, petits filets ligneux extrêmement minces, qui paraissent formés par leur rapprochement des canaux ou vaisseaux dans lesquels circulent les fluides des végétaux. Les fibres s'étendent rarement en lignes droites. Elles s'écartent et se rapprochent les unes des autres, et, en se touchant à différentes distances, elles forment une sorte de réseau dont les interstices ou alvéoles sont remplis d'une substance grenue, appelée par Grew, *parenchyme*.

FILAMENT OU FILET; on donne ce nom au support de l'*anthère*. L'existence du filament n'est pas d'une nécessité absolue, puisque dans plusieurs fleurs, comme dans l'*Aristoloche*, on n'en trouve aucune trace. Linné compare les filamens des étamines aux cordons spermatiques des animaux.

FLEUR; on doit entendre par *fleur* les organes de la fécondation, réunis ou séparés, rarement nus, plus souvent ceints d'une ou de deux enveloppes. Ces enveloppes, nommées calices et corolles, n'étant pas absolument nécessaires à la fructification, les étamines et les pistils réunis ou séparés doivent constituer la *fleur*, botaniquement parlant.

La fleur, qui existe dans tous les végétaux, offre au botaniste des caractéres importans pour la distinction des classes et des autres divisions nécessaires à établir parmi les plantes pour en faciliter la connaissance; de là les distinctions et dénominations suivantes :

FLEURS-MALES, celles qui n'ont que des étamines sans pistils, et qui ne donnent jamais de fruit; telles sont les fleurs du *Noisetier*, disposées en chatons.

FLEURS FEMELLES, celles qui n'ont que des pistils sans étamines, et qui produisent le fruit; telles sont les fleurs du *Noisetier*, qui viennent dans des boutons sessiles et séparés des chatons.

FLEURS HERMAPHRODITES OU BISEXUELLES, fleurs dans lesquelles les deux sexes sont réunis par la coexistence des étamines et des pistils. Cette sorte de fleur est la plus commune.

FLEURS DICLINES OU UNISEXUELLES, fleurs qui ont les organes mâles séparés des organes femelles. On les considère sous deux rapports. Quand il existe sur le même individu des fleurs mâles séparées des fleurs femelles, comme dans le *Noisetier*, le *Melon*, etc.; alors les fleurs sont appelées *Monoïques*, c'est-à-dire habitant séparément la même maison. Lorsque les fleurs mâles sont sur un individu, et les fleurs femelles sur un autre, comme dans le *Chanvre*, l'*Épinard*, etc., alors les fleurs sont appelées *Dioïques*, c'est-à-dire habitant séparément deux maisons.

Quelquefois les fleurs hermaphrodites existent sur le même individu avec des fleurs unisexuelles, soit mâles soit femelles, comme dans le *Frêne*, l'*Arroche*, etc. On donne aux plantes sur lesquelles réside ce mélange de fleurs, le nom de *Polygames*.

FLEURS COMPLÈTES, celles qui ont tous les organes qu'on rencontre en général dans la plupart des fleurs, c'est-à-dire qui, étant hermaphrodites, sont munies d'un calice et d'une corolle.

FLEURS INCOMPLÈTES, celles qui sont privées d'un ou de quelques-uns des organes qui se trouvent nécessairement dans les fleurs complètes. Les fleurs dépourvues de corolle sont nommées *Apétales*.

FLEURS COMPOSÉES; on donne en général ce nom à l'assemblage de quantité de petites fleurs disposées sur le même réceptacle, et entourées d'un calice commun, telles que le *Chardon*, le *Pissenlit*, l'*Aster*, etc.

FLEURS SIMPLES; les botanistes entendent par *fleurs simples* celles dont le réceptacle ne porte qu'une seule fleur. Les jardiniers donnent communément le nom de *fleurs simples* à celles dont les parties sont changées par l'effet de la culture, et surtout à celles qui sont dans leur état naturel.

FLEURS DOUBLES, celles dont plusieurs étamines sont

converties en pétales. S'il n'y a qu'un petit nombre d'étamines converties en pétales, la fleur est appelée *semi-double*. Les fleurs doubles et semi-doubles peuvent produire quelques graines fécondes.

FLEURS PLEINES, celles dont toutes les étamines se sont converties en pétales. Ces fleurs sont absolument stériles, ou ne produisent aucune graine féconde.

FLEURS PROLIFÈRES, celles qui poussent de leur centre un pédoncule qui porte une autre fleur, comme dans l'*OEillet prolifère*.

FLEURON, petite corolle monopétale régulière, infundibuliforme, dont le limbe est à quatre ou cinq divisions; comme dans le *Chardon*, etc. Les demi-fleurons ont leur corolle en languette. (*Voyez* la Méthode de Tournefort, page 240 de ce volume.)

FLORAISON, époque de l'épanouissement des fleurs. La chaleur du climat, l'exposition du lieu, la qualité du terrain, influent beaucoup sur la floraison.

La floraison annuelle n'est pas la même pour toutes les plantes; elle varie pour chaque espèce selon le climat, et elle peut varier tous les ans dans le même climat en raison de la température.

La floraison journalière ou solaire paraît être soumise ainsi que l'annuelle à des lois générales. Les fleurs composées, les labiées, etc., s'ouvrent ordinairement le matin; les malvacées avant midi; la plupart des ficoïdes lorsque le soleil est parvenu au milieu de son cours, le *Geranium triste* et la Belle-de-nuit sur le déclin du jour, le Cierge à grandes fleurs pendant la nuit; mais il y a de grandes variétés dans tous ces résultats. Linné a dressé une table des heures auxquelles s'ouvrent les principales fleurs à Upsal, et il a donné à cette table le nom d'horloge de Flore.

FLOSCULEUSES, fleurs composées de l'agrégation de plusieurs petites corolles monopétales régulières, infundibuliformes, comme dans le *Chardon*, l'*Armoise*, la *Scabieuse*, etc.

Follicule, péricarpe sec, composé d'une seule pièce qui s'ouvre longitudinalement d'un seul côté, et auquel les semences ne sont point adhérentes. Ce péricarpe est ordinairement gonflé par l'air, qui s'y dilate, et les semences sont presque toujours chevelues, comme dans le *Séné*, le *Baguenaudier*, etc.

Fruit; l'ovaire qui a survécu à la plupart des autres organes de la fleur, et que la maturité a grossi et développé, s'appelle *fruit*.

Il est des parties que l'on mange dans les végétaux, et auxquelles on donne improprement le nom de fruit; telles sont la *Figue*, la *Fraise*, etc., qui sont des enveloppes de fleurs, ou des réceptacles gonflés et d'un goût agréable et exquis.

Les agriculteurs disent que le fruit est noué lorsque la fleur est passée et que le fruit commence à grossir; si le fruit avorte, ils disent qu'il a coulé; et lorsqu'il commence à changer de couleur, que le fruit tourne.

Genre, réunion de plusieurs espèces sous un caractère commun, qui les distingue de toutes les autres plantes.

Germe, partie de la semence dont se forme la plante. C'est une source de vie et un principe invisible de fécondité qui se développe avec autant de facilité que d'abondance. Un seul brin de *Chiendent*, une tranche de *Pomme-de-terre* suffisent pour donner naissance à de nouveaux individus. Qu'on étête un arbre, que l'on coupe toutes ses branches, qu'on retranche même la totalité de son tronc, bientôt, par le développement des germes cachés, il réparera les pertes qu'il a faites, il poussera de nouveaux jets, il se garnira de nouvelles branches, qui se couvriront de fleurs et de fruits. La préexistence des germes à la fécondation est presque démontrée.

Germination, acte par le moyen duquel la plante s'échappe hors de la graine qui la contient, quand celle-ci est placée dans des circonstances propres à produire cet effet; par exemple, si l'on dépose une graine de

haricot dans la terre, l'humidité ne tarde pas à la péné-
trer; la chaleur y excite une légère fermentation; l'air,
en se dilatant, fait éclater l'enveloppe qui tenait les deux
lobes unis, la plumule s'élève, la radicule s'implante
dans la terre, et la semence est germée. Mais comme la
radicule n'est point encore assez forte pour pomper les
sucs qui doivent nourrir la plante, la nature a pourvu
à sa faiblesse, en donnant à l'embryon un ou deux
lobes, qui, faisant les fonctions de mamelles, entretiennent et augmentent les principes de la vie végétale.

GLABRE; on désigne par ce mot la surface d'une partie
quelconque du végétal qui est dépourvue de poils, de
glande et de toute excroissance particulière.

GLANDES, organes qui servent à la sécrétion des sucs
de la plante. Ce sont de petits corps vésiculeux, qu'on
rencontre particulièrement sur les feuilles, les calices et
les onglets des pétales.

GRAPPE, assemblage ordinairement oblong de fleurs
ou de fruits, disposés en diverses petites grappes ou
fascicules, qui sont autant de ramifications courtes et
composées de leur axe ou support commun.

GREFFE, opération par laquelle on détache une petite
branche, ou un bourgeon, ou une bande d'écorce munie
d'un bouton, de l'arbre qu'on veut multiplier, pour la
substituer à la tige ou aux branches de l'arbre qu'on veut
greffer. L'arbre, sans cesser d'être *Prunier* ou *Amandier*
dans ses racines et dans sa base, devient, par cette opération, ou un Pêcher ou un Abricotier dans la partie
supérieure de sa tige et dans ses branches.

HAMPE, tige herbacée, dépourvue de rameaux et de
feuilles, terminée par les parties de la fructification,
comme dans la *Tulipe*, dans le *Butome*, dans plusieurs
espèces d'*Epervières*, etc.

HERBE, plante tendre, molle, dont les fibres sont peu
serrées, et qui périt dans l'hiver, soit que ses racines
soient vivaces, soit qu'elles soient annuelles.

Il est des herbes qui s'élèvent à plus de dix pieds de

hauteur, comme le *Chanvre*, quelques *Férules*; il en est d'autres qui ont à peu près six lignes de hauteur, comme le *Subularia* et un grand nombre de Mousses.

HYBRIDE, plante qui naît de deux espèces, tantôt du même genre, tantôt de genres différens. Le phénomène de la formation des plantes hybrides n'offre rien qui soit différent de celui de la fécondation des plantes ordinaires. Les végétaux hybrides ne sont point stériles comme la plupart des animaux qui proviennent d'espèces différentes.

INFUNDIBULIFORMES, fleurs monopétales régulières, en forme d'entonnoir. Telle est la *Pervenche*, la *Primevère*, la *Belle-de-nuit*, etc.

LABIÉES, fleurs monopétales irrégulières, en forme de gueule. Comme dans la *Sauge*, la *Menthe*, le *Pouliot*, etc.

LÉGUME OU GOUSSE, péricarpe sec formé de deux valves ou cosses, dont les semences ne sont attachées que le long d'une seule suture. Le légume est ordinairement uniloculaire et rarement biloculaire, comme dans l'*Astragale*.

LIBER OU COUCHES CORTICALES, substance comprise entre l'enveloppe cellulaire et l'aubier, formée de différentes couches qui constituent l'écorce.

On peut conjecturer que le nombre des couches corticales est proportionnel à celui des années du végétal, puisqu'il se forme une couche corticale en même temps qu'une couche ligneuse est produite.

LILIACÉES, fleurs polypétales régulières, en forme de Lis. Tel est le *Colchique*, le *Safran*, la *Tulipe*, etc.

LIMBE, contour du sommet d'un calice ou d'une corolle; comme dans les *Campanules*, les *Primevères*, les *Liserons*.

LOBES, parties saillantes qui se trouvent sur le limbe d'un calice, d'une corolle, sur le bord d'une feuille, et qui sont formées par les sinus ou les échancrures.

On appelle aussi *lobes* les parties d'une semence qui offrent deux corps réunis, aplatis d'un côté, convexes de l'autre; tels sont ceux du *Haricot*.

Ces lobes séminaux s'appellent *Cotylédons*. Voyez ce mot.

LOGE, cavité d'un fruit. On dit qu'il est uniloculaire, biloculaire, multiloculaire, selon le nombre de ses cavités.

MARCOTTES. Les marcottes diffèrent des boutures, en ce que celles-ci sont des branches absolument séparées de la plante à laquelle elles appartiennent, tandis que les marcottes sont ces mêmes branches mises en terre pendant qu'elles tiennent encore à la plante. Les plantes articulées, comme les *OEillets*, se reproduisent facilement par marcottes.

MOELLE, substance spongieuse formée d'utricules et de vaisseaux très-lâches, renfermés dans le centre des corps ligneux comme dans un tube.

La moelle n'est pas également abondante dans tous les végétaux. On en trouve beaucoup dans le Sureau, dans le Figuier, dans le Sumac; moins dans le Noyer, dans le Frêne; encore moins dans le Chêne, dans le Pommier; enfin il n'en existe presque point dans l'Orme.

La moelle est presque toujours blanche; cependant il y a des arbres où elle est brune (le Noyer); dans d'autres elle est rougeâtre, dans d'autres elle tire sur le jaune. Son tissu n'est pas le même dans toutes les plantes; il est fort serré dans le Sureau, tandis qu'il est très-lâche dans le Chardon.

MONOCOTYLÉDONES, plantes dont l'embryon n'a qu'un seul lobe ou cotylédon. Les *Liliacées*, les *Iris*, les *Joncs*, etc.

MONOÏQUES; on appelle ainsi les plantes dont les fleurs ont les organes mâles et femelles séparés sur le même individu. Telles sont les plantes de la *Monœcie* de Linné; ce nom est formé de deux mots grecs qui signifient *une seule habitation*.

MONOPÉTALES; on nomme ainsi les corolles qui sont formées d'une pièce unique, c'est-à-dire dont les divisions, si elles en ont, ne sont point prolongées jusqu'à leur base, de manière qu'on puisse les enlever en entier du lieu de leur insertion. Telle est la corolle du *Liseron*. La partie inférieure d'une corolle monopétale porte le nom de *tube*; on donne celui de *limbe* au bord supérieur de la corolle; et l'on désigne par le mot *évasement*, *orifice*, l'entrée ou la gorge de la corolle.

Monophylle, calice; celui qui est d'une seule pièce; tels sont les calices des fleurs monopétales, le *Jasmin*, la *Véronique*, le *Lilas*, etc.

Monosperme, fruit; celui qui ne contient qu'une seule semence, comme dans le *Psoralea*, et dans plusieurs espèces de *Tréfles*. On appelle *Disperme* le fruit qui contient deux semences.

Multiflore, pédoncule qui porte plusieurs fleurs, comme dans un grand nombre d'espèces de *Géranium*.

Nectaire, réservoir qui contient le miel dans la corolle. On donne aussi ce nom à un appendice accessoire aux organes des fleurs.

Nervures, petites côtes plus ou moins saillantes, qu'on rencontre principalement sur les feuilles. Les nervures sont longitudinales dans les *Orchis*, transversales dans le *Hêtre*, etc.

Noeuds, renflemens qui distinguent d'espace en espace les tiges de quelques plantes, par exemple des *Graminées*. Les nœuds sont quelquefois très-renflés et même charnus, comme dans le *Geranium gibbosum*, dans l'*Asplenium nodosum*, etc.

Noix, péricarpe d'une substance plus ou moins dure, ne s'ouvrant point entièrement, et ne se séparant, lorsqu'on l'ouvre, qu'en deux valves; presque toujours nu, rarement recouvert d'une enveloppe membraneuse, à laquelle il n'est point adhérent.

La substance des Noix est en général sèche, ferme et dure; quelquefois elle est coriace, comme dans le *Châtaignier*; osseuse, comme dans le *Pin*; pierreuse, comme dans le *Myosotis*.

D'après cet exposé, on ne doit pas donner le nom de *Noix* au fruit du Noyer, qui est une sorte de *Drupe*, selon Gaertner, qui s'est occupé spécialement de l'étude des fruits.

Noyau; les noyaux font partie de certains fruits, tels que les *Drupes*, les *Baies*. Il n'y en a qu'un seul dans les Drupes, et on en trouve plusieurs dans les Baies.

Nu, épithète de tout organe privé des appendices dont il est ordinairement et souvent pourvu. Ainsi la tige nue est celle qui n'a point de feuilles, comme la *Cuscute*. Le réceptacle nu est celui dont la surface ne présente ni poils ni paillette, comme le *Seneçon*. Les semences nues sont celles que le calice ne recouvre point, ou qui ne sont point contenues dans un péricarpe, comme dans le *Souchet*.

Nutrition. Il est très-difficile de conclure quelque chose de positif sur la nature du suc nourricier des plantes. Plusieurs expériences semblent prouver que c'est la terre ou les matières qu'elle renferme qui contribuent à leur nourriture, tandis que d'autres expériences prouvent que l'eau et l'air suffisent pour leur procurer un grand développement.

Duhamel a fait germer dans des éponges humides, des Marrons, des Amandes, des Noix. Les plantes qui en sont provenues ont poussé comme si elles eussent été en pleine terre; et plusieurs même ont été replantées dans un jardin où elles ont très-bien repris.

Tillet sema des graines de différentes espèces herbacées, les unes dans la terre ordinaire, les autres dans de la terre lessivée et même dans du verre pilé. Les plantes qui provinrent de ces graines s'élévèrent presqu'à la même hauteur, et fructifièrent dans le même temps, quoique ces dernières n'eussent été arrosées qu'avec de l'eau distillée. Les unes et les autres, soumises à l'analyse chimique, donnèrent des résultats à peu près semblables.

Odeur: les différentes parties d'une plante ne sont pas toutes également odorantes. Les fleurs que la nature semble avoir pris plaisir à embellir des couleurs les plus riches et les plus éclatantes, sont quelquefois dépourvues de parfum, tandis que les autres parties du végétal, telles que l'écorce, les racines, la tige, les fruits et les graines ont une odeur très-agréable.

On peut distinguer les odeurs en cinq classes, savoir: les camphrées, les éthérées, les vineuses ou narcotiques, les acides et les alcalines.

OFFICINALE; on appelle *plante officinale*, celle qui se vend dans les boutiques ou *officines*.

OMBELLIFÈRES, fleurs simples, polypétales régulières, composées de cinq pétales, disposées en rose, et distinguées des *Rosacées* par leurs pétales souvent inégaux, par leur fruit formé de deux semences nues, et par la disposition des pédoncules, qui partent d'un centre commun, en s'évasant comme les rayons d'un parasol (*Umbella*).

OPERCULE, partie qui surmonte et qui forme l'urne des Mousses. L'opercule, ordinairement recouvert par la coiffe et terminé par une pointe plus ou moins longue, se détache de l'urne à mesure que cet organe approche de la maturité.

ORGANES, parties essentielles du végétal, destinées par la nature à un usage particulier. Les organes des végétaux se divisent, ainsi que ceux des animaux, en organes similaires et en organes dissimilaires. Les premiers sont formés de parties simples, homogènes, du moins en apparence. *Voyez* FIBRES, UTRICULES. Les seconds sont formés par le concours des organes similaires. Les uns, appelés organes *conservateurs*, entretiennent la vie de la plante; *voyez* RACINES, TIGE, FEUILLES. Les autres, nommés *reproducteurs*, concourent à la propagation de l'espèce; *voyez* FLEURS, FRUITS.

OVAIRE, partie inférieure du pistil qui contient les ovules ou rudimens des semences et les organes qui servent à leur nutrition.

L'ovaire est ordinairement porté par le réceptacle, quelquefois il est soutenu par un petit support particulier, comme dans le *Caprier*, la *fleur de la Passion*, etc.

On donne le nom de simple à l'ovaire, lorsqu'il n'en existe qu'un seul dans une fleur, comme dans le *Pommier*; et l'on dit qu'il est multiple, s'il s'en trouve deux, comme dans l'*Asclepias*, ou un grand nombre, comme dans la *Renoncule*.

Il ne faut pas confondre l'*ovaire* avec le *germe*; le premier est l'organe que l'on vient de décrire; le second est le principe d'une production, que la nature a répandu avec tant de profusion dans toutes les parties des végétaux.

Ovule, rudiment des graines renfermées dans la cavité ou dans les cavités de l'ovaire.

Paillettes, petites lames membraneuses qui séparent souvent les fleurons et les demi-fleurons des Composées, comme dans la *Camomille*, la *Millefeuille*, le *Soleil*, etc.

Panaché, ées, feuilles; celles qui sont nuancées de diverses couleurs. La panachure est une maladie qui annonce que des feuilles entières ou que des parties de feuilles ne sont nourries qu'imparfaitement. Aussi lorsqu'une plante à feuilles panachées est mise dans un bon terrain où elle pousse avec vigueur, elle reprend bientôt la couleur propre à son feuillage. On trouve des feuilles panachées dans le *Houx*, le *Sureau*, etc.

Panicule, sorte d'épi qui contient beaucoup de fleurs et de semences. Le *panicule* diffère de l'épi, en ce qu'il forme plusieurs corps séparés. Le *Millet* porte ses fruits en *panicule*.

Papilionacées, fleurs polypétales, irrégulières, formées de quatre à cinq pétales qui affectent la forme d'un papillon, comme dans le *Pois*, la *Luzerne*, le *Lotier*, etc.

Parasites, végétaux qui vivent aux dépens des autres, c'est-à-dire qu'ils se nourrissent de la sève d'autres végétaux vivans. Il suit de cette définition, que les *Mousses*, les *Lichens*, qui se nourrissent de l'humidité de l'air et des rosées, ne sont point parasites, quoique ces plantes soient souvent attachées à d'autres végétaux. Le *Gui* et la *Cuscute* sont des parasites.

PARENCHYME OU TISSU CELLULAIRE, substance tendre et spongieuse qui remplit, dans les feuilles, les pétales et les jeunes tiges, les intervalles qui se rencontrent entre les deux épidermes.

PÉDONCULE, support commun de plusieurs fleurs ou d'une fleur solitaire. C'est le lien qui attache la fleur ou le fruit à la branche ou à la tige. C'est ce qu'on nomme vulgairement la queue d'une fleur ou d'un fruit.

PÉPIN, semence recouverte d'une tunique particulière, épaisse, coriace, que l'on trouve dans le centre des *Pommes*, des *Poires*, des *Raisins*, etc.

PÉRICARPE, pellicule ou membrane qui enveloppe et renferme le fruit ou la semence d'une plante. Ainsi la Capsule, la Baie, la Pomme, le Drupe et le Cône sont autant de *péricarpes*.

Le péricarpe unilocalaire est appelé monosperme s'il ne contient qu'une semence; disperme, s'il en renferme deux; oligosperme, s'il en contient un petit nombre; et polysperme, s'il en renferme un grand nombre.

PÉRISTOME, limbe de l'urne des *Mousses*. Le péristome est garni ordinairement d'une simple rangée de cils plus ou moins nombreux. Ces cils, dans lesquels on observe des mouvemens d'irritabilité, contribuent, selon les auteurs qui regardent l'urne comme contenant les deux organes sexuels, à déterminer et faciliter l'acte de la fécondation.

PERSONNÉES, plantes dont la corolle est monopétale, irrégulière, fendue transversalement en deux lèvres, et dont les semences sont renfermées dans un péricarpe; comme dans l'*Aristoloche*, la *Digitale*, la *Scrofulaire*, etc.

PÉTALE, nom de chacune des pièces de la corolle; quand la corolle est d'une seule pièce, il n'y a qu'un pétale. Le *pétale* et la *corolle* ne font alors qu'une seule et même chose, et cette sorte de corolle est appelée *monopétale*.

On dit que la corolle est *dipétale*, *tripétale*, *tétrapé-*

tale, *pentapétale*, *polypétale*, quand elle est composée de deux, de trois, de quatre, de cinq ou de plusieurs pétales.

De *pétale* on a fait *pétalé* pour ce qui est pourvu d'une corolle, et *pétaloïde* pour désigner une chose semblable à une corolle, à un *pétale*.

PÉTIOLE, partie de la plante qui sert de support aux feuilles seulement. Le *pétiole* est la queue de la feuille, comme le *pédoncule* est la queue de la fleur ou du fruit.

PHANÉROGAME, ce mot signifie *noces visibles*. On le donne aux plantes dont les organes sexuels sont apparens. Ces plantes sont ou apétales, ou monopétales, ou polypétales.

PISTIL, organe femelle de la fleur, dont l'ovaire fait partie, et par lequel celui-ci reçoit l'intromission fécondante de la poussière des anthères.

Le *pistil* se divise en trois parties; l'*ovaire*, qui contient les rudimens de la semence; le *style*, qui est un tuyau qui surmonte l'*ovaire*; et le *stigmate*, qui est l'orifice de ce tuyau. L'esprit séminal, traversant le *style*, parvient jusqu'au germe pour féconder la semence.

PLACENTA, partie sur laquelle reposent immédiatement les semences, et qui leur transmet, par le moyen des petits cordons ombilicaux, les sucs nourriciers dont elles ont besoin pour leur subsistance.

PLANTULE, embryon qui commence à germer.

PLUMULE, partie supérieure de l'embryon, qui est destinée par la nature à sortir de la terre et à devenir tige.

POILS, petits filets qui se présentent sous des formes très-différentes, et que l'on regarde comme des tuyaux excréteurs. Les poils sont carrés ou cylindriques, droits ou couchés, fourchus ou simples, en alêne ou en hameçon. L'*Ortie*, l'*Alisson*, la *Lampourde*, en offrent des exemples remarquables. Guettard, dans ses *Observations sur les plantes*, pense que les poils peuvent fournir un caractère botanique.

POLLEN ou POUSSIÈRE FÉCONDANTE, réunion de corpuscules ordinairement jaunâtres, quelquefois blanchâtres, contenus dans la partie de l'étamine appelée *anthère*. Cette substance est la matière première de la cire des abeilles.

Le *pollen* se montre le plus souvent sous l'apparence d'une poussière, dont les molécules affectent constamment la même forme dans tous les individus d'une même espèce, et assez ordinairement dans toutes les espèces d'un même genre.

Pores, petits trous presqu'imperceptibles de la peau, par où sort la matière de l'insensible transpiration. Tous les êtres organisés ont des pores. Les uns inspirent et absorbent l'air, ainsi que les liquides ou fluides nécessaires à l'existence de l'être organisé; les autres expirent ou exhalent l'air et les fluides dont la grande abondance serait nuisible à l'économie. Les premiers sont nommés *pores absorbans*; les seconds, *pores exhalans*. Ceux-ci garnissent la partie supérieure des feuilles, et les autres la partie inférieure. On peut se convaincre que les vaisseaux aérophores existent dans les feuilles, en déchirant transversalement celles des *Scabieuses*.

Prolifère; la fleur est appelée prolifère lorsqu'il s'élève de son centre un pédoncule qui porte une autre fleur, comme dans l'*OEillet prolifère*. La tige prolifère est celle dont les rameaux naissent toujours aux extrémités, comme dans le *Sapin*, etc.

Provin, branche de vigne entaillée et couchée en terre. Elle pousse des chevelus par les nœuds qui se trouvent enterrés; on coupe ensuite le bois qui tient au cep, et le bout opposé qui sort de terre devient un nouveau cep. Si l'on met en terre les branches d'un *Saule*, et que ses racines restent en l'air, les premières se couvriront de chevelus et deviendront racines, tandis que les secondes produiront des feuilles.

Pubescent : toute partie du végétal dont la surface est couverte de poils mous, faibles, courts, qui imitent un léger duvet, est appelée pubescente. La plupart des plantes sont pubescentes dans leur jeunesse.

PULPE, substance médullaire ou charnue des fruits. La *pulpe* est aux fruits ce que le *parenchyme* est aux feuilles et aux jeunes tiges.

RACINE, partie d'un végétal, la plus inférieure, par laquelle il tient à la terre ou au corps qui le nourrit. La racine est recouverte ou terminée par des fibres appelées chevelu; elle est douée éminemment de la faculté de pomper les sucs nécessaires à la nutrition et à l'accroissement de l'individu.

Racine se dit aussi de certaines plantes dont on ne mange que la partie qui vient en terre; les *Radis*, les *Navets*, les *Carottes*, les *Betteraves*, sont de ce nombre.

RADICULE, partie de l'embryon destinée par la nature à devenir la racine de la plante. Lorsque les cultivateurs sèment des graines, il arrive souvent que la partie de la semence où est située la radicule soit en haut, c'est-à-dire qu'elle regarde le ciel; néanmoins au moment de la germination la radicule se renverse, et elle prend la direction qui lui est prescrite par la nature.

RADIÉES, fleurs composées ou syngénésiques, qui ont des fleurons dans le centre et des demi-fleurons ou rayons à la circonférence. Tels sont le *Soleil*, le *Souci*, la *Marguerite*, etc.

RÉCEPTACLE, partie sur laquelle repose immédiatement la fleur ou le fruit. Le *réceptacle* des semences porte le nom de *Placenta*.

ROSACÉES, fleurs simples, polypétales régulières, composées d'un certain nombre de pétales disposés en Roses, comme dans la *Rose*, la *Renoncule*, le *Pavot*, etc.

ROUILLE, poussière jaune, couleur d'ocre, répandue sur les feuilles d'un grand nombre de végétaux, surtout du *Rosier* et de l'*Euphorbe* à feuilles de cyprès. Plus les plantes sont tendres, plus elles sont sujettes à la rouille.

SEMENCE ou GRAINE, partie essentielle du fruit, qui renferme le principe d'une nouvelle plante de la même espèce que celle dont elle est une production. Les *semences* varient infiniment quant à leur nombre, leur forme, leur surface, leurs accessoires, leur grandeur et leur couleur; la graine est regardée comme l'*œuf végétal*.

Plusieurs végétaux couvriraient en très-peu d'années toute la surface du globe, si toutes leurs semences étaient mises en terre. Il ne faudrait pour cela que quatre ans à la *Jusquiame*; d'après quelques expériences on a trouvé qu'une tige de Jusquiame donne quelquefois plus de 50,000 graines. Réduisons ce nombre à 10,000; à la quatrième génération il monterait à 1 suivi de seize zéros; or la surface de la terre ne contient pas plus de 5,360,000,000,000,000 pieds carrés. Ainsi en allouant à chaque tige un pied carré seulement, l'on voit que la surface de la terre ne suffirait pas pour toutes les plantes provenant d'une seule de cette espèce à la fin de la quatrième année.

SEMI-FLOSCULEUSES, fleurs composées de l'agrégation de plusieurs petites corolles monopétales, dont le tube se prolonge d'un seul côté, ou du côté extérieur, en une lame façonnée en languette, et dentelée à son sommet. Ces petites corolles portent le nom de *demi-fleurons*. Tels sont le *Pissenlit*, le *Laitron*, le *Salsifis*, etc.

SESSILE; les feuilles, les fleurs, etc., sont appelées *sessiles* lorsqu'elles reposent immédiatement sur la tige ou sur les rameaux, c'est-à-dire lorsqu'elles n'ont point de pétiole ni de pédoncule.

SÈVE ou LYMPHE, humeur qui existe dans tous les végétaux en plus ou moins grande abondance, et qu'on peut retirer de plusieurs espèces d'arbres, particulièrement de l'*Érable*, du *Bouleau*, du *Noyer*, du *Charme*, etc. C'est une liqueur simple, sans couleur, sans odeur, et peu différente de l'eau. C'est au printemps que ce suc vivifiant coule à grands flots dans le tissu interne du végétal. Les ceps de la *Vigne* répandent beaucoup de sève lorsqu'on les coupe, ou, comme disent les cultivateurs, que la vigne pleure.

La sève a un double mouvement qu'il n'est pas possible de révoquer en doute, savoir, le mouvement d'ascension et le mouvement de descension.

SILICULEUSES, plantes dont le fruit est une petite silique presque arrondie, comme dans les *Cruciformes*, dont la gousse s'appelle *silicule*.

SILIQUE, péricarpe sec, composé de deux valves réunies par une suture longitudinale, et entre lesquelles se trouve ordinairement une cloison membraneuse.

Dans la *silique*, les semences sont attachées le long des deux sutures; et la cloison est tantôt parallèle, tantôt opposée aux valves. La silique est quelquefois articulée, quelquefois elle est lobée; en un mot elle varie beaucoup dans sa forme.

On appelle *siliqueuses* les plantes dont le fruit est une silique allongée.

SIMPLES, nom que l'on donne aux plantes qui sont d'usage en médecine. On appelle *officinales* celles qui se vendent dans les boutiques comme étant employées dans les arts.

SOUS-ARBRISSEAU, plante ligneuse plus petite que l'arbrisseau, et dont les branches ne produisent point de boutons.

SPATHE, sorte de graine membraneuse qui entoure ordinairement le *spadix* dans les fleurs des *Palmiers*. On donne aussi le nom de *spathe* à la membrane qui recouvre les fleurs du *Narcisse* et celles de plusieurs *Liliacées*. Cette *spathe* est considérée par Linné comme une sorte de calice.

SPADIX OU RÉGIME; c'est le rameau floral dans la famille des *Palmiers*; il est le vrai réceptacle de la fructification, entouré d'une spathe qui lui sert de voile.

STIGMATE, partie supérieure ou sommité du pistil. Il est placé ordinairement sur le sommet du style, rarement sur ses côtés; et si le style n'existe pas, il repose immédiatement sur l'ovaire.

Le stigmate dans l'état adulte est humecté d'une liqueur plus ou moins visqueuse, très-sensible dans l'*Amaryllis formosissima*. Cette liqueur paraît destinée à retenir les globules lancés de l'anthère, au moment où la fécondation doit s'opérer.

STIPULE, appendice membraneux ou foliacé qui naît à la base du pétiole, du pédoncule ou de la branche, ou qui fait corps avec eux. Comme dans les *Rosacées* et les *Légumineuses*.

STYLE, portion moyenne du pistil, plus ou moins allongée, qui porte le stigmate, et qui est insérée ordinairement au sommet de l'ovaire, quelquefois sur son côté ou à sa base.

L'existence du style n'est pas absolument nécessaire, puisqu'on trouve des fleurs, comme la *Tulipe*, qui en sont dépourvues; le stigmate repose alors immédiatement sur l'ovaire, et est sessile.

SUC PROPRE; le suc propre est une liqueur qui réside principalement dans l'écorce du végétal, et que l'on peut distinguer de la lymphe par sa couleur, par sa substance et par sa saveur, qui varie beaucoup dans les plantes. En effet, le suc propre est laiteux dans le *Figuier*, dans le *Tithymale*, dans les *Chicoracées*, etc.; il est rouge dans la *Patience sanguine*, jaune dans la *Chélidoine*, vert dans la *Pervenche*, etc.; la substance du suc propre est gommeuse dans le *Cerisier*, dans le *Prunier*, dans l'*Amandier*, etc.; elle est résineuse dans le *Térébinthe*, dans le *Pin*, dans le *Mélèze*, etc.; la saveur du suc propre est quelquefois douce, quelquefois caustique; tantôt elle a beaucoup d'odeur, tantôt elle est inodore.

TIGE OU TRONC; la partie du végétal qui s'élève de la racine, qui porte les feuilles et la fructification, est appelée Tige dans les Herbes et dans les Sous-arbrisseaux, on la nomme Tronc dans les Arbrisseaux et dans les Arbres. C'est une partie organique composée elle-même de plusieurs parties distinctes, telles que l'Épiderme, les Couches corticales ou le Liber, l'Aubier ou le Bois imparfait et le Bois parfait, dans le centre duquel est renfermé la Moelle comme dans un canal. C'est par l'allongement des fibres que s'opère son accroissement en longueur, et c'est par l'addition successive des couches ligneuses que se fait son accroissement en largeur.

Presque tous les végétaux herbacés ont des tiges ; il en est néanmoins qui en sont dépourvus, ou qui paraissent l'être ; on les appelle *plantes acaules*, comme le *Carduus acaulis*, le *Carlina acaulis*, etc. ; alors les fleurs et les feuilles partent immédiatement du collet de la racine. Il est des plantes qui n'ont qu'une seule tige ; il en est d'autres dont la racine pousse plusieurs tiges.

La tige change de nom dans quelques circonstances ; on l'appelle *chaume* dans les Graminées, *hampe* dans plusieurs Liliacées, *pied* dans les Champignons, *caudex* dans les Palmiers.

Transpiration ; les plantes transpirent, c'est-à-dire qu'elles rendent une humeur qui s'échappe de leur intérieur par leur surface.

La transpiration des plantes est sensible ou insensible. La transpiration sensible est celle qui donne naissance à une humeur assez épaisse qu'on recueille sur la surface de quelques plantes. Telle est celle de la *Fraxinelle*, dont les feuilles sont souvent couvertes d'une substance résineuse ; celle du Martynia, dont les poils laissent échapper une humeur visqueuse, etc.

La transpiration insensible est une humeur aqueuse très-abondante, qui transsude de l'intérieur de la plante sans donner des marques perceptibles de sa sortie, à moins qu'on n'emploie des moyens propres à mettre cette transpiration sous les sens.

La liqueur évacuée par la transpiration est de même nature que la liqueur lymphatique ; voyez Sève.

Tubercules ; on désigne communément par ce nom les excroissances ou points saillans que l'on observe sur quelques plantes de la famille des *Lichens*. Linné appelle *tuberculé* un fruit hérissé de pointes courtes, plus ou moins roides, et quelquefois recourbées, comme dans l'*Anona muricata*.

TUBÉREUSE; la racine tubéreuse est un corps arrondi, charnu, solide, duquel partent souvent latéralement et inférieurement de petites racines fibreuses, comme dans la pomme-de-terre, qui est la racine du *Solanum tuberosum*. On l'appelle globuleuse dans le *Radis*, écailleuse dans le *Lis*, noueuse dans la *Filipendule*, fasciculée dans l'*Asphodèle*, grumeleuse dans les griffes de *Renoncule*.

TUNIQUES, membranes qui recouvrent certaines parties des végétaux, et qui sont susceptibles d'être détachées les unes des autres comme dans les *Ognons*. Il y a des tiges et des racines qui ne sont composées que de tuniques.

TURION, bourgeon radical des plantes vivaces. L'*Asperge* que l'on mange est le *turion* de la plante.

UNIFLORE, pédoncule; celui qui ne porte qu'une seule fleur, comme dans la *Violette*, le *Pissenlit*, la *Pâquerette*, etc.

UNILOCULAIRE, péricarpe; celui qui n'a qu'une cavité, ou dont l'intérieur n'est séparé par aucune cloison, comme dans la *Gentiane*, la *Centenille*, l'*Androsèlle*, etc.

URNE, espèce d'involucre ou d'enveloppe qui contient, selon plusieurs botanistes, les organes de la fructification des Mousses. L'urne est surmontée d'une Opercule et recouverte par une Coiffe. Elle varie dans sa forme, qui est ovale, ou conique, ou cylindrique, etc. Tantôt elle est sessile, comme dans le *Phascum*; tantôt elle est portée par une soie ou pédoncule filiforme, comme dans l'*Hypnum*.

UTRICULES; on donne communément ce nom aux vésicules dont est formé le parenchyme ou le tissu utriculaire. Leur direction est horizontale, et la file ou série qu'ils forment coupe à angles droits les fibres longitudinales; les utricules existent dans toutes les parties du végétal.

VAISSEAUX, tuyaux de différentes ténuités, qui existent dans tous les organes des végétaux, et qui sont destinés à transmettre d'une partie à l'autre les divers fluides nécessaires à l'existence et à l'accroissement des plantes.

On distingue trois espèces de vaisseaux dans les plantes, savoir : les vaisseaux lymphatiques, qui contiennent la lymphe ou la sève; les vaisseaux propres, qui contiennent un suc particulier appartenant exclusivement au végétal; et les vaisseaux aérophores ou trachées, qu'on peut regarder comme les poumons des plantes.

Végétal, corps organique vivant, dépourvu de sentiment, et privé des principaux phénomènes du mouvement spontané.

On appelle *végétaux* ou plantes tout ce qui vient d'une graine, qui se développe et vit sans avoir la faculté de se mouvoir volontairement, et qui perpétue son espèce au moyen de ses graines, ou par quelques moyens équivalens, comme par les caïeux, les boutures, les drageons, la greffe, etc.

Le végétal n'a pas toujours la même consistance; aussi les plantes ont-elles été distinguées en *Herbes, Sous-Arbrisseaux*, *Arbrisseaux*, et *Arbres*.

Velu; on emploie cette expression pour désigner les parties des végétaux dont la surface est couverte de poils mous, rapprochés et allongés, comme dans le *Juncus pilosus*, etc. Lorsque cette surface est dépourvue de poils, de glandes et de toute excroissance particulière, on dit qu'elle est glabre, comme dans l'*Hypochæris glabra*, etc.

Verticillé, ce qui est disposé en forme d'anneau. Les rameaux sont verticillés dans le *Protea argentea*, dans quelques espèces de *Sapins*. Les feuilles sont verticillées dans la *Garance*, dans le *Caille-lait*. Les fleurs sont verticillées dans la plupart des *Labiées*.

Vertus *des plantes*. Les espèces d'un même genre ont généralement les mêmes vertus. Les *Mauves* sont émollientes; les *Pavots*, narcotiques; les *Gentianes*, fébrifuges; les *Courges*, rafraîchissantes; les *Cochlearia*, antiscorbutiques; les *Rhubarbes*, purgatives; les *Absinthes*, vermifuges, etc. Si quelques espèces paraissent s'éloigner de la vertu commune au genre, on doit attribuer cette différence à celles qu'elles présentent dans leur organisation. Le *Ranunculus ficaria*, qui n'est pas caustique comme les autres espèces de Renoncules, en fournit un exemple.

Les genres rapprochés par la nature offrent dans leurs usages les mêmes rapports que les espèces voisines. La *Bourrache* et la *Buglose*, l'*Anémone* et la *Renoncule*, le *Serpolet* et l'*Origan*, la *Rhubarbe* et l'*Oseille*, etc. etc. en sont la preuve. On peut donc, en suivant l'analogie des caractères, substituer quelquefois avec succès les plantes du pays aux plantes étrangères.

» Il existait autrefois des principes erronés sur les vertus des plantes, que l'on établissait d'après leur configuration. C'était la doctrine des *Signatures*. Certains médecins, appelés par Linné *signatores*, s'imaginaient que les vertus des plantes dépendaient de la ressemblance entre quelque partie du végétal et la partie malade du corps humain. Ces prétendus docteurs-botanistes employaient contre la jaunisse le *Safran*, la *Chélidoine*, etc. La *Patience sanguine*, la *Tormentille*, etc., leur fournissaient des remèdes pour la dyssenterie. Quelquefois ils s'attachaient à la forme extérieure de certaines parties. C'est ainsi que, selon eux, la racine de plusieurs *Orchis* était un puissant aphrodisiaque; le fruit de l'*Anacarde oriental* raffermissait le cœur; celui de l'*Anacarde occidental* fortifiait les reins; le *Chou capité* soulageait les maux de tête; la *Vipérine* détruisait le venin de la vipère; la *Scabieuse succise*, à cause des taches noires de ses feuilles, guérissait le charbon, etc. etc. Ceux qui sont curieux de connaître les rêveries de l'esprit humain sur cette matière, peuvent consulter la Phytognomonique de J. B. Porta. Les lumières qu'une sage philosophie a répandues sur toutes les sciences naturelles ont dissipé depuis long-temps cette doctrine ténébreuse; et mis en évidence les erreurs nombreuses dont elle était la source.

VÉSICULAIRE; on appelle ainsi les feuilles dont la surface est couverte de poils transparens, comme dans la *Glaciale* et dans plusieurs espèces de *Mesambryanthemum*.

VISQUEUX, SE, épithète donnée à la partie du végétal dont la surface est enduite d'une liqueur tenace; par exemple, aux feuilles du *Seneçon visqueux*, du *Géranium visqueux*.

VIVACE; on nomme ainsi les parties du végétal qui subsistent pendant plusieurs années. On les appelle *Annuelles*, lorqu'elles périssent dans l'année, et *Bisannuelles*, lorsqu'elles durent deux ans.

VOLUBLE; la tige est appelée voluble lorsqu'elle se roule en spirale autour du corps qu'elle rencontre, tantôt de gauche à droite, comme dans le *Houblon*; tantôt de droite à gauche, comme dans le *Liseron*.

VRILLES, productions filamenteuses, ordinairement roulées en spirales, par le moyen desquelles les plantes grimpent et s'accrochent aux corps voisins.

Les vrilles sont tantôt opposées aux feuilles, comme dans la *Vigne*; tantôt elles sont axillaires, comme dans la *Grenadille*; tantôt elles terminent les feuilles, comme dans la *Flagellaire*; tantôt c'est le pétiole, comme dans la *Gesse*: souvent elles sont bifides, trifides.

FIN DU DICTIONNAIRE DE BOTANIQUE.

Les réflexions suivantes ont été jusqu'ici placées par les éditeurs des OEuvres de J. J. Rousseau, à la tête de ses fragmens pour un *Dictionnaire des termes d'usage en botanique*, et sous le titre, assez impropre, d'*introduction*. Nous avons cru devoir transposer cette petite dissertation, où l'auteur s'applique spécialement à faire sentir les avantages d'une bonne nomenclature, et surtout de celle de Linné, sans laquelle on ne peut s'attacher à l'étude des plantes. Ce tableau succinct des progrès de la phytologie, doit être l'épilogue de la botanique de J. J. Rousseau.

RÉFLEXIONS

SUR

LA NOMENCLATURE BOTANIQUE.

Le premier malheur de la botanique est d'avoir été regardée, dès sa naissance, comme une partie de la médecine. Cela fit qu'on ne s'attacha qu'à trouver ou supposer des vertus aux plantes, et qu'on négligea la connaissance des plantes mêmes; car, comment se livrer aux courses immenses et continuelles qu'exige cette recherche, et en même temps aux travaux sédentaires du laboratoire et aux traitemens des malades, par lesquels on parvient à s'assurer de la nature des substances végétales et de leurs effets dans le corps humain. Cette fausse manière d'envisager la botanique en a long-temps rétréci l'étude, au point de la borner presque aux plantes usuelles, et de réduire la chaîne végétale à un petit nombre de chaînons interrompus. Encore ces chaînons mêmes ont-ils été très-mal étudiés, parce qu'on y regardait seulement la matière et non pas l'organisation. Comment se serait-on beaucoup occupé de la structure organique d'une substance, ou plutôt d'une masse ramifiée qu'on ne songeait qu'à piler dans un mortier? On ne cherchait des plantes que pour trouver des remèdes; on ne cherchait pas des plantes, mais des simples. C'était fort bien fait, dira-t-on : soit; mais il n'en a pas moins résulté que si l'on connaissait fort bien les remèdes, on ne laissait pas de connaître fort mal les plantes; et c'est tout ce que j'avance ici.

La botanique n'était rien; il n'y avait point d'étude de la botanique; et ceux qui se piquaient le plus de connaître les plantes, n'avaient aucune idée, ni de leur structure, ni de l'économie végétale. Chacun connaissait de vue cinq ou six plantes de son canton, auxquelles il donnait des noms au hasard, enrichis de vertus merveilleuses qu'il lui plaisait de leur supposer; et chacune de ces plantes, changée en panacée universelle, suffisait seule pour immortaliser tout le genre humain. Ces plantes, transformées en baumes et en emplâtres, disparaissaient promptement, et faisaient bientôt place à d'autres, auxquelles de nouveaux venus, pour se distinguer, attribuaient les mêmes effets. Tantôt c'était une plante nouvelle qu'on décorait d'anciennes vertus; et tantôt d'anciennes plantes, proposées sous de nouveaux noms, suffisaient pour enrichir de nouveaux charlatans. Ces plantes avaient des noms vulgaires différens dans chaque canton; et ceux qui les indiquaient pour leurs drogues, ne leur donnaient que des noms connus tout au plus dans le lieu qu'ils habitaient; et, quand leurs récipés couraient dans d'autres pays, on ne savait plus de quelle plante il y était parlé; chacun en substituait une à sa fantaisie, sans autre soin que de lui donner le même nom. Voilà tout l'art que les Myrepsus (PPP), les Hildegarde (QQQ), les Villanova (RRR) et les autres docteurs de ces temps-là mettaient à l'étude des plantes dont ils ont parlé dans leurs livres; et il serait peut-être difficile au peuple d'en reconnaître une seule d'après leurs noms ou leurs descriptions.

A la renaissance des lettres, tout disparut pour faire place aux anciens livres; il n'y eut plus rien de bon et de vrai que ce qui était dans Aristote (SSS) et dans Galien (TTT). Au lieu d'étudier les plantes sur la terre, on ne les étudiait plus que dans Pline (UUU) et Dioscoride (VVV); et il n'y a rien de si fréquent dans les auteurs de ces temps-là, que d'y voir nier l'existence d'une plante par l'unique raison que Dioscoride n'en a pas parlé. Mais ces doctes plantes, il fallait pourtant les trouver en nature pour les employer selon les préceptes du maître. Alors on s'évertua, l'on se mit à chercher, à observer, à conjecturer; et chacun ne manqua pas de faire tous ses efforts pour trouver dans la plante qu'il avait choisie les caractères décrits dans son auteur; et comme les traducteurs, les commentateurs, les praticiens s'accordaient rarement sur le choix; on donnait vingt noms à la même plante, et à vingt plantes le même nom, chacun soutenant que la sienne était la véritable, et que toutes les autres, n'étant pas celles dont Dioscoride avait parlé, devaient être proscrites de dessus la terre. De ce conflit résultèrent enfin des recherches, à la vérité plus attentives, et

quelques bonnes observations qui méritèrent
d'être conservées, m'ai en même temps un tel
chaos de nomenclature, que les médecins et les
herboristes avaient absolument cessé de s'entendre entr'eux : il ne pouvait plus y avoir de communication de lumières ; il n'y avait plus que des
disputes de mots et de noms ; et même toutes les
recherches et les descriptions utiles étaient perdues, faute de pouvoir décider de quelle plante
chaque auteur avait parlé.

Il commença pourtant à se former de vrais
botanistes, tels que Clusius, Cordus, Césalpin (XXX), Gessner (YYY), et à se faire de
bons livres et instructifs sur cette matière, dans
lesquels même on trouve déjà quelques traces de
méthode. Et c'était certainement une perte que
ces pièces devinssent inutiles et inintelligibles,
par la seule discordance des noms. Mais de cela
même que les auteurs commençaient à réunir
les espèces et à séparer les genres, chacun selon
sa manière d'observer le port et la structure ap-
parente, il résulta de nouveaux inconvéniens et
une nouvelle obscurité, parce que chaque auteur, réglant sa nomenclature sur sa méthode,
créait de nouveaux genres, ou séparait les anciens, selon que le requérait le caractère des
siens. De sorte qu'espèces et genres, tout était
tellement mêlé, qu'il n'y avait presque pas de
plante qui n'eût autant de noms différens qu'il y
avait d'auteurs qui l'avaient décrite ; ce qui rendait l'étude de la concordance aussi longue, et souvent plus difficile que celle des plantes mêmes.

Enfin, parurent ces deux illustres frères, qui ont plus fait eux seuls pour le progrès de la botanique, que tous les autres ensemble qui les ont précédés et même suivis jusqu'à Tournefort. Hommes rares, dont le savoir immense et les solides travaux consacrés à la botanique, les rendent dignes de l'immortalité qu'ils leur ont acquise. Car, tant que cette science naturelle ne tombera pas dans l'oubli, les noms de Jean et de Gaspard Bauhin vivront avec elle dans la mémoire des hommes.

Ces deux hommes entreprirent, chacun de son côté, une histoire universelle des plantes; et, ce qui se rapporte plus immédiatement à cet article, ils entreprirent l'un et l'autre d'y joindre une synonymie, c'est-à-dire une liste des noms que chacune d'elles portait dans tous les auteurs qui les avait précédés. Ce travail devenait absolument nécessaire pour qu'on pût profiter des observations de chacun d'eux; car, sans cela, il devenait presque impossible de suivre et de démêler chaque plante à travers tant de noms différens.

L'aîné a exécuté à peu près cette entreprise dans les trois volumes in-folio qu'on a imprimés après sa mort; et il y a joint une critique si juste, qu'il s'est rarement trompé dans ses synonymies.

Le plan de son frère était encore plus vaste, comme il paraît par le premier volume qu'il en a donné, et qui peut faire juger de l'immensité de tout l'ouvrage, s'il eût eu le temps de l'exécu-

ter ; mais , au volume près dont je viens de parler , nous n'avons que les titres du reste dans son
Pinax (*) ; et ce *Pinax* , fruit de quarante ans de
travail , est encore aujourd'hui le guide de tous
ceux qui veulent travailler sur cette matière , et
consulter les anciens auteurs.

Comme la nomenclature des Bauhin n'était
formée que des titres de leurs chapitres , et que
ces titres comprenaient ordinairement plusieurs
mots , de là vient l'habitude de n'employer pour
les noms de plantes que des phrases louches assez
longues , ce qui rendait cette nomenclature non
seulement traînante et embarrassante , mais pédantesque et ridicule. Il y aurait à cela , je l'a-
voue , quelque avantage , si ces phrases avaient
été mieux faites ; mais composées indifféremment des noms des lieux d'où venaient ces plantes , des noms des gens qui les avaient envoyées ,
et même des noms d'autres plantes avec lesquelles
on leur trouvait quelque similitude , ces phrases
étaient des sources de nouveaux embarras et de
nouveaux doutes , puisque la connaissance d'une
seule plante exigeait celle de plusieurs autres
auxquelles sa phrase renvoyait , et dont les noms
n'étaient pas plus déterminés que le sien.

Cependant les voyages de long cours enrichis-
saient incessamment la botanique de nouveaux
trésors ; et , tandis que les anciens noms acca-
blaient déjà la mémoire , il en fallait sans cesse
inventer de nouveaux pour les plantes nouvelles

(*) *Pinax* , en grec et en latin , signifie *table*.

qu'on découvrait. Perdus dans ce labyrinthe immense, les botanistes, forcés de chercher un fil pour s'en tirer, s'attachèrent enfin sérieusement à la méthode; Herman (ZZZ), Rivin (AAAA), Ray, proposèrent chacun la sienne; mais l'immortel Tournefort l'emporta sur eux tous; il rangea, le premier, systématiquement tout le règne végétal, et, réformant en partie la nomenclature, la combina par ses nouveaux genres avec celle de Gaspard Bauhin. Mais loin de la débarrasser de ses longues phrases, ou il en ajouta de nouvelles, ou il chargea les anciennes des additions que sa méthode le forçait d'y faire. Alors s'introduisit l'usage barbare de lier les nouveaux noms aux anciens par un *qui quæ quod* contradictoire, qui d'une même plante faisait deux genres tous différens.

Dens leonis qui *Pilosella folio minùs villoso :* *Doria* quæ *Jacobæa orientalis limonii folio :* *Titanokeratophyton* quod *Litophyton matinum albicans.*

Ainsi la nomenclature se chargeait. Les noms des plantes devenaient non-seulement des phrases, mais des périodes. Je n'en citerai qu'un seul de Plukenet (BBBB), qui prouvera que je n'exagère pas. « *Gramen myloicophorum carolianum,* » *seu gramen altissimum panicula maxima spe-* » *ciosa , è spicis majoribus compressiunculis* » *utrinque pinnatis blattam molendariam quo-* » *dammodo referentibus, composita , foliis con-* » *volutis mucronatis pungentibus.* » ALMAG. 137.

C'en était fait de la botanique si ces pratiques

eussent été suivies; devenue absolument insup-
portable, la nomenclature ne pouvait plus subsister dans cet état, et il fallait de toute nécessité qu'il s'y fît une réforme, ou que la plus riche,
la plus aimable, la plus facile des trois parties de
l'histoire naturelle fût abandonnée.

Enfin, Linnæus, plein de son système sexuel
et des vastes idées qu'il lui avait suggérées, forma
le projet d'une refonte générale, dont tout le
monde sentait le besoin, mais dont nul n'osait
tenter l'entreprise. Il fit plus, il l'exécuta; et,
après avoir préparé dans son *Critica Botanica*
les règles sur lesquelles ce travail devait être
conduit, il détermina, dans son *Genera plantarum*, les genres des plantes; ensuite les espèces
dans son *Species*; de sorte que, gardant tous les
anciens noms qui pouvaient s'accorder avec ces
nouvelles règles, et refondant tous les autres, il
établit enfin une nomenclature éclairée, fondée
sur les principes de l'art qu'il avait lui-même
exposés. Il conserva tous ceux des anciens genres qui étaient vraiment naturels; il corrigea,
simplifia, réunit ou divisa les autres, selon que
le requéraient les vrais caractères. Et, dans la
confection des noms, il suivit quelquefois un peu
trop sévèrement ses propres règles.

A l'égard des espèces, il fallait bien, pour les
déterminer, des descriptions et des différences;
ainsi les phrases restaient toujours indispensa-
bles; mais, s'y bornant à un petit nombre de
mots techniques bien choisis et bien adaptés, il
s'attacha à faire de bonnes et brèves définitions,

tirées des vrais caractères de la plante, bannis-
sant rigoureusement tout ce qui lui était étranger. Il fallut pour cela créer, pour ainsi dire,
à la botanique une nouvelle langue, qui épargnât
ce long circuit de paroles qu'on voit dans les anciennes descriptions. On s'est plaint que les mots
de cette langue n'étaient pas tous dans Cicéron.
Cette plainte aurait un sens raisonnable, si Cicéron eût fait un traité complet de botanique. Ces
mots cependant sont tous grecs ou latins, expres-
sifs, courts, sonores, et forment même des con-
structions élégantes par leur extrême précision.
C'est dans la pratique journalière de l'art qu'on
sent tout l'avantage de cette nouvelle langue,
aussi commode et nécessaire aux botanistes que
l'est celle de l'algèbre aux géomètres.

Jusque là Linnæus avait déterminé le plus
grand nombre des plantes connues, mais il ne
les avait pas nommées : car ce n'est pas nommer
une chose que la définir ; une phrase ne sera
jamais un vrai mot, et n'en saurait avoir l'u-
sage. Il pourvut à ce défaut par l'invention des
noms triviaux, qu'il joignit à ceux des genres
pour distinguer les espèces. De cette manière,
le nom de chaque plante n'est composé jamais
que de deux mots, et ces deux mots seuls, choisis avec discernement et appliqués avec justesse,
font souvent mieux connaître la plante que ne
le faisaient les longues phrases de Michelli et
de Plukenet ; pour la connaître mieux encore,
et plus régulièrement, on a la phrase qu'il
faut savoir sans doute, mais qu'on n'a plus be-

soin de répéter à tout propos lorsqu'il ne faut que nommer l'objet.

Rien n'était plus maussade et plus ridicule, lorsqu'une femme, ou quelqu'un de ces hommes qui leur ressemblent, vous demandait le nom d'une herbe ou d'une fleur dans un jardin, que la nécessité de cracher en réponse une longue enfilade de mots latins qui ressemblaient à des évocations magiques ; inconvénient suffisant pour rebuter ces personnes frivoles d'une étude charmante offerte avec un appareil aussi pédantesque.

Quelque nécessaire, quelque avantageuse que fût cette réforme, il ne fallait pas moins que le profond savoir de Linnæus pour la faire avec succès, et que la célébrité de ce grand naturaliste pour la faire universellement adopter. Elle a d'abord éprouvé de la résistance, elle en éprouve encore. Cela ne saurait être autrement; ses rivaux dans la même carrière regardent cette adoption comme un aveu d'infériorité qu'ils n'ont garde de faire; sa nomenclature paraît tenir tellement à son système, qu'on ne s'avise guère de l'en séparer. Et les botanistes du premier ordre, qui se croient obligés par hauteur de n'adopter le système de personne, et d'avoir chacun le sien, n'iront pas sacrifier leurs prétentions aux progrès d'un art dont l'amour dans ceux qui le professent est rarement désintéressé.

Les jalousies nationales s'opposent encore à l'admission d'un système étranger. On se croit

obligé de soutenir les illustres de son pays, surtout lorsqu'ils ont cessé de vivre ; car même
l'amour-propre qui faisait souffrir avec peine
leur supériorité durant leur vie, s'honore de
leur gloire après leur mort.

Malgré tout cela , la grande commodité de
cette nouvelle nomenclature, et son utilité que
l'usage a fait connaître , l'ont fait adopter presque universellement dans toute l'Europe, plus
tôt ou plus tard , à la vérité, mais enfin à peu
près partout , et même à Paris. M. de Jussieu
vient de l'établir au jardin du Muséum d'histoire
naturelle , préférant ainsi l'utilité publique à la
gloire d'une nouvelle refonte que semblait demander la méthode des familles naturelles dont
son illustre oncle est l'auteur. Ce n'est pas que
cette nomenclature linnéenne n'ait encore ses
défauts, et ne laisse de grandes prises à la critique ; mais en attendant qu'on en trouve une plus
parfaite à qui rien ne manque , il vaut cent fois
mieux adopter celle-là que de n'en avoir aucune, ou de retomber dans les phrases de Tournefort et de Gaspard Bauhin. J'ai même peine à
croire qu'une meilleure nomenclature pût avoir
désormais assez de succès pour proscrire celle-ci,
à laquelle les botanistes de l'Europe sont déjà
tout accoutumés ; et c'est par la double chaîne de
l'habitude et de la commodité qu'ils y renonce-
raient avec plus de peine encore qu'ils n'en eurent à l'adopter. Il faudrait, pour opérer ce
changement, un auteur dont le crédit effaçât
celui de Linnæus, et à l'autorité duquel l'Eu-

rope entière voulût se soumettre une seconde
fois, ce qui me paraît difficile à espérer ; car si
son système, quelque excellent qu'il puisse être,
n'est adopté que par une seule nation, il jettera
la botanique dans un nouveau labyrinthe, et
nuira plus qu'il ne servira.

Le travail même de Linnæus, bien qu'immense, reste encore imparfait, tant qu'il ne
comprend pas toutes les plantes connues, et tant
qu'il n'est pas adopté par tous les botanistes sans
exception ; car les livres de ceux qui ne s'y sou-
mettent pas, exigent de la part des lecteurs le
même travail pour la concordance auquel ils
étaient forcés pour les livres qui ont précédé. On
a obligation à Crantz (CCCC), malgré sa passion
contre Linnæus, d'avoir, en rejetant son système, adopté sa nomenclature. Mais Haller,
dans son grand et excellent traité des plantes
alpines, rejette à la fois l'un et l'autre, et
Adanson (DDDD) fait encore plus ; il prend une
nomenclature toute nouvelle, et ne fournit aucun renseignement pour y rapporter celle de
Linnæus. Haller cite toujours les genres et quelquefois les phrases des espèces de Linnæus ; mais
Adanson n'en cite jamais ni genres ni phrases.
Haller s'attache à une synonymie exacte, par
laquelle, quand il n'y joint pas la phrase de Linnæus, on peut du moins la trouver indirecte-
ment par le rapport des synonymes. Mais Linnæus et ses livres sont tout-à-fait nuls pour
Adanson et pour ses lecteurs ; il ne laisse aucun
renseignement par lequel on s'y puisse recon-

naître. Ainsi il faut opter entre Linnæus et Adanson, qui l'exclut sans miséricorde, et jeter tous les livres de l'un ou de l'autre au feu. Ou bien il faut entreprendre un nouveau travail, qui ne sera ni court ni facile, pour faire accorder deux nomenclatures qui n'offrent aucun point de réunion.

De plus, Linnæus n'a point donné une synonymie complète. Il s'est contenté, pour les plantes anciennement connues, de citer les Bauhin et Clusius, et une figure de chaque plante. Pour les plantes exotiques découvertes récemment, il a cité un ou deux auteurs modernes, et les figures des Redi (EEEE), de Rumphius, et quelques autres, et s'en est tenu là. Son entreprise n'exigeait pas de lui une compilation plus étendue; et c'était assez qu'il donnât un seul renseignement sûr pour châque plante dont il parlait.

Tel est l'état actuel des choses. Or, sur cet exposé, je demande à tout lecteur sensé comment il est possible de s'attacher à l'étude des plantes, en rejetant celle de la nomenclature? C'est comme si l'on voulait se rendre savant dans une langue sans vouloir en apprendre les mots. Il est vrai que les noms sont arbitraires, que la connaissance des plantes ne tient point nécessairement à celle de la nomenclature, et qu'il est aisé de supposer qu'un homme intelligent pourrait être un excellent botaniste, quoiqu'il ne connût pas une seule plante par son nom. Mais qu'un homme seul, sans livres et sans aucun secours des lumières communiquées, parvienne à devenir de lui-même un très-médiocre botaniste, c'est une assertion ridicule à faire et une entreprise impossible à exécuter. Il s'agit de savoir si trois cents ans d'études et d'observations doivent être perdus pour la botanique; si trois cents volumes de figures et de descriptions doivent être jetés au feu; si les connaissances acquises par tous les savans qui ont consacré leur bourse, leur vie et leurs veilles à des voyages immenses, coûteux, pénibles et périlleux, doivent être inutiles à leurs successeurs; et si chacun, partant toujours de zéro pour son premier point, pourra parvenir de lui-même aux mêmes connaissances qu'une longue suite de recherches et d'études a répandues dans la masse du genre humain. Si cela n'est pas, et que la troisième et plus aimable partie de l'histoire naturelle mérite l'attention des curieux, qu'on me dise comment on s'y prendra pour faire usage des connaissances ci-devant acquises, si l'on ne commence par apprendre la langue des auteurs, et par savoir à quels objets se rapportent les noms employés par chacun d'eux. Admettre l'étude de la botanique, et rejeter celle de la nomenclature, c'est donc tomber dans la plus absurde contradiction.

J. J. ROUSSEAU.

NOTES HISTORIQUES.

(A) Tournefort, *page 33.*

Joseph Pitton de Tournefort, né à Aix en Provence, en 1656, mort à Paris en 1708, se sentit botaniste dès qu'il vit des plantes. Il parcourut, en 1678, les montagnes du Dauphiné et de la Savoie. L'année suivante, il alla à Montpellier, où il se perfectionna dans l'anatomie et la médecine. Fagon, premier médecin de la reine, l'appela à Paris en 1683, et lui procura la place de professeur de botanique au Jardin royal des Plantes. Cet emploi ne l'empêcha pas de faire plusieurs voyages en Espagne, en Portugal, en Hollande et en Angleterre. Le roi l'envoya, en 1700, explorer la Grèce et l'Asie. C'est des bords de l'Euphrate qu'il nous apporta le Saule pleureur (*Salix Babylonica*).

Tournefort publia, en 1694, ses *Élémens de botanique*, dont il donna, deux ans après, une édition latine sous ce titre : *Institutiones rei herbariæ*. En 1698, il fit paraître l'histoire des plantes qui naissent aux environs de Paris. Voulant créer une nouvelle méthode phytologique, il en posa les fondemens sur la corolle, ou la fleur, comme il l'appelait. Il donna la préférence à cet organe, qui est le plus frappant, et qui fournit un grand nombre de caractères faciles à observer.

(B) Gonceru, *page 58.*

Cette dame, sœur du père de Rousseau, éleva son neveu, et jamais il n'oublia les soins qu'elle avait pris de son enfance. Rousseau lui fit une pension en 1767. Elle vivait encore en 1772, dans un village près de Genève, âgée de plus de quatre-vingts ans.

(C) Wootton, *page* 73.

Émile, que Rousseau regardait comme le principal et le plus utile de tous ses écrits, fut censuré par la Sorbonne et condamné par le parlement de Paris quelques jours après sa publication. L'auteur, qui depuis le 9 avril 1756 habitait Montmorency, où il vivait en solitaire studieux, tantôt dans sa petite maison de la ville, tantôt dans un appartement du château, fut décrété de prise de corps le 9 juin 1762. Les tribunaux instruisirent contre lui, et la justice devint l'instrument des passions. Le prince de Conti et le maréchal de Luxembourg facilitèrent son évasion ; il passa en Suisse, où il ne trouva d'asile que dans la principauté de Neuchâtel, au village de *Motiers-Travers*, qu'il habita environ trois années. Après avoir éprouvé divers outrages, il abandonna la Suisse, et se rendit à Strasbourg, où il resta un mois. *David Hume*, qui alors était à Paris, lui offrit une retraite en Angleterre. Rousseau accepta ses offres, revint incognito dans la capitale, où le prince de Conti lui fit préparer un appartement dans l'enceinte privilégiée du Temple, dont ce prince était grand-prieur. Le 3 janvier 1766 Rousseau et David Hume partirent ensemble pour Londres. Après avoir séjourné pendant environ deux mois, tant à Londres qu'au village de *Chiswick*, Rousseau se rendit à *Wootton*, maison de campagne située dans le comté de *Derby*, et appartenante à M. *Davenport*. Il passa treize mois dans cette retraite ; mais il traînait après lui la plus cruelle ennemie de son repos, Thérèse, sa gouvernante ; elle brouilla son maître avec tous les gens de M. Davenport, et Rousseau partit brusquement de Wootton le 1er mai 1767.

(D) Granville, *page* 74.

M. *Granville* était voisin de campagne de Rousseau pendant le séjour de celui-ci à *Wootton*. Ils se voyaient souvent, s'envoyaient de petits cadeaux, et correspondaient ensemble. C'est à lui que Rousseau dut la connaissance de Mᵐᵉ la duchesse de Portland.

(E) LES FRÈRES BAUHIN, page 75.

Ces deux frères illustres durent la vie à Jean Bauhin, né à Amiens en 1511, et qui s'y distingua dans la médecine; ayant embrassé le calvinisme, il fut obligé de se réfugier à Bâle.

Jean Bauhin, né à Bâle en 1541, mort en 1613. On a de lui divers ouvrages de médecine et de botanique; le plus connu est son *Historia plantarum universalis.*

Gaspard Bauhin son frère, né en 1560, professait la médecine et la botanique; il mourut en 1624; c'était un homme savant, mais vain et présomptueux. On l'appelle, dans son épitaphe, le *Phénix de son siècle* pour l'anatomie et la botanique. Il a publié plusieurs ouvrages phytologiques justement estimés. Les principaux sont : 1° *Theatrum botanicum*, Bâle, 1663, in-fol.; 2° *Pinax Theatri botanici*, Francfort, 1671, in-4°. Il laissa un fils nommé Jean-Gaspard Bauhin, qui marcha sur les traces de son père. Né en 1606, mort en 1685, il professa à Bâle, fut consulté d'une partie de l'Europe, et publia le *Théâtre de botanique* de son père.

(F) LINNÆUS, page 75.

Charles von Linné (*Linnæus*), né en Suède en 1707, mourut en 1777. Elevé dans le jardin du presbytère de son père, ministre protestant, ses premiers regards se tournèrent vers les plantes et les fleurs. Ses études en botanique furent suivies du plus grand succès. A l'âge de vingt-trois ans, il obtint dans l'université d'Upsal la chaire que le savant Rudbeck, accablé d'années et de travaux, était obligé d'abandonner. Quelque temps après, il parcourut la Laponie, la Dalécarlie, et la plupart des provinces de Suède. Il voyagea en Allemagne, en France, en Hollande et en Angleterre, examinant, non-seulement les productions qui croissent dans ces pays, mais étudiant

dans les herbiers et dans les jardins les plantes que la
nature a refusées à l'Europe ; consultant les plus fameux
botanistes, dont il devait bientôt être le rival et partager la gloire. Ce fut en 1737, qu'après s'être fait connaître par plusieurs ouvrages, et après avoir démontré, par
une foule d'expériences, que les *étamines* et les *pistils*
sont les organes sexuels des plantes, il se servit des caractères que ces organes peuvent fournir comme d'une
base solide pour élever un système ingénieux dans lequel
tous les végétaux viennent pour ainsi dire se placer
d'eux-mêmes. Le botaniste suédois ne se borna pas à cette
classification et à donner aux genres toute la perfection
dont ils étaient susceptibles, il porta ses regards sur tout
ce qui concerne la phytologie, et partout il introduisit
des réformes salutaires. Il créa la langue de cette science ;
il établit une nomenclature infiniment supérieure à
celle des anciens, et, par là, rendit l'étude de la botanique plus facile et plus agréable.

Rousseau aimait et estimait beaucoup Linné ; il disait
de lui que *chaque parole est une pensée*. Ce fut pendant son séjour dans l'île de Saint-Pierre (en 1765), que
Rousseau s'occupa sans relâche du système sexuel. « J'ai
» pris (dit-il) pour la méthode de Linnæus une passion
» dont je n'ai jamais pu bien me guérir. Ce grand obser-
» vateur est, à mon gré, le seul avec Ludwig (*) qui ait
» vu, jusqu'ici, la botanique en naturaliste et en philo-
» sophe. »

(G) GÉRARD, page 76.

Louis Gérard, né à Colignac en 1733, mort en 1819,
était fils d'un médecin de Montpellier, et reçut lui-même

(*) *Chrétien-Théophile Ludwig*, né dans la Silésie, en 1709, mort
en 1780, professa la médecine à Leipsick, et partageait son temps
entre cet art et la botanique. Il s'est fait connaître par deux excellens ouvrages : 1° *Genera plantarum*, 1747, in-8° ; 2° *Institutiones
regni vegetabilis*, 1757, in-8°. Le nom de *Ludwigia* a été donné par
Linné à un genre de la famille des Onagres.

à vingt ans, dans cette université, le bonnet de docteur.
Ce fut pendant le séjour qu'il fit dans cette ville que se
développa en lui le goût le plus vif pour la botanique;
voulant étudier les plantes de la Provence, il parcourut
ce beau pays dans toute son étendue pendant quatre années consécutives. A son retour, il se trouva possesseur de
plus de 1700 plantes, dont quelques-unes n'avaient pas
été décrites. Riche de cette belle et nombreuse collection, Gérard se rendit à Paris, et, d'après les conseils de
Bernard de Jussieu, il disposa les plantes de ses herborisations dans l'ordre des affinités naturelles, et en publia
le recueil sous le titre de *Flora Gallo-Provincialis*. Cette
Flore de la Provence parut en 1761. Elle est l'ouvrage le
plus important que Gérard ait publié.

(H) SYNOPSIS, *page* 76.

Cet ouvrage de *Ray* est intitulé, *Raii Synopsis stirpium Britannicarum*. Londres, 1724, 2 vol. in-8°.

Jean Ray, né dans le comté d'Essex en 1628, mort
en 1705, joignait aux connaissances d'un naturaliste
celles d'un littérateur et d'un théologien. Ses principaux
ouvrages phytologiques sont : 1° une *Histoire des plantes*,
en 3 vol. in-fol., 1686-1704; 2° une *Nouvelle Méthode
des plantes*, 1682, in-8°; 3° un *Catalogue des plantes
d'Angleterre et des îles adjacentes*, in-8°, 1677-1688
(*Voyez* la note N.)

(I) MILORD MARÉCHAL, *page* 76.

Georges Keith, connu sous le nom de *Milord Maréchal*, parce qu'il avait été maréchal d'Ecosse, naquit
dans cette contrée, en 1685. Dévoué à la cause des Stuarts,
il souleva son pays, en 1715, en faveur du prétendant.
Condamné à mort, il parcourut plusieurs cours de
l'Europe, et mourut en 1778, près de Potzdam, dans
une maison que lui avait fait bâtir le roi de Prusse.

(J) MES INCOMMODITÉS, *page* 76.

Rousseau était d'une complexion délicate; il fut attaqué de bonne heure d'une *ischurie* qui le tourmentait souvent. Mécontent de l'impuissance de la médecine à soulager ses incommodités, il déclama plus d'une fois contre cet art utile. Sur la fin de sa vie, il se reprochait plusieurs choses, entre autres ce qu'il avait dit sur les médecins. « *De tous les savans*, disait-il, *ce sont ceux* » *qui savent le plus et le mieux.* »

(K) PETIVER, *page* 79.

Jacques Petiver, naturaliste anglais, mort en 1718, s'appliqua constamment à la physique, et surtout à la botanique. Passionné pour l'histoire naturelle, il s'occupa de bonne heure à rassembler les objets qui en dépendoient. Son ouvrage le plus important est le *Catalogue de l'herbier anglais*, de Ray. Il publia aussi un essai, pour prouver que les plantes de la même nature et des mêmes classes ont généralement les mêmes vertus et doivent produire les mêmes effets; Césalpin avait eu déja cette idée. (*Voyez* la Thèse de Décandole, 1804, in-4°.)

(L) SOLANDER, *page* 80.

Daniel Solander, docteur en médecine, naquit en Suède. Il fit ses études à Upsal, suivit les leçons de Linné, qui conseilla à son père de l'envoyer en Angleterre. M. Banks l'engagea, en 1768, à faire avec lui le tour du monde; après une absence de trois années, il revint à Londres, où il mourut en 1782.

(M) MA RETRAITE, *page* 86.

Rousseau ayant quitté *Wootton* le premier mai 1767, vint s'établir le 21 juin suivant, au château de *Trye* (dans le Vexin français), où le prince de Conti lui avait fait préparer un appartement. Il y prit le nom de *Renou*, et

quitta cette habitation au mois de juin 1768. L'extérieur
de simplicité n'imposa pas d'abord aux gens du prince,
et ils ne crurent pas devoir beaucoup d'égards à un
homme qui mangeait avec sa gouvernante. Rousseau ne
se plaignit point, mais il écrivit à son protecteur de ne
pas trouver mauvais qu'il quittât ce lieu, et de lui permettre de se soustraire à ses bienfaits. Le prince de Conti
se douta de ce qui en était; il se rend à sa terre, arrache
à Rousseau son secret, le fait manger avec lui, assemble
sa maison, et, dans les termes les plus énergiques, me-
nace de toute son indignation le premier qui osera manquer à cet étranger.

(N) FLORA BRITANNICA, *page* 87.

Cet ouvrage est de Jean Ray; il parut à Londres en
1677, in-8°, et avec un supplément en 1688. Le système
de ce botaniste diffère beaucoup de celui de Tournefort;
celui-ci ne distribue les plantes qu'en vingt-deux classes,
au lieu que Ray en compte trente-trois. (*Voyez* la
note H.)

(O) VAILLANT, *page* 88.

Sébastien Vaillant, né en 1669, mort en 1722, fit
paraître, dès sa plus tendre jeunesse, une passion extrême pour la botanique. Il fut d'abord organiste chez
les hospitaliers de Pontoise, puis chirurgien, et ensuite
secrétaire de Fagon, premier médecin de Louis XIV, qui
lui obtint la direction du Jardin royal, qu'il enrichit de
plantes curieuses. Il passa quarante ans à dénombrer les
plantes qui croissent aux environs de Paris; mais trop
pauvre pour faire imprimer son ouvrage, Vaillant le
légua à Boerhaave, avec prière de le publier. Le docteur
hollandais remplit son vœu, et le fit imprimer à Leyde
en 1727, sous le titre de *Botanicon Parisiense*, in-fol.,
avec plus de trois cents figures.

(P) DAVENPORT, *page* 89.

M. *Davenport*, riche propriétaire, distingué par sa naissance et son mérite, allait rarement dans son domaine de *Wootton*. Rousseau n'accepta cette retraite qu'après être convenu qu'il paierait pour sa gouvernante et pour lui une modique somme; il y passa son temps à rédiger ses Confessions et à faire de la musique, goût qu'il conservait depuis l'enfance, et qu'il attribuait au plaisir qu'il trouvait alors auprès de la sœur de son père, qui chantait agréablement. Ce goût devint ensuite une passion.

(Q) MICHELIUS, *page* 89.

Pierre Antoine Michelli (*Michelius*), né à Florence en 1659, mort en 1737, fut d'abord destiné à la profession de libraire, qu'il abandonna pour l'étude des plantes; il étudiait, en même temps, seul et sans maître, la langue latine. Le grand-duc, instruit de ses talens, lui fit donner tous les livres qui lui étaient nécessaires, et l'honora du titre de son botaniste. Son *Nova plantarum genera* est un des meilleurs ouvrages publiés sur cette matière. Michelli a fait connaître le premier la fleur et la semence des Champignons, des Truffes, des Mousses et de diverses plantes marines, dont il a décrit plus de cinq cents espèces.

(R) LYON, *page* 94.

Rousseau se rendit à Lyon le 18 juin 1768. Il y resta quelques semaines, et fit dans les environs de cette ville quelques herborisations, accompagné de l'abbé Rozier et de M. de La Tourette. De cette ville il se rendit à Paris par Dijon, où la fatigue et le désir de faire un pèlerinage à Montbar l'obligèrent de se reposer plusieurs jours. A son retour dans la capitale, vers la fin de juin 1768, il logea rue Plâtrière (aujourd'hui rue Jean-Jacques-Rousseau), dans une maison appartenante à M. Vénant, épicier retiré du commerce.

Madame Vennat avait une sœur qui tenait un café rue de la Verrerie, et qui n'y faisait pas ses affaires; pour l'achalander, elle pria Rousseau d'y aller; il y consentit, et la foule l'y suivit; mais quelques jeunes gens étant venus lui réciter dérisoirement des passages d'Emile, il abandonna ce café.

(S) GRANDE CHARTREUSE, *page 94.*

Monastère célèbre, en Dauphiné, ainsi nommé d'une montagne escarpée sur laquelle il est bâti, dans un désert affreux, à cinq lieues de Grenoble, et qui a donné son nom à tout l'ordre des Chartreux. Saint Bruno en fut le fondateur en 1086.

Lorsque Rousseau alla visiter ce monastère, où il n'était pas connu, deux officiers de l'ordre l'accompagnèrent partout, dînèrent avec lui et le comblèrent de politesses. Lorsqu'il se disposait à les quitter, on lui présenta, suivant l'usage de cette maison, un registre sur lequel on le pria d'écrire une pensée, une sentence et son nom. Il mit ces deux mots : *O altitudo !* et signa.

(T) BOURGOIN, *page 97.*

Le 16 août 1768, Rousseau vint demeurer à Bourgoin, petite ville du Dauphiné. L'insalubrité du lieu le força d'accepter un logement dans un vieux château nommé Monquin, situé à une demi-lieue de Bourgoin, et appartenant au marquis de Cézargues. Il y demeura quinze mois. C'est là qu'en présence de deux témoins il contracta avec Thérèse Le Vasseur, sa gouvernante, un engagement verbal, qu'il considérait comme un véritable mariage, quoiqu'il n'eût rempli aucune des formalités rigoureusement exigées; mais c'était suffisant pour lui, dont les actes religieux se faisaient toujours au milieu du spectacle de la nature.

(U) PILAT, *page 97.*

Pilat est une montagne sur les confins du Lyonnais et du Forez, entre Condrieux et Argental. Les habitans en

racontent des choses merveilleuses relatives à *Pilate*,
qu'ils prétendent s'y être noyé dans la source du Giers.
Elle ne produit que du seigle en petite quantité, quelques plantes rares et des sapins. Ces derniers procurent
aux habitans de quoi subsister en conduisant du bois
dans les villes voisines; leur pauvreté fait leur bonheur;
l'égalité de fortune ne compose qu'une famille de chaque village.

Il y a une autre montagne du même nom, en Suisse,
dans le canton de Lucerne. On en raconte les mêmes
merveilles que du mont précédent; mais *Pilat* vient de
pileatus, parce que ces monts sont presque toujours couverts d'un chapeau de nuages.

(V) HALLER, page 100.

Albert de Haller, né à Berne, en 1708, mort en 1777,
fut, dès l'âge de neuf ans, un prodige de savoir. Par son
goût pour les sciences et par le zèle avec lequel il s'y
livra, Haller devint presque universel; il était anatomiste,
médecin, botaniste et poète. Il acquit bientôt une telle
réputation, que les universités se le disputèrent, et que
les rois le comblèrent d'honneurs. L'*Enumération des
plantes indigènes de l'Helvétie*, imprimée en 1742, fut
son principal titre à sa réputation comme botaniste. Il
ne cessa de le corriger et de l'améliorer jusqu'en 1768,
qu'il le publia sous le titre d'*Historia stirpium indigenarum
Helvetiæ inchoata.*

Les ouvrages poétiques du médecin suisse sont pleins
d'imagination et de philosophie; malgré l'absurde préjugé qui semble interdire la réunion des sciences et des
lettres, plus d'un disciple d'Hippocrate s'est fait gloire,
comme Haller, de cultiver les Muses. On sait qu'Apollon
était le dieu de la médecine et de la poésie.

(X) HUME, page 101.

David Hume, né en 1711 à Edimbourg, mort en 1776,
fut d'abord destiné au barreau; mais, privé du talent

de la parole, il quitta la jurisprudence pour cultiver la
littérature et la philosophie. Il s'attacha au lord Herfort,
comme secrétaire, pendant son ambassade à la cour de
France, en 1765.

Rousseau, persécuté et proscrit pour avoir publié
Émile, se trouvant à Strasbourg en novembre 1765,
reçut de David Hume, qui alors résidait à Paris, l'invitation de l'accompagner en Angleterre, où il se chargeait de lui procurer une retraite agréable et tranquille
(*Voyez* la note C). Rousseau accepta, et ne tarda pas à
se déplaire dans sa nouvelle retraite. Il n'avait pas fait
sur les Anglais la même sensation que sur les Parisiens;
son humeur libre, agreste et mélancolique, n'était pas
une singularité en Angleterre; il ne parut bientôt qu'un
homme ordinaire. Les feuilles périodiques, dont Londres est inondé, furent remplies de satires contre lui.
On fit imprimer surtout une lettre prétendue *du roi de
Prusse à Rousseau*, dans laquelle les principes et la
conduite de ce nouveau Diogène étaient tournés en ridicule. Rousseau crut que c'était une conspiration de Hume;
il lui écrivit une lettre de reproches, remplie d'expres-
sions outrageantes: de là une rupture complète, dont le
souvenir affligea Rousseau pendant long-temps.

(Y) MILORD NUNCHAM, *page* 102.

Le lord vicomte de *Nuncham* était un seigneur anglais qui prit ensuite le nom de comte de *Harcourt*.
Rousseau, qui voulait se défaire de ses estampes et de ses
livres, correspondait avec ce lord, qui en facilita la vente.

(Z) HERBIERS, *page* 104.

Jamais herboriste n'a poussé plus loin que Rousseau la
délicatesse et la propreté dans l'arrangement des plantes
sur le papier. Son *moussier* était un petit chef-d'œuvre
d'élégance. S'étant occupé long-temps de l'art de la
dessiccation des plantes, il a laissé plusieurs herbiers de
différens formats. Parmi les livres rares et précieux qui

composaient la bibliothèque du savant Malesherbes, on trouve deux petits herbiers de Rousseau, faits avec tout le soin et tout l'art possible. L'un est de format in-8°, et ne renferme que des *Cryptogames*; l'autre, de format in-4°, est composé des *Phanérogames*, ou plantes à fleurs distinctes.

On a mis, cette année, en vente, au *musée Européen*, à Paris, l'herbier que Rousseau avait recueilli pour son usage. Sa veuve en avait fait hommage à M. Le Bègue de Presle, médecin et ami particulier de Rousseau. Cet herbier se compose d'environ quinze cents feuilles, format in-4°; chaque feuille présente une plante fixée par des bandelettes de papier et étiquetée de cette manière :

CLASSE IV.

Pentandrie digynie.

Athamanta oreoselinum,
L. M. 342.
Apium montanum, folio
ampliore, pr. pin. 158.

(AA) Moultou, *page* 105.

Rousseau parle avec attendrissement, dans plusieurs endroits de ses Confessions, de ce Genevois, qu'il considérait comme son véritable ami. Il désirait qu'il fût son exécuteur testamentaire, relativement à ses manuscrits. Ce souhait fut en partie rempli.

(BB) Herbarium amboinense, *page* 111.

Cet ouvrage est de *Georges-Évrard Rumphius*, né du 1627, et médecin de l'université de Hanau; il devint consul à Amboine, l'une des îles Moluques, où il était

vallé s'établir. La botanique eut pour lui un attrait singulier; et, bien qu'il n'eût jamais pris de leçon de cette
science, il s'y rendit très-habile par ses propres recherches. *Rumphius* réunit en douze livres ce qu'il avait recueilli de plantes, et les dédia, en 1690, au Conseil de
la compagnie des Indes. Ce recueil parut en 1755, sous
le titre d'*Herbarium Amboinense*, avec un supplément,
par les soins de Jean Burmann, en six volumes in-folio,
enrichis de figures.

(CC) Le $17\frac{12}{12}.69$, *page* 114.

Manière de dater les lettres, dont Rousseau se servait
avec ses amis, en mettant, comme on le voit, au milieu
du millésime deux autres nombres, dont le supérieur
est le quantième, et l'inférieur, le mois; c'est-à-dire,
17 décembre 1769.

(DD) Gouan, *page* 115.

Antoine Gouan, docteur en médecine, fonda le jardin de botanique de Montpellier, dont il classa les
plantes d'après le système de Linné. Rousseau estimait
sa personne et ses travaux; il eut même le projet de
l'aller voir. Gouan a publié la *Flore de Montpellier*,
dans laquelle il a combiné le système de Linné et celui
de Rivin, botaniste allemand, qui ne s'attachait qu'à la
corolle, et distribuait les plantes d'après le nombre des
pétales.

Il existe plus de cent méthodes différentes pour classer
les plantes et faciliter l'étude de la botanique. M. Mouton-
Fontenille, membre de l'Athénée de Lyon, a réuni les ta-
bleaux de tous les systèmes généraux et particuliers en un
volume in-8°, imprimé à Lyon en 1801. Cet ouvrage curieux est indispensable aux phytologistes.

(EE) Pauvres aveugles! etc., *page* 119.

Rousseau, accablé de ses malheurs, avait pris, à cette
époque, l'habitude de commencer toutes ses lettres par

ce quatrain dont il était l'auteur. Nous n'en citerons que le premier vers dans les lettres suivantes.

(FF) PAPYRUS, *page* 121.

Le *papyrus*, le plus ancien de tous les papiers, était fait avec une espèce de Souchet (*Cyperus papyrus*) qui croît sur les bords du Nil et en Sicile. Les anciens en séparaient l'écorce et la polissaient pour leur servir de papier à écrire. On trouve en France et en Italie des diplômes en papier d'Egypte de toutes les qualités. Le *papyrus* a cessé d'être en usage dans le douzième siècle.

(GG) PARKINSON, *page* 122.

Jean Parkinson, célèbre botaniste anglais, fleurissait dans le dix-septième siècle. On a de lui un ouvrage aussi estimé que recherché, intitulé *Theatrum botanicum sive herbarium amplissimum angliæ descriptum.* Londres, 1640, 1 vol. in-fol. Il avait déjà publié une collection de fleurs, sous le titre de *Paradisi in sole Paradisus terrestris*, Londres, 1629, in-fol. Ces ouvrages sont écrits en anglais, bien que ces titres soient latins.

(HH) VALERIUS CORDUS, *page* 122.

Valerius Cordus naquit dans la Hesse en 1515. Il s'appliqua, avec un égal succès, à la connaissance des langues et à celle des végétaux. Il parcourut toutes les montagnes d'Allemagne pour y recueillir des plantes, et mourut à Rome âgé de 29 ans. Il a enrichi la botanique de *Remarques sur Dioscoride*, Zurick, 1561, et d'une *Histoire des plantes*, Strasbourg, 1563, 2 vol. in-fol.

(II) TRAGUS, *page* 122.

Hieronymus Tragus, médecin allemand, né en 1498, mort en 1554, a publié un ouvrage phytologique intitulé *Herbarius tribus libris.* Melchior Adam parle de ce botaniste obscur dans la biographie qu'il publia en 1615.

(JJ) Buffon, *page* 130.

Georges-Louis Le Clerc, comte de *Buffon*, naquit à Montbar en 1707, et mourut à Paris en 1788. Passionné pour la gloire, et croyant la trouver dans la capitale, il s'y rendit à l'âge de 25 ans. Nommé intendant des jardins du roi en 1739, il y réunit toutes les richesses de l'histoire naturelle; son nom, connu dans les quatre parties du monde, lui procurait tout ce qu'elles offraient de plus curieux. Infatigable au travail, il y consacrait quatorze heures par jour. C'était surtout en son château de Montbar qu'il se livrait sans distraction à ses spéculations et à ses recherches. A cinq heures du matin, il montait à un pavillon, placé au milieu de ses vastes jardins, pavillon que le prince Henri de Prusse appela le *berceau de l'histoire naturelle*, et dont Rousseau baisa avec respect le seuil de la porte. Comme le philosophe genevois, Buffon écrivait difficilement; il passait quelquefois une matinée entière à arranger une seule phrase. Aussi disait-il que *le génie n'est qu'une grande aptitude à la patience.* Rousseau citait Buffon avec éloge, et le considérait comme la plume la plus brillante de son siècle.

« Plus on lit Buffon, plus ses idées semblent belles; mais la première lecture de Rousseau est celle qui fait le plus de plaisir. » (Mme Necker.)

(KK) Daubenton, *page* 130.

Jean-Louis-Marie Daubenton, né à Montbar en 1716, mort à Paris en 1799, étudiait la médecine, lorsque Buffon le choisit (en 1735) pour son collaborateur. Il se chargea de la partie anatomique de son histoire naturelle, et mit dans ce travail autant d'exactitude que de sagacité. Le cabinet d'histoire naturelle de Paris, qu'il dirigea ensuite, n'avait été jusqu'en 1750 que le simple droguier du docteur Geoffroy, professeur de chimie au jardin royal des Plantes; il devint, par les soins de Dau-

benton et de Buffon, l'une des plus précieuses curiosités
de la capitale.

« Buffon (dit Cuvier) n'écoutait guère que son imagi-
» nation; Daubenton était presque toujours en garde con-
» tre la sienne. Le premier était plein de vivacité, le se-
» cond, de patience; l'un voulait plutôt deviner la vérité
» que l'observer; l'autre remarquait tous les détails et se
» défiait toujours de lui-même. »

(LL) RICHARD, JARDINIER DE TRIANON, *page* 131.

Le petit Trianon est une maison de plaisance, située
dans le parc de Versailles; Louis XV en fut le créateur.
Le duc d'Ayen, capitaine des gardes, qui avait près du
roi un accès intime, et qui s'occupait de botanique, lui
inspira l'idée de consacrer à cette science les jardins qui
devaient accompagner la nouvelle habitation royale.
Cette idée fut adoptée; et le jardin botanique de Trianon
eut *Bernard de Jussieu* pour directeur, et Richard pour
jardinier. Cet habile cultivateur n'a composé aucun ouvrage; mais il a laissé des enfans qui ont professé avec
succès la science phytologique.

Rousseau parle dans cette lettre du jardin de M. Cochin, ancien échevin de Paris. Ce superbe établissement
était situé à Châtillon, près de Bagneux, à deux lieues de
la capitale. Le propriétaire y avait rassemblé les plantes
les plus belles et les plus rares, tant indigènes qu'exotiques. Le docteur L. A. P. Hérissant en a publié la description sous le titre de *Jardin des curieux*, Paris,
1771, in-8°.

(MM) L'ABBÉ ROZIER, *page* 139.

François Rozier naquit à Lyon en 1734, et y fut tué
par une bombe, le 29 septembre 1793, pendant le siège
de cette ville. Fils d'un négociant peu fortuné, il em-
brassa l'état ecclésiastique comme une ressource. La nature, si féconde et si belle dans les campagnes du Lyon-

nais, appela toutes les méditations du jeune Rozier. Columelle, Varron, Olivier de Serres, devinrent ses auteurs
favoris; et, pour approfondir la botanique, il prit pour
guide La Tourette, son compatriote et son ami. Ils pu-
blièrent de concert les *Démonstrations de botanique*, à
l'usage des écoles vétérinaires. Arrivé dans la capitale,
l'abbé Rozier fit l'acquisition du *Journal de physique et
d'histoire naturelle*, et sut lui donner un grand degré
d'intérêt. Bientôt après sa fortune se rétablit, des hommes
puissans le protégèrent, et, à la recommandation du roi
Stanislas, il obtint le prieuré de Nanteuil, qui lui procura un revenu considérable. Ce fut alors que, songeant
à sa gloire, il réalisa son projet favori, et donna un
cours complet de doctrine rurale, en publiant son *Cours
d'agriculture*.

(NN) JUSSIEU, LE JEUNE, *page* 142.

Antoine-Laurent de Jussieu naquit à Lyon en 1748.
Héritier des talens et des vertus de ses oncles, il s'adonna
comme eux, dans sa jeunesse, à l'étude de la médecine,
de la botanique, et se distingua comme eux dans cette
double carrière. Il fut choisi, en 1770, pour professer la
botanique au jardin du roi. Bernard de Jussieu, son oncle, qui l'avait appelé près de lui, lui développa le plan
de sa méthode et les principes sur lesquels elle est fondée.
Antoine-Laurent de Jussieu a publié, en 1789, un ouvrage dans lequel il trace les affinités de tous les végétaux, et les bases de la méthode naturelle que son oncle
Bernard de Jussieu avait établie pour la première fois
dans le jardin royal de Trianon.

Le système de Jussieu est fondé, 1° sur le rapport des
familles naturelles considérées relativement à l'absence,
à la présence et au nombre des cotylédons; 2° à la
présence ou à l'absence de la corolle; 3° à l'insertion
des étamines et de la corolle; 4° à la réunion ou à la
liberté des étamines. Ce système savant, et difficile dans
son application, est suivi au jardin des Plantes de Paris.

La science est héréditaire dans la famille des *Jussieu*, comme elle l'était dans celle des *Sainte-Marthe*.

(OO) Thouin, *page* 142.

André Thouin, né en 1745, ci-devant jardinier au jardin du Roi, professeur d'agriculture au Muséum d'histoire naturelle, et membre de l'institut, a, de concert avec Buffon, dirigé le choix et la plantation de l'école d'arbres forestiers, indigènes et exotiques que l'on voit au jardin des Plantes.

Le nom d'*André Thouin* est une autorité dans la science agronomique, comme celui de *Buffon* dans l'histoire naturelle. On lui doit un grand nombre de mémoires sur l'agriculture et la botanique.

(PP) Sauvage, *page* 152.

François Boissier de Sauvage, né en 1706, mort en 1767, fut professeur de médecine et de botanique à l'université de Montpellier. Il était consulté de toutes parts, et on le regardait comme le *Boerhaave* du Languedoc. Parmi les ouvrages qu'il a composés sur la médecine et la botanique, on distingue sa *Nosologia methodica* et sa *Methodus foliorum*. On trouve dans cette méthode le catalogue d'environ cinq cents plantes qui manquent dans le *Botanicum Monspeliense*, publié par Magnol.

(QQ) Guettard, *page* 152.

Jean-Etienne Guettard, né en 1715, mort en 1786, acquit de bonne heure, sous les yeux d'un aïeul très-instruit dans la botanique, les premiers principes des sciences naturelles; mais entraîné par goût vers la minéralogie, il n'a pas enrichi la phytologie de toutes les observations que ses premiers ouvrages faisaient espérer. Ses mémoires sur les poils et les glandes des plantes sont neufs pour le fond des détails et pour les résultats. Il s'est assuré que les espèces des familles naturelles offrent à l'observateur les organes d'une structure semblable dans toutes les familles. Il a fait l'application de son système dans ses *Observations sur les plantes des environs d'E-tampes*, son pays natal; cet ouvrage a paru en 1747, 2 vol. in-12.

(RR) D'ALIBARD, page 152.

Thomas-François d'Alibard, botaniste français qui vivait à Paris vers le milieu du dix-huitième siècle, a publié l'esquisse d'une Flore des environs de cette capitale, sous le titre de *Floræ Parisiensis prodromus*, 1749, in-12. Cet ouvrage n'est autre que le *Botanicon Parisiense* de Vaillant, rangé suivant le système de Linné; aussi le botaniste suédois a donné le surnom de *Dalibarda* à une espèce de *Rubus*.

(SS) JUSSIEU, page 153.

Bernard de Jussieu, né à Lyon en 1699, mort à Paris en 1777, se distingua comme ses deux frères, dans la pratique de la médecine, et par ses connaissances dans la botanique. Il dut à ses talens la chaire de démonstrateur des plantes au jardin du Roi. Sa modestie était extrême; souvent il répondait aux questions qu'on lui faisait : *Je ne sais pas.* Le cèdre du Liban (*Pinus cedrus*) manquait au jardin royal. Jussieu eut le plaisir de voir les deux pieds de ce végétal qu'il avait apportés d'Angleterre, où ils avaient été élevés dans une serre chaude, croître sous ses yeux, et élever leur cime au-dessus des plus grands arbres. Linné, étant venu en France, assista à une de ses herborisations. On a dit qu'il avait peu écrit, mais qu'il avait parlé, et que d'autres avaient écrit d'après lui. Rousseau ayant voulu savoir de lui (en 1770) quelle était la méthode de botanique qu'il devait suivre : « Aucune (répondit Jussieu); qu'il étudie les plantes dans l'ordre que » la nature lui offrira; qu'il les classe d'après les rap-» ports que ses observations lui feront découvrir entre » elles. Il est impossible, ajoutait-il, qu'un homme d'au-

» tant d'esprit, s'occupe de botanique, et ne nous ap-
» prenne pas quelque chose. »

(TT) ANTHOLOGIE DE PONTEDERA, *page* 154.

Julius Pontedera, natif de Pise, était professeur de
botanique à Padoue, au commencement du dix-huitième
siècle; il entreprit de corriger la méthode de Tournefort, et distingua les végétaux par les bourgeons, qui lui
fournirent ses principales divisions. Dans son *Anthologie*
(*Discours sur les fleurs*) il combat de toutes ses forces
le système sexuel, qu'il eût sans doute adopté lui-même
si les écrits de Vaillant et de Linné avaient précédé le
sien.

(UU) DILLENIUS, *page* 155.

Jean-Jacques Dillen (*Dillenius*), natif de Darmstadt,
en Allemagne, et professeur de botanique à Oxford,
mourut en 1747. Il a publié plusieurs ouvrages phytologiques; celui dont il est ici question est l'*Historia mus-
corum*, in-folio.

(VV) GRAMINÉES, *page* 158.

Rousseau, venant d'herboriser à la campagne, arriva
chez des dames, les mains pleines de *Graminées*. On se
mit à rire en le voyant entrer. « Il n'y a pas là de quoi
rire (dit le philosophe-botaniste); je tiens dans mes mains
les plus grandes preuves de l'existence de Dieu. *Gramina
enarrant gloriam Dei.* »

(XX) BUCH'OZ, *page* 167.

Pierre-Joseph Buch'oz, de la faculté de médecine de
Nancy, né à Metz en 1731, mort à Paris en 1807. Cet
auteur fécond s'est constamment occupé d'objets utiles.
Il a écrit plus de trois cents volumes relatifs à la médecine, à l'agriculture, à l'art vétérinaire et à l'histoire naturelle. Le botaniste *L'Héritier*, impatienté de cette fé-

conduite, et trouvant dans un de ses voyages une plante
très-fétide, l'ayant surnommée *Buch'oziana*.

(YY) Gagnebin, *page* 169.

Le botaniste *Gagnebin* avait une mémoire prodigieuse,
et possédait parfaitement la nomenclature des plantes.
Rousseau, qu'il accompagnait dans ses herborisations de
la Suisse, l'appelait le *Parolier*. Chaque plante vivante
était pour lui l'objet d'un culte. Il forçait ses compagnons
de voyage à s'arrêter tout court devant la plante qu'ils
ne connaissoient pas, et à l'entendre prononcer, du ton
le plus religieux, ses divers noms en différentes langues,
sa description, avec les différentes phrases imaginées par
les botanistes pour en rappeler la figure, le port, le sexe
et les propriétés.

(ZZ) Garsault, *page* 179.

François-Alexandre Garsault, né en 1683, mort en
1778, s'occupa beaucoup de tout ce qui concerne les chevaux et l'équitation. Il cultiva ausi les arts et même la littérature. Les botanistes le connaissent par un *Recueil de
plantes gravées*, 4 vol. in-8°.

(AAA) Voila tout, *page* 181.

Marie-Thérèse Levasseur, née à Orléans en 1721,
et morte en 1806, au Plessis-Belleville, village près d'Ermenonville, entra au service de Rousseau en 1745. La
confiance qu'il avait en elle était sans bornes comme l'em-
pire qu'elle avait sur lui; et cette confiance était fondée
sur ce qui devait la détruire, c'est-à-dire sur une exces-
sive simplicité. Thérèse était bornée au-delà de toute
expression, puisqu'elle ne cessa point de l'être, en vivant
pendant trente-trois ans avec Rousseau dans la plus
grande intimité. Il lui dut la plus grande partie de ses
malheurs, toute l'amertume des dernières années de sa
vie, son humeur chagrine, ses défiances continuelles,

qu'elle faisait naître et qu'elle alimentait. Rousseau, s'étant aperçu de l'inclination de Thérèse pour un valet d'écurie du château d'Ermenonville, en éprouva un vif chagrin, qui abrégea ses jours. Cette femme méprisable, sur la fin de sa vie, se grisait avec des liqueurs spiritueuses; et plus d'une fois on la trouva ivre-morte. M. Le Bègue de Presle, médecin et ami de Rousseau, étant allé le voir à Ermenonville, le trouva montant péniblement de sa cave, et lui demanda pourquoi, à son âge, il ne confiait pas ce soin à madame Rousseau? « *Que voulez-vous?* répondit-il, *quand elle y va, elle y reste.* »

Quelques personnes ont prétendu que J.-J. Rousseau s'était suicidé; c'est une erreur ou une calomnie. Rousseau est mort des suites d'une apoplexie séreuse, le 2 juillet 1778, à 66 ans. On trouvera, sur cet événement et d'autres circonstances de sa vie privée, des anecdotes curieuses dans le *Voyage à Ermenonville*, publié, en 1819, par M. Thiébaut de Berneaud, secrétaire de la Société linnéenne de Paris. Ce savant naturaliste, qui le premier a donné la *Flore d'Ermenonville*, possède des matériaux immenses sur la vie, les ouvrages et les relations du philosophe de Genève, dont il prépare depuis long-temps les œuvres complètes.

(BBB) Clusius, *page* 184

Charles de l'Ecluse (*Clusius*), était un médecin d'Arras, auquel les empereurs Maximilien II et Rodolphe II confièrent leur jardin des plantes. Les assujettissemens de la vie de courtisan l'ayant dégoûté, il se retira à Francfort-sur-le-Mein, ensuite à Leyde, où il mourut en 1609, âgé de 83 ans. Ses ouvrages phytologiques ont été recueillis sous le titre de *Variarum plantarum historia,* etc. Anvers, 1601-1605, 2 vol. in-folio.

(DDD) Séguier, *page* 186.

Jean-François Séguier, né à Nîmes en 1704, y mourut en 1780. Il est un des savans du dernier siècle qui a le plus honoré sa longue existence par ses vertus et par des travaux utiles. Séguier s'est fait un nom parmi les botanistes par deux ouvrages intéressans; 1° *Bibliotheca botanica*, Leyde, 1760, in-4°; 2° *Plantæ Veronenses*, Vérone, 1754, 3 vol. in-8°. Il était aussi bon antiquaire que grand botaniste. C'est à lui qu'on doit l'explication de l'inscription de la Maison-Carrée de Nimes, qu'il devina au moyen des trous formés par les crampons qui tenaient les lettres.

(DDD*) Dutens, *page* 193.

Louis Dutens, né à Tours en 1730, mort en 1812, séjourna long-temps en Angleterre, où le duc de Northumberland lui procura le riche prieuré d'*Elsdon*. Dutens a beaucoup écrit sans avoir acquis de célébrité. Il s'était lié avec Rousseau, dont il acheta la bibliothèque, composée de cinq cents volumes, avec des notes marginales; le livre de l'Esprit, par *Helvétius*, entre autres, était couvert de critiques.

(EEE) Liotard, le neveu, *page* 195.

Pierre Liotard, né dans un village près de Grenoble, en 1729, mort en 1796, travailla à la terre dans sa jeunesse. Placé, en 1765, chez un de ses oncles, herboriste à Grenoble, il fit, dans les montagnes du Dauphiné, différentes courses qui lui inspirèrent un goût très-vif pour la botanique. Sachant à peine sa langue et n'ayant fait aucune étude, il connut bientôt toutes les plantes des Alpes, et parvint même, sans secours étranger, à entendre le latin de Linné. On l'indiquait aux voyageurs comme le meilleur *Cicérone* des monta nes. Ses relations avec Rousseau sont remarquables. Celui-ci vint le trouver en 1768, et le pria de lui apprendre à connaître les plantes. « Vous êtes bien vieux, » lui dit Liotard. « Je travaillerai d'autant plus, » répondit Rousseau. Liotard, simple, franc et même un peu rustique, convint beaucoup à Rousseau; ils se lié-

rent intimement ; et, après leur séparation, ils restèrent
en correspondance. Plusieurs personnes ont vu les lettres
de Rousseau ; quelques-unes étaient relatives à des commissions de plantes ; mais d'autres offraient, sur les beau-
tés de la nature et sur la Providence, des passages d'une
éloquence admirable. Liotard les confiait quelquefois à
des amateurs ; elles tombèrent dans des mains infidèles et
ne reparurent plus.

Rousseau recherchait ceux qui le négligeaient, et fuyait
ceux qui le recherchaient. Tout le Dauphiné courut après
lui dans ces montagnes, où, sous le nom de *Renou*, il
se livrait à la botanique. Il portait le sentiment de la
justice dans tous ses goûts. On l'a vu souvent, en herborisant, ne vouloir point cueillir une plante lorsqu'elle
était seule de son espèce.

(FFF) Madame de Verna, *page* 197.

Madame *de Verna*, veuve d'un président du parlement de Grenoble, sachant que Rousseau était venu
herboriser en Dauphiné, lui écrivit pour lui offrir un logement dans son château. Cette invitation donna lieu à
la lettre ci-jointe, qui fut publiée, pour la première fois,
dans le journal de Paris du 14 juillet 1785.

(GGG) Grotte de la Balme, *page* 197.

Cette grotte est située au pied du rocher de Pierre-
Châtel, dans le Bugey, à sept lieues de Lyon. Il faut se
munir de flambeaux pour en parcourir les vastes détours.
On y pénètre par une rampe très-rapide, taillée en zig-
zag ; on découvre ensuite des voûtes de différentes coupes.
Les parois et le plancher sont décorés de stalactites
brillantes de formes très-variées, et l'on y trouve toutes
les variétés accidentelles qu'offrent les grottes les plus
renommées.

(HHH) Planches gravées, *page 201.*

L'abbé de Pramont avait confié à Rousseau une collection de planches gravées représentant des plantes, et accompagnées d'un texte explicatif pour chaque plante. Rousseau les a rangées suivant le système de Linné, et a joint au texte des notes en assez grand nombre. Ce recueil, en deux volumes grand in-folio, contenant 398 planches, a pour titre : *La Botanique mise à la portée de tout le monde, par les sieur et dame Regnault,* Paris, 1774. Cet ouvrage est actuellement déposé à la bibliothèque de la Chambre des députés. En tête est, avec l'original de la lettre qu'on a lue, une table raisonnée et méthodique, faite par Rousseau avec beaucoup de soin.

(III) L'accident, etc., *page 206.*

Rousseau, descendant la butte de Ménilmontant, fut rencontré par le chien danois de M. de Saint-Fargeau, qui, voulant rejoindre le carrosse de son maître, avait dans sa course la vitesse d'une balle de fusil. Il passa entre les jambes du malheureux Rousseau, qui tomba le visage sur le pavé, sans avoir eu le temps de se garantir avec ses mains. Il fut relevé par des paysans, et reconduit chez lui boiteux et souffrant. Le maître de l'équipage, ayant appris le lendemain quel était l'homme que son chien avait culbuté, envoya un domestique pour demander au blessé ce qu'on pouvait faire pour lui? « *Tenir désormais son chien à l'attache!* » répondit Rousseau.

(JJJ) Lapidation de Motiers, *page 208.*

Motiers-Travers est un village situé dans un vallon délicieux, à cinq lieues de Neuchâtel; Rousseau s'y réfugia après avoir été décrété de prise de corps pour son *Émile.* La protection du roi de Prusse, à qui appartenait la principauté de Neuchâtel, ne put le soustraire aux tracasseries que le pasteur de Motiers lui suscita. Il prêcha

contre Rousseau; et ses sermons produisirent une fermentation parmi la populace. La nuit du 6 au 7 septembre 1765, quelques fanatiques, échauffés par le vin
et les clameurs du ministre, lancèrent des cailloux contre
les fenêtres du philosophe genevois, qui, craignant de
nouvelles insultes, chercha vainement un asile dans le
canton de Berne. Ce canton, allié de la république de
Genève, ne voulut point souffrir un homme que sa patrie avait proscrit. Rousseau fut obligé de quitter la
Suisse; il arriva secrètement à Strasbourg, et de là à Paris, d'où il partit pour l'Angleterre avec David Hume
(*Voyez* les notes C et X).

(KKK) M*URRAY*, page 217.

Jean-André Murray, né à Stockholm en 1740, mort
en 1791, était professeur de médecine et directeur du
jardin botanique de Gottingue. Il a laissé plusieurs ouvrages phytologiques, dont les principaux sont : 1° *Prodromus designationis stirpium*, 1770, in-8°; 2° *Opuscula
botanici*, 1785-1786, 2 vol. in-8°; 3° *Linnæi systema
vegetabilium*, Gottingue, 1744, in-8°. Cet ouvrage, que
consultait Rousseau, est aujourd'hui à sa seizième édition.

(LLL) T*HÉOPHRASTE*, page 221.

Théophraste, philosophe grec, né dans l'île de Lesbos,
fut disciple de *Platon*. De cette école il passa dans celle
d'*Aristote*, qui, charmé de son esprit et de la douceur
de son élocution, changea son nom de *Tyrtame* en celui
de *Théophraste*, c'est-à-dire, *homme dont le langage est
divin*. La plupart des écrits de Théophraste sont perdus
pour la postérité. Ceux qui nous restent de lui sont
1° Un *Traité des plantes;* 2° une *Histoire des pierres;*
3° ses *Caractères*, ouvrage qu'il composa à 99 ans, et que
La Bruyère a traduit en français (*Voyez* la note SSS).

(MMM) D'E*SCHERNY*, page 233.

François-Louis, comte d'Escherny, né à Neuchâtel

en Suisse, en 1733, mort en 1814, fut, pendant cinquante ans, chambellan de la cour de Wirtemberg. Il passa dans une extrême dévotion une partie de sa jeunesse, et l'autre dans la dissipation du grand monde. Cet homme singulier a publié plusieurs ouvrages, entre autres des *OEuvres philosophiques*, *historiques*, etc., Paris, 1814, 3 vol. in-12. On y trouve une relation curieuse de ses liaisons avec Rousseau pendant leur séjour à *Motiers-Travers*, des herborisations qu'ils firent ensemble sur les montagnes du Jura, des leçons de botanique que Rousseau lui donna, etc.

Dans la campagne phytologique dont il est ici question, le colonel *de Pury*, beau-père de M. Dupeyrou, était l'éclaireur; il portait la boussole. Le justicier *Leclerc* était le pourvoyeur. Le comte d'*Escherny* était le fourrier; il avait la garde du café et l'emploi de le faire. M. *Dupeyrou* prenait soin des herbiers; et Rousseau, comme le plus âgé, était le capitaine de la petite troupe, chargé de la discipline du corps, et d'y maintenir l'ordre et la subordination.

(NNN) Montagne de Chasseron, *page* 233.

Cette montagne fait partie de celle du Jura; elle se termine, dans son point le plus élevé, par un rocher large et plat, qui paroît comme lancé dans les airs; on l'appelle le *Bec-de-Chasseron*. Au-dessous sont des abîmes dont l'œil peut à peine sonder la profondeur. La montagne est en partie coupée à pic, et présente, à vue d'oiseau, les mêmes précipices.

C'est sans doute la ressemblance des noms qui a entraîné Rousseau à appliquer l'anecdote du libraire à *Chasseron*, au lieu de *Chasseral*, autre montagne très-élevée, sur les frontières de la principauté de Neuchâtel.

(OOO) Qu'ait jamais subi un mortel, *page* 236.

Rousseau, toujours mécontent de lui-même et des au-

tres, n'a cessé de gémir, pendant une grande partie de sa
vie, sur ses disgrâces, sur les persécutions qu'il éprou-
vait, sur les trahisons, les perfidies et les noirceurs des
philosophes ses anciens amis. Aussi, peu de jours avant
sa mort, il écrivait : « Dans l'espace de quatre à cinq
» années passées dans la campagne d'une amie selon mon
» cœur, que je possédais, j'ai joui d'un bonheur qui cou-
» vre de son charme tout ce que mon sort présent a d'af-
» freux; je peux dire n'avoir vécu que ces quatre ou cinq
» années. »

Cette amie était probablement madame de *Warens*.

(PPP) Mirepsus, *page 295.*

Nicolas Myrepsus, médecin d'Alexandrie, forma une
vaste collection de tous les médicamens composés qui
sont rapportés dans les écrits des Grecs et des Arabes.
Cette sorte de pharmacopée, faite au quatorzième siècle, quoiqu'écrite en grec d'un style barbare, a été long-
temps en usage dans nos écoles.

(QQQ) Hildegarde, *page 295.*

Hildegarde, morte en odeur de sainteté, en 1180, fut
la première abbesse du mont Saint-Rupert, près de Bin-
ghen, sur le Rhin; elle s'occupa de botanique et a laissé
un ouvrage sur l'histoire naturelle, intitulé : *Libri quatuor
elementorum*, Strasbourg, 1533, in-folio.

(RRR) Villanova, *page 295.*

Arnaud de Villeneuve (*Villanova*), médecin du
treizième siècle, entraîné par sa curiosité et la vivacité
de son imagination, effleura toutes les sciences et n'en
approfondit aucune. Il cultiva la chimie avec succès, et
découvrit l'esprit-de-vin, l'huile de thérébentine et les
eaux de senteur. On a imprimé à Lyon, en 1520, et à
Bâle en 1585, les œuvres de ce savant docteur, sous le
titre d'*Opera omnia*, in-folio.

(SSS) Aristote, *page* 295.

Aristote, surnommé le *Prince des philosophes*, naquit en Macédoine, environ 384 ans avant l'ère chrétienne. Le nombre et la variété de ses ouvrages forment presque une encyclopédie. Obligé de sortir d'Athènes, où il craignait le sort de *Socrate*, Aristote abandonna son école à Théophraste, et lui confia ses écrits, à condition de les tenir secrets. C'est par le disciple que sont venus jusqu'à nous les ouvrages du maître. Son *Histoire des animaux* a été traduite du grec en français par M. Camus, Paris, 1783, 2 vol. in-4°.

(TTT) Galien, *page* 295.

Claudius Galenus (*Galien*) naquit à Pergame, vers l'an 131 de l'ère chrétienne. Il cultiva différentes sciences, mais particulièrement la médecine, dans laquelle il excellait. Galien devait beaucoup à Hippocrate et ne s'en cachait pas. Il écrivit une foule de traités; une partie périt dans un incendie qui arriva de son temps à Rome; ceux qui nous restent sont encore très-nombreux, et ont été publiés à Paris, en 1639, 9 vol. in-folio.

(UUU) Pline, *page* 295.

C. Plinius secundus (*Pline l'ancien*), né à Rome 23 ans avant l'ère chrétienne, périt à l'âge de 56 ans, en s'approchant trop près du Vésuve pour en observer les phénomènes au moment d'une violente éruption. Il ne nous reste de ses nombreux ouvrages que son *Histoire naturelle*, en 37 livres. C'est le plus beau monument sur la nature, qui soit parvenu jusqu'à nous. Les Grecs n'ont rien qui puisse lui être comparé; et Aristote même, qui, selon l'expression de Montaigne, *a tout remué*, n'approche pas de l'abondance du naturaliste romain. Poinsinet de Sivry a donné de cet ouvrage une traduction française avec le texte latin à côté, Paris, 1771, 12 vol. in-4°.

(VVV) Dioscoride, *page 295.*

Pedacius Dioscoride, médecin phénicien, vivait, à ce qu'on présume, sous *Néron.* Il y a eu autrefois une grande dispute entre plusieurs savans pour savoir si *Pline* avait suivi *Dioscoride*, ou si *Dioscoride* avait extrait *Pline.* Quoi qu'il en soit, Dioscoride s'adonna à la connaissance des plantes, sur lesquelles il composa un ouvrage que Mathiole a commenté; Venise, 1499 (grec et latin).

(XXX) Césalpin, *page 296.*

André Césalpin, né à Arezzo en 1519, mort en 1603, fut premier médecin du pape Clément VIII. Cet excellent botaniste était, pour son temps, très-habile dans la physique. Il comparait les semences des plantes aux œufs des animaux, et posa le premier les vrais fondemens de la science des végétaux, en les classant d'après les principes de la fructification. Il admit la distinction générale des Herbes et des Arbres, qui a été adoptée par plusieurs botanistes modernes. Césalpin a laissé un ouvrage phytologique en 16 livres, Florence, 1582, in-4°.

(YYY) Gessner, *page 296.*

Conrad Gessner, né à Zurich en 1516, mort en 1567, professa la médecine et la philosophie avec une grande réputation. La botanique et l'histoire naturelle l'occupérent pendant toute sa vie; et il fut surnommé *le Pline de l'Allemagne.* C'est à lui que nous devons l'idée d'établir les genres des plantes par rapport à leurs fleurs, à leurs semences et à leurs fruits. Son *Opera botanica* a été imprimé à Nuremberg en 1754, in-folio.

(ZZZ) Hermann, *page 299.*

Paul Hermann, né en Saxe en 1640, mort en 1695, exerça la médecine dans l'île de Ceylan, et fut ensuite professeur de botanique à Leyde. Il est auteur d'une méthode phytologique où les plantes sont divisées en *gymnospermes*, et en *angiospermes*. Les premières sont subdivisées par le nombre de leurs semences, et les secondes par le nombre des loges.

(AAAA) Rivin, *page 299.*

Augustus-Quirinus Rivinus (Rivin), né à Leipsick en 1652, mort en 1721, professa la médecine et la botanique avec la réputation d'un médecin habile et d'un botaniste distingué. On lui doit la découverte d'un conduit salivaire, ainsi que l'invention d'une nouvelle méthode botanique dans laquelle il employa le premier la régularité et le nombre des pétales pour établir ses classes. Ses ouvrages phytologiques ont été imprimés, en latin, à Leipsick, 1690 et 1699, in-folio.

(BBBB) Plukenet, *page 299.*

Léonard Plukenet, né en 1642, s'est distingué par ses recherches sur la botanique. On a de lui (en latin) quatre ouvrages phytologiques décorés de titres singuliers et accompagnés de planches nombreuses. *Sloane* lui reproche d'avoir supposé, dans son *Almageste botanique*, des plantes imaginaires, et d'en avoir défiguré d'autres.

(CCCC) Crantz, *page 304.*

Henri-Joseph-Népomucène Crantz, professeur de l'Université de Vienne, s'est fait un nom en botanique par deux ouvrages : 1° *Institutiones rei herbariæ;* 2° *Plantarum Austriacarum fasciculi.* Le premier, quoique considérable, ne lui fait pas beaucoup d'honneur; car, après s'être emparé de toutes les observations de *Linné*, il la critique avec une amertume et une dureté de style sans exemple. Son second ouvrage est plus estimable. On y trouve les descriptions et les figures de plusieurs plantes des montagnes Alpines et Sub-Alpines de l'Autriche, qui avaient échappé aux recherches et à la sagacité de l'*Écluse (Clusius.*)

15

(DDDD) Adanson, *page* 304.

Michel Adanson naquit à Aix en Provence, en 1727, d'un père écossais d'origine, et mourut à Paris en 1806. Il suivit très-jeune les leçons de *Bernard de Jussieu*, et passait tout son temps soit au jardin des plantes, soit dans les cabinets des savans. A quatorze ans il osa critiquer le système de *Linné*, et ne voulut point l'admettre ; il en esquissa quatre autres, et publia, en 1763, ses *Familles des plantes*, 2 vol. in-8°.

Adanson fut lié pendant quelque temps avec Rousseau ; mais ils se brouillèrent à l'occasion du botaniste suédois, pour le système duquel Rousseau avait une véritable passion, tandis qu'Adanson rejetait et ne voulait pas même *citer une de ses phrases*.

(EEEE) Rédi, *page* 305.

François Rédi, né à Arezzo en 1626, mort en 1697, devint premier médecin des grands-ducs de Toscane Ferdinand II et Cosme III. Il se distingua par ses recherches dans la physique et l'histoire naturelle. Il aimait beaucoup les savans, et favorisait les jeunes gens qui voulaient le devenir. Rédi a publié d'excellens ouvrages de philosophie et d'histoire naturelle. Dans ses *Expériences sur la génération des Animaux*, Florence, 1668, in-4°, il combat le faux système de la reproduction des Insectes par la pourriture. Le recueil de ses œuvres, en six volumes in-8°, a été imprimé à Naples en 1741 (en italien).

FIN DES NOTES HISTORIQUES.

TABLE.

FIN DE LA TABLE.

*Planche I*ᵉ, page 5.

LILIACÉES.

LIS BLANC.

Lilium candidum.

A   La corolle épanouie.

B   La fleur en bouton.

C   Les étamines.

D   L'anthère.

E   Le filament.

F   Le pistil.

G   Le style.

H   Le germe.

I   Le stigmate.

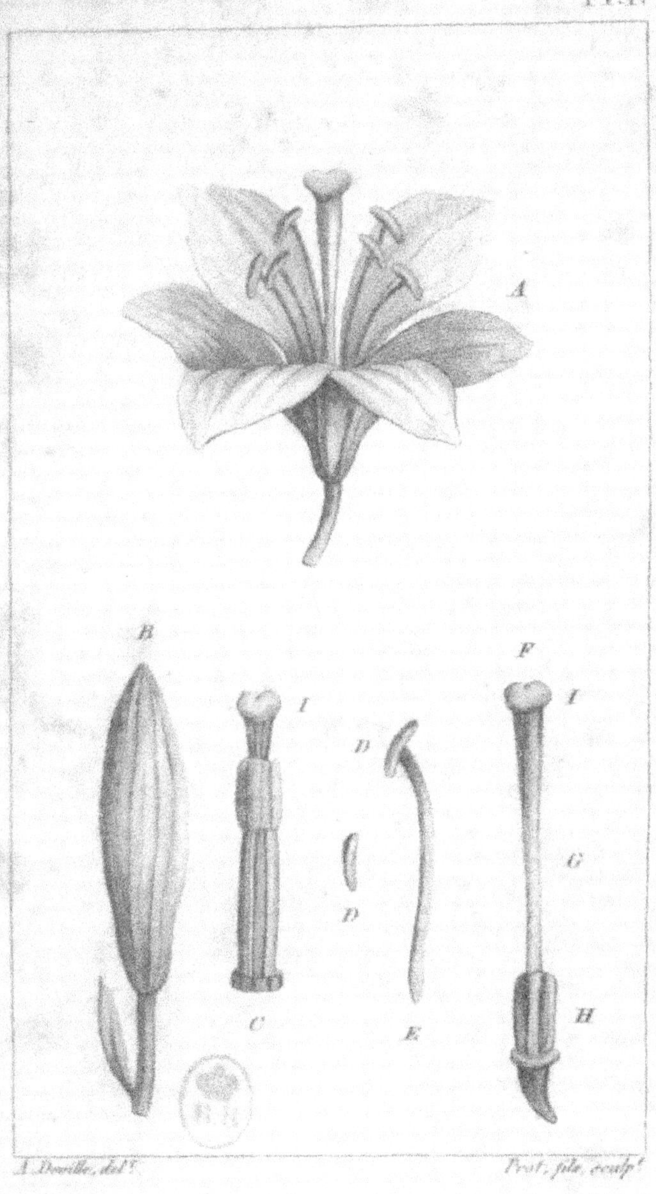

A. Deville, del.t

Prot. fils, sculp.t

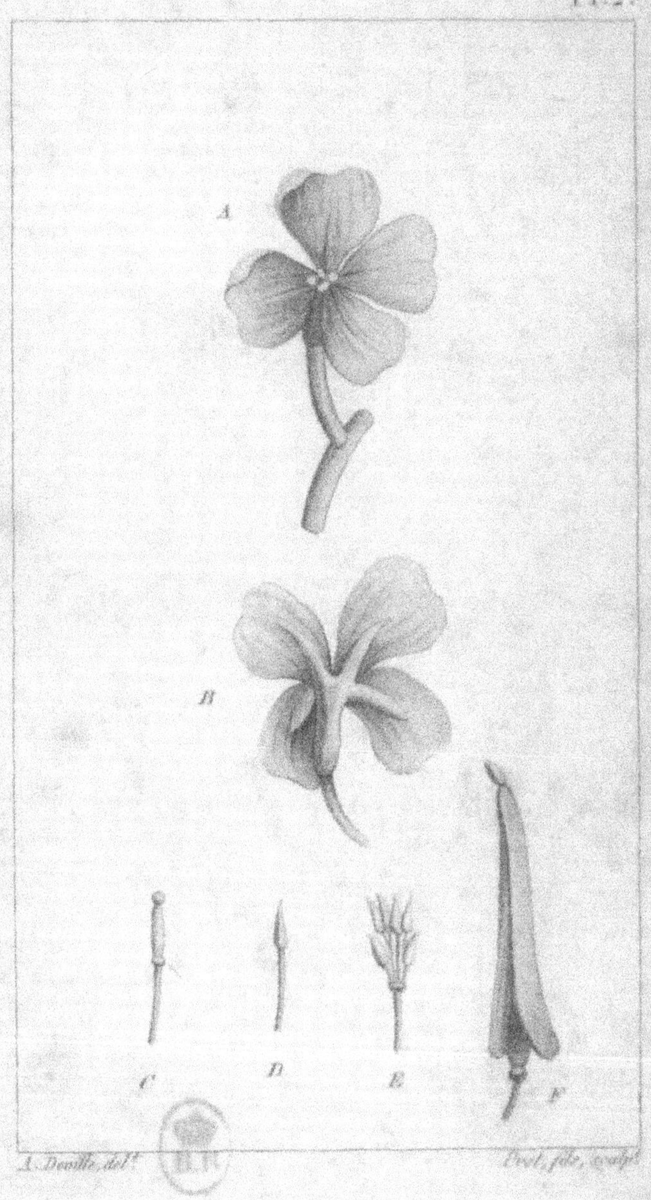

A. Deville, del.

Prêtel, filr. sculp.

Planche II, page 11.

CRUCIFORMES.

GIROFLÉE DES JARDINS.

Cheiranthus annuus.

A La corolle, vue par-devant.

B La corolle, vue par-derrière, montrant un calice à quatre divisions.

C Le pistil, séparé des étamines.

D Une seule étamine.

E Les six étamines, dont quatre grandes et deux petites.

F La silique, composée de deux valves s'ouvrant par la base, avec le stigmate permanent au sommet.

Pl. 5.
B
C
D
A
E
F
G
H
J. Urville, del.
Proil. fils, sculp.

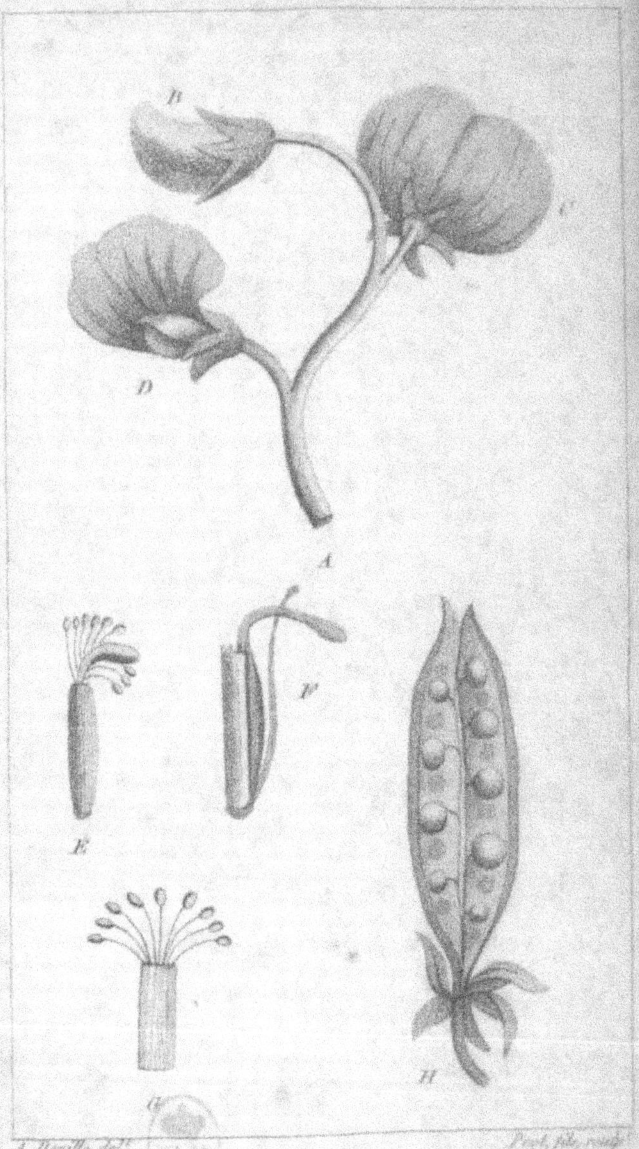

Planche III, page 18.

PAPILLONACÉES.

Pois cultivé.

Pisum sativum.

A Le pédoncule, portant trois fleurs dans des situations différentes.

B Une corolle avant son épanouissement.

C Une corolle vue par-derrière, dont l'étendard déployé montre un calice à cinq divisions.

D Une corolle, dont on voit l'étendard et la carène.

E Le pistil et les étamines dans leur situation naturelle.

F Une seule étamine avec le pistil.

G Les étamines déployées, au nombre de neuf, la dixième se trouvant isolée.

H Le péricarpe ouvert, avec le calice permanent, et les semences attachées alternativement aux sutures des deux valves.

Planche IV, page 27.

LABIÉES ET PERSONÉES. *

PERSONÉES

A MUFLIER A GRANDES FLEURS.
Antirrhinum majus.

B DIGITALE POURPRÉE.
Digitalis purpurea.

LABIÉES.

C LAMIER BLANC.
Lamium album.

D SAUGE OFFICINALE.
Salvia officinalis.

* Ayant la forme d'un masque.

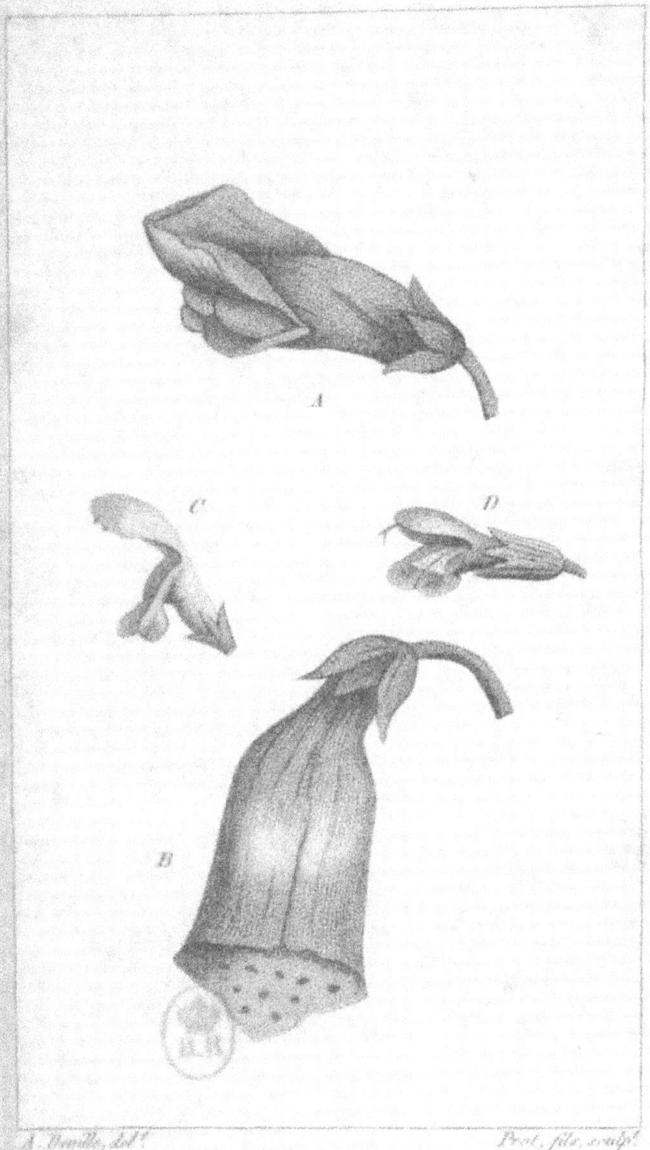

A. Duvillé, del.   Peret, fils, sculp.

Pl. 4.

Planche V, page 35.

OMBELLIFÈRES.

ŒNANTHE SAFRANÉE.

Œnanthe crocata.

A Les fleurs, en *ombelles* irrégulières, soutenant chacune une *ombellule* ramassée et plane.

B La fleur, rosacée, avec cinq étamines et deux styles.

C Le fruit, couronné par le calice et les styles.

D La racine, fasciculée, avec ses chevelus.

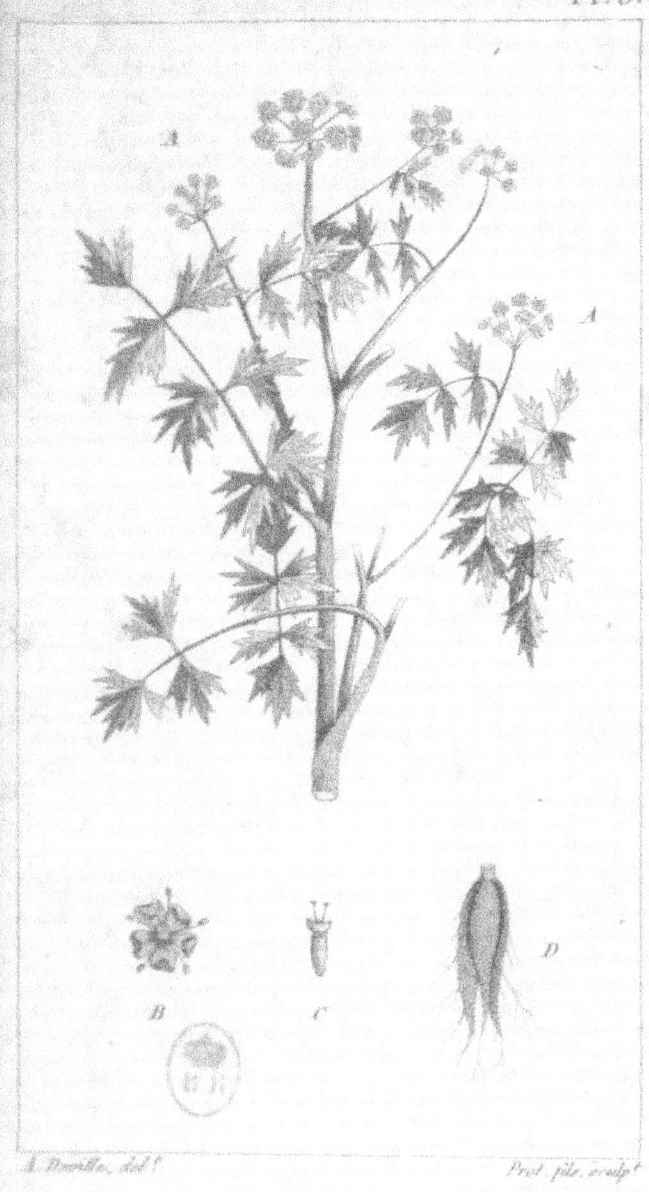

A. Riocreux, del.t   Prot. fils, sculp.t

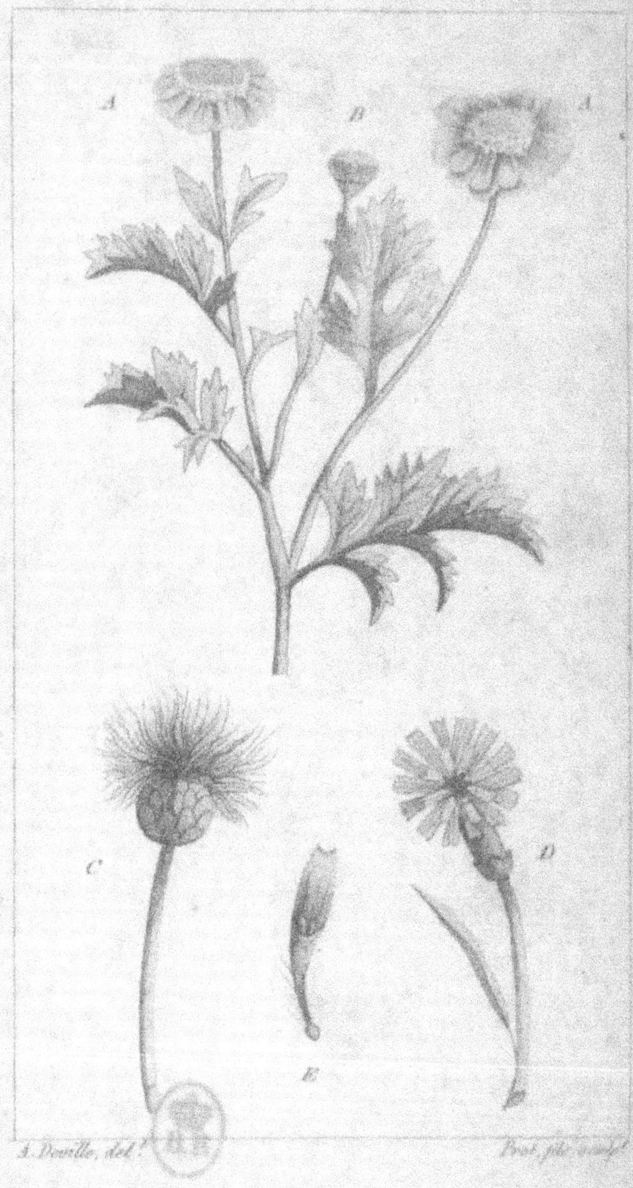

Planche VI, page 53.

FLEURS COMPOSÉES.

MATRICAIRE OFFICINALE.

Matricaria parthenium.

A La fleur, *radiée*, composée de fleurons
dans le disque, et de demi-fleurons à
la circonférence.

B La fleur en bouton.

GRANDE CENTAURÉE.

Centauria centaurium.

C La fleur, *flosculeuse*, composée de fleurons
à tuyau, sortant d'un calice écailleux.

CONDRILLE JONCIÈRE.

Chondrilla juncea.

D La fleur, *semi-flosculeuse*, composée de
demi-fleurons à languettes, supportés
par un calice calicülé.

E Demi-fleuron, plus grand que nature.

....

Planche **VII**, page 60.

ARBRES FRUITIERS.

CERISIER CULTIVÉ.

Prunus Cerasus sativus.

A. Une branche garnie de ses feuilles et
    de ses fruits.

B La fleur, *rosacée*, avec ses étamines.

PRUNIER DOMESTIQUE.

Prunus domestica.

C La fleur avec ses étamines et son pistil.

D Le fruit, appelé *Drupe* comme celui
    du *Cerisier*.

E Coupe longitudinale de la semence,
    pour faire voir l'embryon.

———

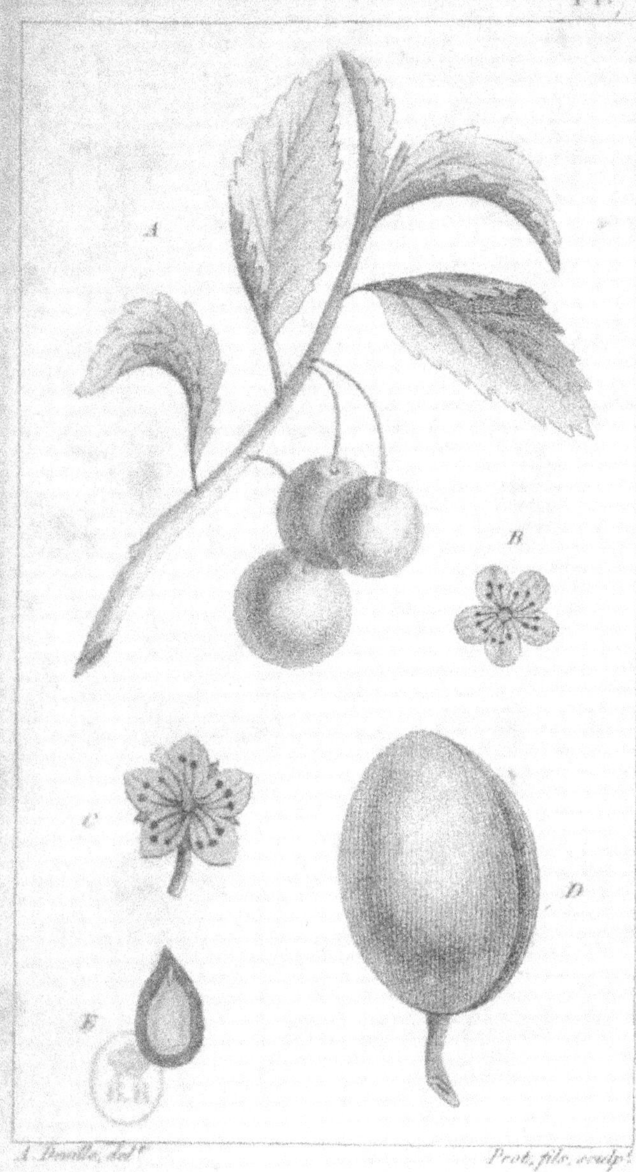

A. Bessa, del.   Prot. fils, sculp.

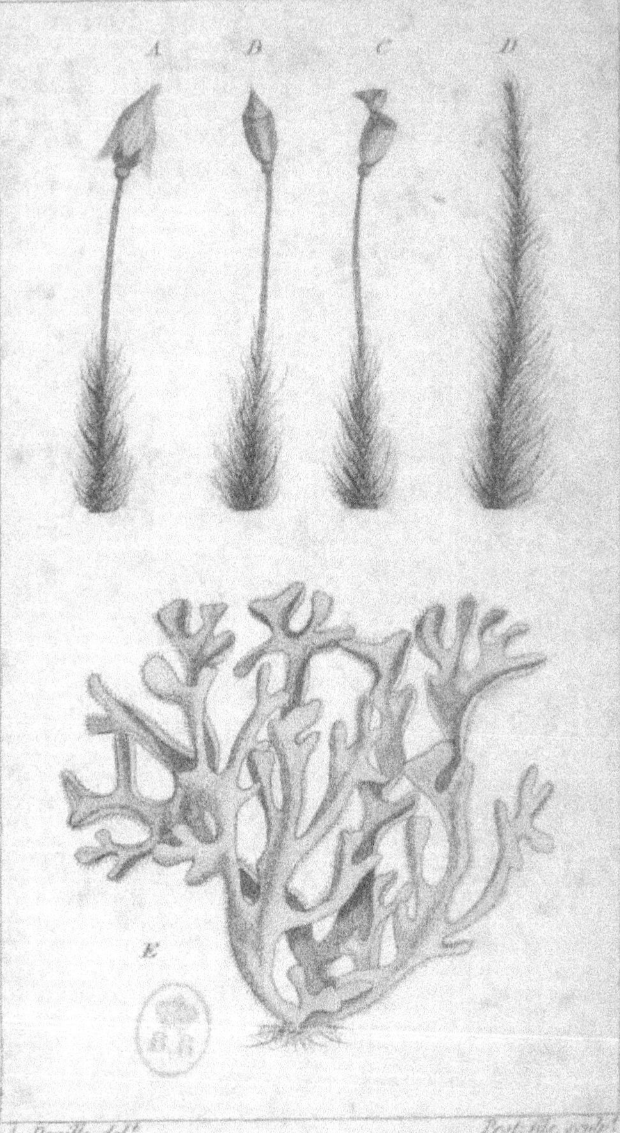

L. Deville, del.   Pesi, filc, sculp.

Planche VIII, page 157.

MOUSSES ET LICHENS.

POLYTRIC COMMUN.

Polytrichum commune.

A Polytric, avec sa coiffe.

B Soie, et urne recouverte de son opercule.

C Urne ouverte, pour montrer la columelle.

D Individu formé de plusieurs jets qui s'élèvent chacun du centre d'une rosette.

LICHEN D'ISLANDE.

Lichen Islandicus.

E Individu avec ses ramifications.